Journey To Flutter

Flutter 之旅

张德立◎编著

机械工业出版社
China Machine Press

图书在版编目（CIP）数据

Flutter 之旅 / 张德立编著 . —北京：机械工业出版社，2020.8

ISBN 978-7-111-66234-1

I. F… II. 张… III. 移动终端 – 应用程序 – 程序设计 IV. TN929.53

中国版本图书馆 CIP 数据核字（2020）第 144316 号

Flutter 之旅

出版发行：机械工业出版社（北京市西城区百万庄大街 22 号　邮政编码：100037）

责任编辑：赵亮宇　　　　　　　　　　　　　　　责任校对：殷　虹

印　　刷：北京文昌阁彩色印刷有限责任公司　　版　　次：2020 年 8 月第 1 版第 1 次印刷

开　　本：186mm×240mm　1/16　　　　　　　印　　张：18

书　　号：ISBN 978-7-111-66234-1　　　　　　定　　价：119.00 元

客服电话：（010）88361066　88379833　68326294　　投稿热线：（010）88379604

华章网站：www.hzbook.com　　　　　　　　　　　读者信箱：hzit@hzbook.com

前　言

　　我目前从事 Flutter 桌面应用的开发，深刻领会到 Flutter 功能的强大。Flutter 对于桌面的支持已经很不错了，网络、数据库、UI 界面这三者都已经完备。在众多开发者的推动之下，Flutter 正在不断壮大和完善，我相信它的未来是光明的。

　　Flutter 框架中内置的 Widget 有 300 多个，对于一个初学者而言，把它们全都看完是不现实的，也没有必要。很多初学者认为 Widget 是 Flutter 的一切，其实 Widget 只是半壁江山，Flutter 还拥有强大的绘制接口、异步处理能力、完整的网络、文件操作接口以及状态管理工具。

　　本书主要想让初学者对 Flutter 有一个比较全面的认识。我觉得一次学习过程就像一次旅行，对我们要去的地方从全然不知，到渐渐熟悉，当我回首时，发现这一路的成长中包括了困惑、犹豫、兴奋、痛苦、快乐。现在，我又回到了起点，背起行囊带你一起出发，一点点去认识 Flutter。

　　旅途之初，我会为你备好行囊和工具：介绍 Debug 和开发工具，然后介绍 Dart 语言和基础的组件使用。本书介绍了很多实用的组件，以及动画、路由，还介绍了一些 Flutter 框架渲染层的知识和相关源码，虽然不是非常深入，但会让你对 Flutter 的了解更加深入。本书还包括数据的处理和状态管理、异步处理、数据库操作等，最后介绍了插件和混合开发。

　　本书没有把纷繁复杂的组件都讲了，只挑一些重要的组件深入剖析，让读者学会认识组件。为了让读者掌握如此多的组件，我特意开源了一个 FlutterUnit 项目，地址为 https://github.com/toly1994328/FlutterUnit。其中收录了约 250 个组件，每一个组件都会附加详细的说明和示例代码。这个项目目前已支持 Android、iOS、MacOS 和 Windows 系统，可以帮初学者快速、直观地了解 Flutter 中有哪些组件可以使用，以及如何使用。FlutterUnit 项目可以全面搜索并具备完整的分类，可以很容易地找到想要了解的组件。开源的另一个好处就是方便更新与修改。

　　由于 Flutter 多平台的特性，它的环境配置、开发环境搭建、模拟器运行等操作比较多，也比较简单。但是实际应用中总会遇到一些问题，为此我综合考虑了很多，最后决定在

FlutterUnit 项目中也列出问题及解决方案。在项目的主页里还列出了关于 Flutter 在各平台上的配置方面的文章。另外，我会不定期在 Issues 中分享一些经验和错误处理方式，当然你也可以一起分享，这也是建立 FlutterUnit 的初衷。后期会根据 Issues 的分享将其加入FlutterUnit 中，作为入门者的最佳助力。此外，在 Issues 的 point 标签中，还会收录一些易错点和要点，对本书的勘误也在 Issues 中指出。FlutterUnit 是我的个人开源行为，任何人都可以享用。

本书主要面向有一定编程经验的读者，对基础知识讲解不多，如果你觉得本书太难，那你需要自行补充一些基础的编程知识。遇到困难试着多读几遍，对着源码仔细推敲，或许就能豁然开朗。如果书中存在错误，还请读者见谅，有任何建议也请及时联系我。

本书的源码规划

本书用的源码 Flutter SDK 版本为 1.12.13+hotfix.8。许多编程书的 demo 案例都按照章节组织，或每个知识点是一个小项目，这有很大的缺点：找起来比较麻烦，而且打开一个项目也很费时间，更大的问题的是项目产生的垃圾很占内存。所以按知识点分立项目并不可取。

由于 Flutter 可以让一个个知识点独立成 Widget 进行展现，因此本书将所有代码放在同一个项目中。在学习的过程中你可以新建一个空白项目，然后一点一点累积成源码的结构，记录自己的成长。

例如，每章的源码在一个 day 里，每个 day 中有相应的知识点包，每个包里都有一个可运行的 main.dart 文件，每一个包代表一个小知识点或小节。这样就可以独立记录细碎的知识点，并且很清楚地记录它如何一步步演变，比如状态管理如何一步步演变得更优雅。

另外，Flutter 可以指定运行的 main 入口，这就让这种处理方式更加优雅，如下图右侧所示，这样每个小的知识点包也可以作为单独的运行块。你可以快速切换，以查看该小节知识点运行的情况。也就是说，花 3 秒就能切换一个知识点。如果知识点在一个单独的项目里，那么切换一个知识点至少需要一分钟，也无法感受到知识的连贯性。

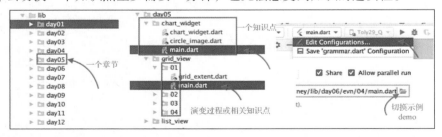

但这样做也会存在一个缺点，就是如果一个项目中代码过多，那么定位知识点会比较麻烦。一个服务器上的数据资源也是非常多而杂乱的，但是可以很方便地获取特定资源，这归功于统一资源定位符，即 URL。

　　具体进行如下处理：你会发现在书中的相关源码处专门有个头标指向源码的地址，如下图所示。这样你可以迅速定位到相关位置，只要运行该包下的 main.dart 就可以立刻看到该知识点的展示效果。你可以将它看作内存寻址，源码就是资源库，而标识就是指向某一资源的指针，使用该指针就能打开相应的资源。

```
---->[day03/widgets/draw/colck_page/colck_page.dart]----
import 'const_res.dart';
```

```
---->[day03/widgets/draw/grid_page.dart]----
class GridLinePainter extends CustomPainter{
```

　　希望书和源码两者结合能擦出智慧的火花，为你的阅读过程带来便利。

关于 Widget 图鉴

　　为了让大家对 Flutter 组件有整体的认识，我特意制作了 Widget 图鉴，地址为 https://github.com/toly1994328/FlutterUnit/tree/master/widgets_unity。

　　这些图鉴以图片形式放在 FlutterUnit 项目中，这样方便维护和更新。其中包含大多数常用的 Widget，图鉴中的每个组件都可以在 FlutterUnit 项目源码中看到。图鉴主要包括 StatelessWidget、StatefulWidget、SingleChildRenderObjectWidget 和 MultiChildRender-ObjectWidget 组件，这四种组件涵盖了日常工作中使用的绝大多数组件。

　　图鉴提供常用 Widget 的基本效果图，对常用的属性进行标注，主要目的是让初学者更直观地了解常用组件，不至于被众多组件弄糊涂。如果想要看某个图鉴具体效果的实现，可以在 FlutterUnit 项目中通过全局搜索获得。

　　你也可以在 FlutterUnit 的 App 中搜索，其中每个组件都有详情介绍。每个知识点都会有对应的组件使用效果，点击右侧的折叠按钮，可以展开对应的代码，并且提供代码的复制功能，这样你可以很方便地得到一个组件用法的源码。

● Wrap的基础用法

```
class DirectionWrap extends StatelessWidget {
  @override
  Widget build(BuildContext context) {
    return Wrap(
        children: Axis.values
            .map((mode) => Column(children: <Widget>[
            Container(
                margin: EdgeInsets.all(5),
                width: 160,
                height: 100,
                color: Colors.grey.withAlpha(33),
                child: _buildItem(mode)),
            Text(mode.toString().split('.')[1])
        ]))
            .toList());;
  }
}
final yellowBox = Container(
  color: Colors.yellow,
  height: 30,
  width: 50,
);

final redBox = Container(
```

● Wrap的alignment属性

```
class CustomWrap extends StatelessWidget {
  @override
  Widget build(BuildContext context) {
    return Wrap(
        children: WrapAlignment.values
            .map((mode) => Column(children: <Widget>[
            Container(
                margin: EdgeInsets.all(5),
                width: 160,
                height: 100,
                color: Colors.grey.withAlpha(88),
                child: _buildItem(mode)),
            Text(mode.toString().split('.')[1])
        ]))
            .toList());;
  }
}
final yellowBox = Container(
  color: Colors.yellow,
  height: 30,
```

本书知识规划

我在写作时更想专注于 Flutter 技术本身，希望让你在每一页都能学到东西。我还想向你分享一些我的思考方式和对问题的见解。另外，书中有大量的图片、类比的手法，相信你在读书过程中不会觉得太无趣。希望让你有种背上行囊随我旅行 12 天，我们共同见证、欣赏 Flutter 世界的感觉。

Day 1：初识 Flutter 与技能储备。首先，重新认识 Flutter 初始项目，并在此基础上提出两个问题，借这两个问题来介绍 Debug 的使用方法。然后，介绍 Android Studio 中针对 Flutter 的实用工具，"磨刀不误砍柴工"，把 "拖鞋" 换成 "运动鞋" 再开始旅行。最后，分享一些关于 Flutter 中 Widget 的见解，从整体上先感受一下 Widget，再说明组件抽离的必要性，不要把所有鸡蛋（组件）放在同一个篮子（文件）里。

Day 2：Dart 实用语法速览。Dart 作为新时代的编程语言，有着优秀且优雅的语法。本章分别从基础语法、面向对象和 Dart 特殊语法三个层面展开对 Dart 语法的介绍，并结合实际使用以及源码来学习。

Day 3：界面风格和简单绘制。介绍 Flutter 中的两种界面风格，以及一个简单的 App 界面如何搭建。对 Flutter 的视图层有一个整体的认知将为之后的学习打下基础。另外，还介绍 Flutter 中的简单绘制，可以看出 Android 等其他平台的绘制技能在 Flutter 中完全适用。

Day 4：基础 Widget。首先通过基础的图文组件介绍属性的使用，以及批量制作某属性的对比图，让你摆脱 "属性黑洞" 的束缚。然后以图解的形式对容器组件和多子组件进行介绍，使你更直观地认识各个属性的作用，进而掌握基本的布局功能。

Day 5：列表与滑动。首先讲述如何将一个组件抽离，封装成条目以供列表使用，再通过 ListView 填充数据展现条目，通过一个聊天界面介绍如何实现下拉和上拉的功能。然后对滑动控制器和其他滑动进行介绍，如单子滑动组件和 GridView、PageView 以及 Sliver 家族。

Day 6：动画与路由。详细介绍在 Flutter 中如何实现动画，从一开始的运动盒到可以动

态变化的 *n* 角星，努力揭示了动画的本质。然后介绍如何简化和封装组件，让动画更加强大、好用。本章介绍路由的跳转、传参、回参、管理、动画等知识，将路由放在这里是因为路由与动画有所关联，掌握这些知识就可以创建一个相对复杂的界面系统。

Day 7：手势组件与自定义组件。如果一个组件经常被用到，或者可以独立于项目之外分享给很多人用，那么封装成一个自定义组件是很好的方式。本章先简单介绍 Flutter 中手势的处理，并自定义一个手写板，然后通过原生组件实现自定义组件；通过绘制组件可以了解如何在 Flutter 的画板上绘制文字和图片，以及进行一些复杂的数学计算。

Day 8：Flutter 渲染机制。本章将深入 Flutter 框架层的源码中，谈论 Widget、RenderObject、Element 三棵树，介绍 Flutter 的 main 函数是如何运行的，以及 Element 的加载流程，最后全面介绍 State 及其生命周期。

Day 9：异步与资源。本章将介绍异步与流这个强大武器，并通过文件的操作加深对两者的理解。然后介绍 Flutter 网络请求的方式以及对数据资源的处理方式。

Day 10：数据共享与状态管理。本章先介绍数据传输中 InheritedWidget 的解决方案，然后介绍状态管理的处理过程以及 FutureBuilder 和 StreamBuilder 的用法，最后介绍 BLoC、Provider、Redux 三个状态管理工具及其使用案例。

Day 11：数据持久化和读取。本章分别从数据库、json 数据文件、XML 配置文件来介绍如何进行持久化处理，并介绍如何访问数据库，查询结果并填充界面，并通过界面完成增、删、改、查操作。

Day 12：插件及混合开发。首先介绍 Flutter 和原生平台的通信机制，之后介绍几个常用的插件，包括路径和权限申请、音频播放、视频播放、图片拾取、Web 页面，最后介绍 Flutter 与原生平台的混合开发。

最后，感谢家人和伙伴们的支持和建议，感谢吴怡编辑的邀请，让我有机会将这些技术知识分享给大家。希望大家在学习过程中能够收获满满。Flutter 的旅程即将开始，试着深呼吸一下，和我一起出发吧，去见证 Flutter 的奇妙世界！

张德立（张风捷特烈）

于 2020 年 3 月 10 日

目　录

Day 1

初识 Flutter 与技能储备

在此，我默认你已经阅读完前言，并且已经有一个 Flutter 的初始项目摆在你面前，今天将从初始项目开始分析，先了解 Flutter 项目的整体结构，对界面及内容进行解析；之后将介绍如何使用 Debug 进行调试，自己解决一些问题；接着介绍一些辅助工具，它们会成为你 Flutter 旅途中的好助手；最后介绍 Flutter 的基础知识，如声名式 UI 编程和对 Widget 的整体认知。

1.1 Flutter 初始项目分析

第一印象非常重要，所以一般框架的示例应用都会非常简洁，也就是我们最熟悉的 HelloWorld。但 Flutter 的初始项目是一个功能型的计数器，这并不简洁，甚至你第一次看到会有点懵。但随着你对 Flutter 的认识逐步加深，你会发现 Flutter 初始项目的设计者是多么用心良苦，小小的初始案例中涵盖了 Flutter 的很多特点。下面就让我向你介绍一下这个稍稍复杂的初始项目。

1.1.1 Flutter 初始项目结构

认识一个技术框架，最重要的是知道在哪里写代码，哪些文件是不需要动的，配置文件在哪儿，界面是由什么文件决定的。现在呈现在我们面前的初始项目整体结构如下，主要包括.idea、android、build、ios、lib、test 文件夹以及其他零散的小文件。

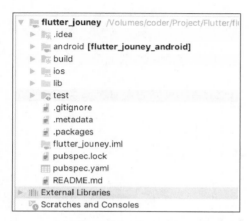
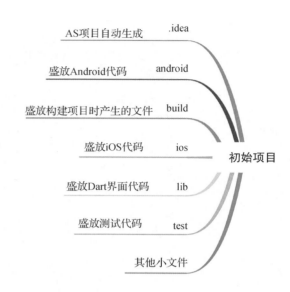

.idea 文件夹：每个 AndroidStudio 项目都有.idea 文件夹，用于存储项目自身的配置信息，编辑器能够这么智能，这个文件夹功不可没。这个文件夹和项目开发没有太大关系，可以先不管。

build 文件夹：AndroidStudio 是通过 gradle 来构建项目的，其中 build 文件夹存放的就是构建项目时产生的数据文件，包括 R 文件、资源文件、通过 apt 产生的 Java 文件以及 class 文件、输出文件、日志文件等，与项目的代码编写没有太大关系。

android 文件夹：结构上与平时的 Android 项目并没有太大区别。它主要负责进行 Flutter 和 Android 平台间特定的沟通，对 Flutter 的基础使用不会涉及对它的修改。

ios 文件夹：主要负责 Flutter 和 iOS 平台间特定的沟通，可以通过 Xcode 打开。同样，对 Flutter 的基础使用不会涉及对它的修改。

lib 文件夹：盛放 Dart 代码，在这里可以创建界面、获取数据，这是我们主要的编码区域。

其他小文件夹简单介绍如下：

.metadata：记录项目的一些基本信息，如版本、项目类型。 .gitignore：众所周知，git 提交时会忽略的文件。 .packages：记录引用的依赖包的路径。 flutter_journey.iml：IntelliJ IDEA 专属，保存模块路径、依赖关系和其他设置。 pubspec.lock：这是根据当前项目依赖所生成的锁文件，记录当前使用的依赖版本。 pubspec.yaml 项目依赖及资源配置文件。 README.md：项目介绍、导读。

这样来看，Flutter 项目对于初学者而言还是比较友好的，前期你只需要关注 lib 文件夹和配置文件 pubspec.yaml。

1.1.2   入口文件及 MyApp 分析

当你运行初始项目后，可以看到下页所示的界面。从 Android 开发者的角度来看，它是由 Toolbar、TextView、FloatingActionButton 组成的界面。但打开布局边界查看时，发现并非如此，而是整个页面只是一个布局，这是为什么呢？

　　如果是第一次遇见它，对它一无所知，你会如何去分析？当初我是这么做的：既然已经有界面，那么界面上的文字一定会存在于代码中，这便是突破点。用 AndroidStudio 的全局搜索功能 "Find in Path"（Edit→Find→Find in Path）锁定界面上的 "Home Page" 关键字，发现线索在 main.dart 里：

　　由下面代码的第一行可以看出是导入包，使用 import 关键字引入 flutter 包中的 material.dart 文件。在第二行看到 main 函数，很自然地想到程序的入口，再根据面向对象的思想来看：runApp 函数中传入的是一个 MyApp 对象，作为 main 函数的执行体，所以具有追寻价值的是 MyApp。

　　一开始接触箭头你可能有点不适应，但以后你会对它爱不释手。它是 Dart 中函数的一种简化书写，当函数体只有一行语句时，可以简写。下面的代码，左侧等价于右侧：

``
---->[day1/01/main.dart]----
import 'package:flutter/material.dart'
void main() => runApp(MyApp());
``
	``
	void main() {
	  runApp(MyApp());
	}
	``

下面是关于 MyApp 的代码，可以看出 MyApp 是一个继承自 StatelessWidget 的类，并重写了 build 方法，返回 Widget 对象。既然如此，MaterialApp 必然是一个 Widget 对象，而本文件中并未定义该类，所以必然在上面引入的包中，这是基本的逻辑分析。

```
class MyApp extends StatelessWidget {
  @override //这个组件是你应用的根组件
  Widget build(BuildContext context) {
    return MaterialApp( title: 'Flutter Demo'.
      theme: ThemeData(// 这是你应用的主题
        primarySwatch: Colors.blue, ),
      home: MyHomePage(title: 'Flutter Demo Home Page'),
    );
  }
}
```

虽然是不同的语言，但是面向对象的思想是不变的。即使是在一个新的领域，也总能找出你的技能匹配点。所以可以进行最基本的逻辑推理来认识未知事物，这是面临新环境时很有用的技巧。去推理和思考，就很容易将新旧知识进行关联，也更容易掌握它。

当运行应用时，你将会看到应用有一个蓝色的 toolbar（下图左）。之后，不退出应用，尝试将上面代码的 primarySwatch 改成 Colors.green，再进行热启动（在控制台里输入 r，或直接在 IDE 中保存你的修改），可以看到计数器没有归零，你的应用没有重新启动，但 toolbar 变成了绿色（下图右）。

1.1.3　MyHomePage 与_MyHomePageState 分析

　　下面是关于 MyHomePage 的代码，这段代码是应用程序的主页面。MyHomePage 继承自 StatefulWidget，是可变状态组件。它持有父组件（MyApp）提供的值（如本例的 title）。可变状态组件可以借助 State 类完成状态的更改，比如这里的_MyHomePageState。

```
class MyHomePage extends StatefulWidget {
  MyHomePage({Key key, this.title}) : super(key: key);
  final String title;
  @override
  _MyHomePageState createState() => _MyHomePageState();
}
```

　　如果你对于可变状态有点不理解，现在完全不用担心，之后你会一点点认识它。这里_MyHomePageState 继承自 State 类，并且以 MyHomePage 为泛型。这样在_MyHomePageState 里就可以使用 MyHomePage 中的属性（如 widget.title）。

　　State 抽象类有一个 build 抽象方法，返回 Widget 对象，就说明 Scaffold 也是 Widget 类型。如果仔细去看 Scaffold 下的每个属性对应的类型，可以惊奇地发现 AppBar、Center、Column、Text、FloatingActionButton、Icon 全是 Widget。

　　_MyHomePageState 中有一个状态量_counter，在点击"+"按钮时，会触发自增的方法。此时_counter 就会加 1，我们想要的就是将新的状态展现在屏幕上。setState 方法就起到这个作用：通知 Flutter 框架重新执行 build 方法，渲染出最新的状态。

```
class _MyHomePageState extends State<MyHomePage> {
  int _counter = 0;
  void _incrementCounter() {
    setState(() { _counter++;   });
  }
  @override
  Widget build(BuildContext context) {
    return Scaffold(
      appBar: AppBar( title: Text(widget.title),),
      body: Center(
        child: Column(
          mainAxisAlignment: MainAxisAlignment.center,
          children: <Widget>[
            Text( 'You have pushed the button this many times:' ),
            Text('$_counter',
              style: Theme.of (context).textTheme.display1),]
          ),
      ),
      floatingActionButton: FloatingActionButton(
        onPressed: _incrementCounter,
        tooltip: 'Increment',
        child: Icon(Icons.add),
        ),
      );
  }
}
```

　　总结一下：可变状态组件拥有一个状态类，可以用来决定自身的表现。状态类可以获取组件中的属性进行显示。每次状态类中调用 setState 方法，都会更新界面信息。

可见，仿佛 Widget 构建了整个界面，这也难怪初学者会认为 Flutter 世界一切皆 Widget。也许新手会对这种布局结构有些抵触，先保留你的态度。随着你的深入了解，你会被 Flutter 视图强大的复用性和表现力折服。

1.1.4　pubspec.yaml 文件

关于字体、图片、音频、文本、插件等资源文件的引入，可在 pubspec.yaml 文件中进行配置。文件夹放置的位置没有限定，只要在 pubspec.yaml 中配置正确即可。在打包时，Flutter 会将其打入安装包内：

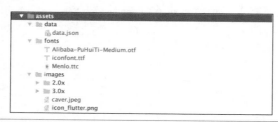

```
#基本信息
name: flutter_journey #项目名
description: A new Flutter application. #项目描述
version: 1.0.0+1 #项目版本
environment: #环境配置
  sdk: ">=2.1.0   <3.0.0" # Dart sdk 版本
```

```
#项目依赖
dependencies: # 库依赖，在此之下可以添加项目依赖的第三方库
  flutter: #依赖 flutter 库
    sdk: flutter
  cupertino_icons: ^0.1.2   #依赖 Cupertino 风格图标库
dev_dependencies: #开发环境的依赖库：不会用于生产环境
  flutter_test:
    sdk: flutter
```

```
#资源文件
assets: #配置资源，可以是图片和json、音/视频等文件
  - assets/mages/icon_flutter.png
  - assets/images/2.0x/icon_flutter.png #使用 2.0x 和 3.0x 会根据分辨率去加载对应图片
  - assets/images/3.0x/icon_flutter.png
  - assets/data/data.json
```

```
fonts: # 配置字体，可配置多个，支持 ttf、otf、ttc 等字体资源
  - family: TolyIcon #字体名
    fonts: # 字体文件
      - asset: assets/fonts/iconfont.ttf
  - family: 阿里惠普体 #字体名
    fonts:
      - asset: assets/fonts/Alibaba-PuHuiTi-Medium.otf
  - family: Menlo #字体名
    fonts:
      - asset: assets/fonts/Menlo.ttc
```

提示：对于图片资源，可直接使用图片文件夹路径，如 - images/，不必各自配置。另外，对于分辨率不同的设备，可通过 2.0x，3.0x 等文件夹放置图片，Flutter 会自动加载。对比 Android 项目，mdpi 为 1.0x，hdpi 为 1.5x，xhdpi 为 2.0x，xxhdpi 为 3.0x，xxxhdpi 为 4.0x。

通过异步方法 rootBundle.loadString('assets/data/data.json')可以加载字符资源，如 json、文本等。也可以使用 DefaultAssetBundle.of(context)获取 AssetBundle 对象，再使用该对象的 loadString 加载字符资源，条条大路通罗马，殊途同归。测试案例见 day01/03/main.dart。

1.2   基本 Debug 技能

Debug 技能是非常基础和重要的，无论是解惑、学习还是排错，它都是一件无比强大的武器。本节旨在让你备好行囊再开始旅程，这个技能必须掌握。初始项目中有两个问题是比较容易造成困扰的，这可能也是很多人说不出来的痛点，刚好拿出来用 Debug 分析一下：

其一：MyHomePage({Key key, this.title}): super(key: key)是如何运作的？

其二：_MyHomePageState 中并没有 widget 属性，那 widget.title 是从哪里来的？

1.2.1   断点和放行

先简单介绍一下 Debug，为了形象地表达，笔者比较喜欢打比方。断点就相当于哨兵，他在某行看守，一旦程序运行到这里，他马上吹哨喊"停"，然后程序就乖乖地一动不动。之后由五位放行官"下、蓝、红、出、至"来放行程序。在面板中图标依次为 ⌒ ± ± ↟ ⌐ᵪ，说明如下：

下：执行完本行，停在下一行。

蓝：如有可进入的方法，则进入（非系统）。

红：如有可进入的方法，则进入（含系统）。

出：直至当前所处的方法出栈。

至：直至运行到当前光标位。

例如，在 MyHomePage 实例化处加上断点（哨兵），Debug 模式运行后程序会停在这里，并且将此行高亮显示，模拟器的界面一片空白：

```
13          theme: ThemeData(
14    ■        primarySwatch: Colors.blue,
15          ), // ThemeData
16    ●      home:MyHomePage(title: 'Flutter Demo Home Page'),
17        ); // MaterialApp
```

为了探究 MyHomePage 构造函数的运行情况，此时可以使用蓝放行官（简称"蓝放"）。下面是两次蓝放的情况，第一次进入构造方法，此时成员变量 title 并未被赋值。第二次执行没有任何跳转，但 title 被赋值了。

```
        21  class MyHomePage extends StatefulWidget {
进入时   22    MyHomePage({Key key, this.title}) : super(key: key);
        23    final String title;  title: null

        21  class MyHomePage extends StatefulWidget {
再执行   22    MyHomePage({Key key, this.title}) : super(key: key);  ke
        23    final String title;  title: "Flutter Demo Home Page"
```

这说明 Dart 语法对于{this.属性}在构造时会根据入参进行自动赋值。而且这种形式支持在使用时通过属性名进行传参，如 **MyHomePage(属性名：入参)**。这是 Dart 的一颗很甜的语法糖，对比 Java、C++等对成员变量的初始化，可谓优雅很多。

另外一点，super(key:key)是什么？继续蓝放会走入父类的构造，很明显是将 key 成员变量交给父类，即 StatefulWidget，之后 StatefulWidget 传给了 Widget，Widget 进行 key 的接收。这里的 super 是使用父类构造函数对成员变量进行初始化：

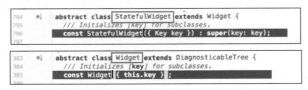

```
794  #|  abstract class StatefulWidget extends Widget {
795        /// Initializes [key] for subclasses.
796        const StatefulWidget({ Key key }) : super(key: key);
797

383  #|  abstract class Widget extends DiagnosticableTree {
384        /// Initializes [key] for subclasses.
385        const Widget({ this.key }) ;
```

1.2.2 变量查询和唤醒程序

_MyHomePageState 中并没有 widget 属性，那 widget.title 是哪里来的？setState 是否真的每次在调用时都会执行 build 方法？调试断点如下：

```
32      void _incrementCounter() {
33        setState(() {
34  ●       _counter++;
35        });
36      }
37      @override
38  #|  Widget build(BuildContext context) {
39        return Scaffold(
40        ├ appBar: AppBar(
41  ●     └ title: Text(widget.title),
```

程序会先运行到第二个断点，因为程序先执行到这里。如果想要对变量进行查询，可以在变量区查看，也可以通过变量表达式操作。

```
Expression:
┌─────────────────────────────────────────────────────┬───┐
│ widget is MyHomePage                              ⤡  │ ▼ │
└─────────────────────────────────────────────────────┴───┘
                                     Use ⇧⌘⏎ to add to Watches
Result:
    ◦↑ result = true
```

在变量区可以看到 this 对象中有一个名为_widget 的私有成员变量，它是 MyHomePage 类型。现在进行简单的推理，_MyHomePageState 并未定义_widget 属性，那必然是其父类中的成员，_MyHomePageState 继承自 State 类，所以 widget 必定在 State 类中：

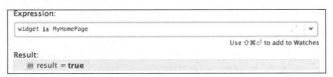

这里调用的是 widget 而非 _widget，这时就要去 State 源码里一探究竟了（代码如下）。可见源码中返回一个 T 泛型的对象 _widget。这里 get 关键字也是 Dart 的一颗语法糖，相当于 Java 的 getXXX，无论是写法还是用法都比 Java 简洁优雅。

```
---->[State]----
abstract class State<T extends StatefulWidget> extends Diagnosticable{
    T get widget => _widget;
    ...
}
```

到这里似乎清晰许多，State 本身接收一个 StatefulWidget 泛型类，这里 _widget 便是该类型对象。通过 State#widget 的方法获取组件对象，因此可拿到其中定义的属性值，如 title。

但还有个问题：State 是一个抽象类，并没有对 _widget 属性进行赋值，那 _widget 赋值的时机在哪呢？这里先埋一个伏笔，这个问题将在 Day 8 中进行解答。当然你也可以尝试用 Debug 自己找一找，锻炼一下。

使用 ▶ 键可以将程序唤醒，击碎当前断点。当程序运行到下一断点时，会再次停下。注意，由于默认开发模式有热加载，build 会被执行两次，所以点一下不动是正常的，其实是已经走了一圈，又停在这里而已。这时会发现界面已经显示出来了。

接下来会发现 Debug 面板如下，不懂 Debug 的人可能认为已经结束了。但是断点还在那看守着呢，点击加号按钮时会让程序在 setState 里的断点处停下，点击唤醒按钮，程序会跳到 build 里的断点，这说明 setState 方法确实会触发 build 方法。

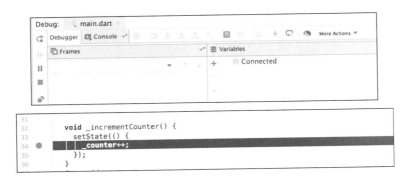

1.2.3 Debug 要点补充

关于断点，这里想强调一下：断点可以在调试时临时添加，并非必须在调试前一次添加完。

还有一个重要的特点——条件断点。如下页图所示，在红色小点处右击会弹出面板，输入条件。相当于哨兵是有选择地喊停。比如下面运行到李四并不会停，只有包含"张"字时才会停下。条件断点在调试中是非常有用的，特别是在循环中，能帮你排除一些不必要的条件，使 Debug 更轻松、愉悦。

最后看一下其他几个实用的按钮，在下图中用 A~H 标注：

A：输出控制台。

B：调到当前执行处（如果临时查看相
　　关源码时发现走得很乱，这时这个
　　按钮很有用）。

C：停止 Debug。

D：断点管理页。

E：禁用断点，断点失效。

F：重置 Debug 面板位置。

G：每次 Debug 的信息帧。

H：添加观察变量。

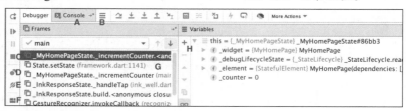

1.3   辅助技能储备

俗话说，工欲善其事必先利其器，在踏入 Flutter 世界之前，先武装一下自己，获取几个强力装备。AS 中有很多实用的工具，有些小亮点可以助你一臂之力。

1.3.1   三个实用工具

Structure 与 Flutter Outline：AS 的 Flutter Outline（下图右侧）可以显示出一个文件的结构图，这和 Structure（下图左侧）的功能基本一致。但从视觉上来看，Flutter Outline 更符合 Flutter 的风格，而且通过顶部的按键可以进行一些操作，非常方便。

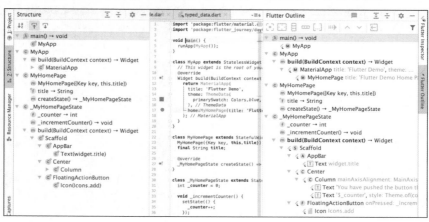

Type Hierarchy：查看源码或者分析项目时，面对一个类的庞大家族体系，往往手足无措。这时可以将光标停在类上或选中它，通过 Type Hierarchy 查看类的继承族谱（默认快捷键为 Ctrl+H）。这对全局的把握非常有意义，下图所示为一个 Widget 体系。

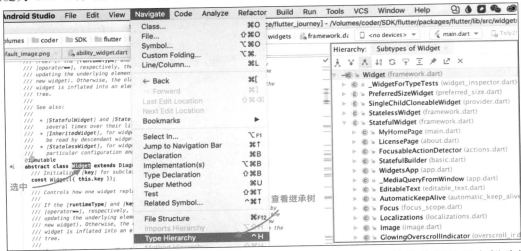

Flutter Inspector：如果拿到一个复杂的界面，这对界面的布局结构分析是很有帮助的。如果在开发中发现布局上的困惑或错误，可以使用这个工具查看并分析排错。

使用"debug Paint"功能可以查看界面中每个小部件的线框图（如下左图）。通过在控制台中输入"p"或从 AndroidStudio 中的 Flutter Inspector 中选择"Toggle debug Paint"实现效果（如下右图）。

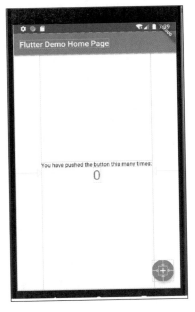
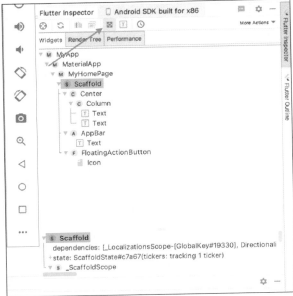

除此之外，还可以用它查看某一个组件的信息及显示的区域，对于文字，可以显示基线与底边线。用 Flutter Inspector 的这些功能来辅助开发，必当有如神助。关于 RenderTree 选项卡，这里暂时不介绍，Day 7 中将进行讲解，Performance 选项卡不在本书范围。

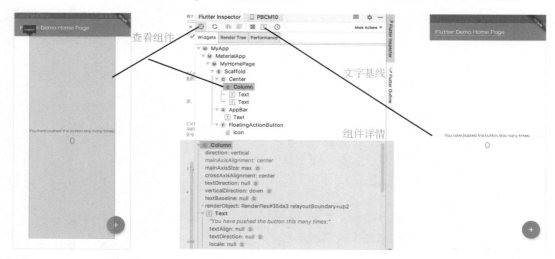

1.3.2　片段代码和快速重构

输入 stf，然后回车，就会生成一批字符串，命名后就是一个 StatefulWidget。这就是工具的力量，就像以前用手一块一块砖搬，现在通过卡车一下就能搬一车砖。工具的运用并不会对程序的好坏产生丝毫影响，大神用文本编辑器也能写出非常优秀的代码，但是工具确实能提高生产力，让编程人员少掉些头发。

```
class TempWidget extends StatefulWidget {
  @override
  _TempWidgetState createState() => _TempWidgetState();
}

class _TempWidgetState extends State<TempWidget> {
  @override
  Widget build(BuildContext context) {
    return Container();
  }
}
```

你有没有想过这是如何实现的？如果可以加以利用，这将是一件很厉害的武器。毕竟把常用的代码片段收集一下，用的时候会很方便，还有一些基本相似的结构，直接生成岂不美哉？在设置（Windows）/首选项（Mac）中选择"Edite→Live Templates"，其中定义了大批模板。最重要的是可以自己添加模板或模板组，将常用代码片段收录其中是很不错的。如果希望生成时可以动态改变，使用var即可。注意，需要在底部选择应用的范围。

如果想把一个 StatelessWidget 改成 StatefulWidget 怎么办？导包需要我们自己写吗？想要嵌套一个 Column、Padding 等怎么办？想将箭头函数转化成大括号包裹，或将大括号包裹转化箭头函数怎么办？想将方法写成异步的怎么办？出了错怎么办？

在快捷键里搜一下这个条目，看看对应的快捷键是什么。敲一下，IDE 会臆测你的行为并向你提供方法。这样的朋友你要不要来一打儿？平时注意多用用，还有更多的隐藏技能：

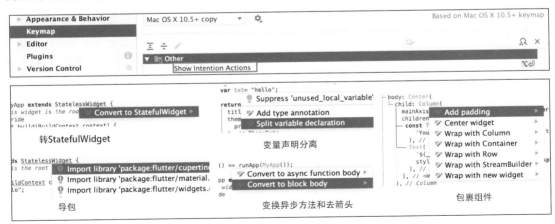

想将一个深层组件提取成变量怎么办？想将一个深层组件提取成新组件怎么办？想要对一个变量重命名，有 10000 处使用点怎么办？这些办法都在 Refactor 工具族中，Refactor 也就是重构的意思。记住快捷键，比如鼠标停在一个组件上，使用 Variable...的快捷键，就可以将组件抽离成变量，不然你就要进行选择、复制、粘贴、改名操作。现在一步就能完成，这就是工具的力量。

提示：这里专门提一句，抽离组件是个很实用的操作，通过抽离可以让结构更精简和具有层次性，避免树深的黑洞。不过 Flutter Widget...的快捷键和 Kotlin 的 Run Scratch File 的快捷键冲突了，所以无法工作，这里只要修改其一即可。

1.3.3   三个基础知识 QA

Q：组件的状态是什么？怎么理解 StatefulWidget 和 StatelessWidget 的关系？

A：状态就是一个事物的外在表征。由于 Widget 属性的不可变性，一个 StatelessWidget 对象具有唯一的界面展现效果。不过你可以通过属性值来决定它的表现，比如是用红色的文字还是蓝色的文字，你可以在使用时进行指定。StatefulWidget 依赖于一个 State 对象进行界面呈现。更改状态量后，可以通过 setState 对当前组件进行更新。而且 State 对象有一套完整的生命周期回调，这能提供很多可操作性。

拿 Material 按钮一族来说，点击按钮时会有一些响应效果，如阴影、水波纹、高亮色等。但 MaterialButton 是 StatelessWidget，似乎并没有改变自身表现的能力。其实 MaterialButton 本身的构建依赖于 RawMaterialButton，而它是 StatefulWidget，在 RawMaterialButton 的状态类中处理了响应的效果变化，再提供回调给外界使用。

按钮点击响应效果的状态更改逻辑是比较复杂的，通过 RawMaterialButton 组件封装后会使开发者的使用更简便，MaterialButton 相当于外层的进一步封装，彻底让 RawMaterialButton "深藏功与名"。其实 StatefulWidget 或 StatelessWidget 都只是 Flutter 的一块积木而已，想要控制组件的表现变化或得到 State 生命周期，需要 StatefulWidget 助你一臂之力。

Q：@immutable、@mustCallSuper、@required 是什么？

A：这是定义在 meta.dart 中的注解，开发者不可能逐个对使用者说"这个属性必须写"，这个类中的字段最好都是常量，这个方法最好先调用一下父类方法。注解的作用也就是便于开发者或者开源者向使用者传达一些要点，这些要点可以统一用注解标注一下。如果看到一个类顶层有@immutable，那么强烈建议该类及其衍生类中的属性值是常量。

相当于开发者大牛说："我已经用注解说得这么清楚了，不遵守的话，出了错误可别怪我。"

然后 IDE 一想："那些 APIcaller 也不一定认真看，那我好人做到底，如果他们不遵守用法，我就给个提示吧。我只能帮你到这了，你还不遵守，出了错我也没办法……"

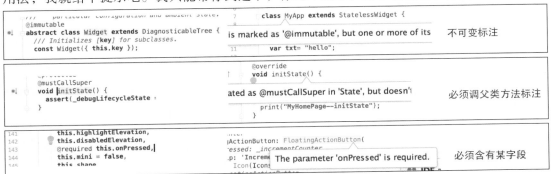

Q：在 AS 里查看 Android 代码怎么会飘红，该怎么办?

A：其实一个跨平台 Flutter 项目包括三个项目，即 Flutter 项目、Android 项目、iOS 项目。一开始打开的是 Flutter 项目，Android/iOS 项目只是在其内而已。该项目并不符合 Android 的标准样式，所以 AS 找不到 SDK 就一脸懵，不知如何是好就飘红了。解决方法是点击右上角的 Open for Editing in Android Studio，打开 Android 项目。

在 Flutter 项目里打开 iOS 文件夹，但 AS 不认识它所以连高亮都不显示，将它当作普通文件夹处理。同样，可以在右上角的 Xcode 里打开。Flutter 项目本身并不关心平台，与平台的联系都通过插件来完成。一旦套上跨平台的紧箍咒，那就需要关注 Android 项目和 iOS 项目，所以在学习插件前，这两个项目几乎可以看作透明的。

1.4　Widget 知识储备

Widget 的派生子类占据 Flutter 框架中的一大半，它的重要性不言而喻。本节就为你介绍一些最基础的 Widget 知识，包括从本质上探讨 Flutter 中 UI 与原生应用开发的不同之处；对 Flutter 的 Widget 族系进行简单划分和初步认识；对 Widget 源码作初步解读，让你有个整体印象，也为后面章节打下基础；最后说明一下抽离组件的必要性，让你的 Widget 树更优雅。

1.4.1　命令式 UI 编程与声明式 UI 编程

很多人都觉得 Flutter 和 Android 或 iOS 的代码编写风格不一样，但具体哪里不一样也说不清。我们先看一下源码中对 Widget 的描述：**"Widget 是对 Element 配置信息的一种描述。"** 它是 Flutter 框架的中心层次，一个 Widget 是用户界面上不可改变的描述。Widget 可以被加载成 Element，这些 Element 管理着底层的渲染树。

Widget 本身没有可变的状态，因为它所有的字段都要标记成 final，表示无法再被修改。如果希望一个 Widget 拥有状态，可以使用 StatefulWidget，它将 State 对象加载为 Element，并合并到树中时，通过 StatefulWidget.createstate 方法来创建 State 对象。

现在来思考一下 Flutter 界面规则和 Android 或 iOS 有什么不同。从面向对象编程以来，桌面程序都是采用命令式 UI 编程，而 Android 和 iOS 等"后辈"取其精华，借鉴发扬。

命令式 UI 编程是什么？拿 Android 来说，界面上的构成元都是一个个实际对象，并且这些对象本身已经封装了一套属于它的 UI 表现。改变界面展现效果等价于设置 UI 对象的属性，然后框架重新刷新界面。操作与交互则是调用对象的方法和设置回调函数。

通过简单的表达式描述：命令式 UI 编程中界面与交互通过操作 View 对象自身实现。

$$UI = View.operation$$

但在 Flutter 中，有一个非常重要的特性：**Widget 的所有字段都是 final 类型**。这就说明你不能像进行命令式 UI 编程那样去直接修改界面信息，比如在 setState 内使用下面的语句会报错。

widget.title="当前数字:${_counter}";

按照曾经的思维：Widget 代表界面实体对象，设置对象的属性不是天经地义吗？所以我们的思维要从命令式 UI 编程中跳出来。**Widget 并不代表界面实体对象，只是界面实体对象的一个配置的描述**，认清这个问题是学习 Flutter 的第一步。

一个 Widget 在某一时刻映射出一个界面，如果将界面的所有表现效果看作状态，初始项目中通过自加方法改变_counter 属性来使界面状态发生变化，重建出新的 Widget 来映射新的界面，从而实现界面变化。这就是声明式 UI 编程，通过界面配置信息去映射界面。

声明式 UI 编程更像是函数，状态 State 作为自变量，通过映射关系形成界面（因变量）。

StatelessWidget 用于在给定配置和环境的状态下始终以相同方式构建 Widget。这表示无论何时，自变量只会映射出唯一的因变量，即 UI = f(State)。

1.4.2　认识 Widget 体系

Widget 的子类多如牛毛，不低于 200 个。然后你"深陷泥潭"，看着一个个 Widget

的介绍，可谓剪不断，理还乱，别是一番滋味在心头。Widget 有一个庞大的家族体系，下面列出各大家族的"长老级人物"：

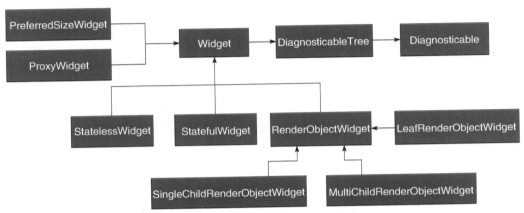

所谓"擒贼先擒王"，你需要站在更高的角度去看待它们。在 Widget 中最重要、最常用的有四大家族，分成两个派系：展示&构建、布局&规则。

Stateless 和 Stateful 家族是展示&构建派，它们更注重视觉的展现。比如 Stateless 家族的按钮可以设置成奇形怪状、花花绿绿的；Stateful 家族的滑块可以要多酷炫有多酷炫，这也是界面所追求的效果。所以这个派系披着华丽的外衣，主要用于界面可视元的构建。我们自定义的 Widget 基本上都是这两种，因为它们决定的表现力正是我们所需要的：

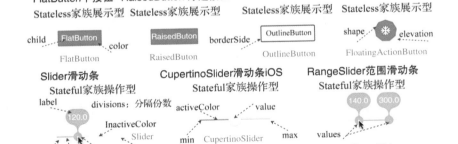

如果把开发 App 当作一场战争，界面当成战场，那展示&构建派就是为你创建千军万

马的军备来源。但俗话说"无规矩不成方圆",就是有千军万马,也不一定能打胜仗。还需要谋略和军规,这就是布局&规则派的用武之地。它们能指定阵型,安排士兵该站在哪里,但并不到战场上去,而是深居营中,调兵遣将。

比如用单子布局有一些盒子对展示元的占位进行控制,不过有些单子布局也可以亲自上阵为展示元加 buff,比如旋转、装饰、显隐、裁剪等,所以单子布局也具有功能性:

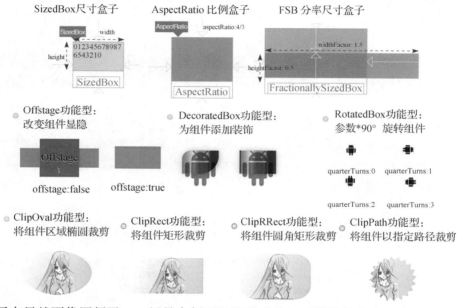

多子布局就更像军师了,一纸号令便可以调兵遣将,运筹帷幄之中,决胜千里之外:

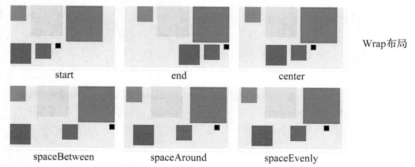

当你站在一定的高度去看组件,它们只是一些配置的描述信息而已。我们做的事就是用规则来排布、展示元素,要有种排兵布阵,挥斥方遒的感觉。

1.4.3　Widget 源码初识

Widget 源码在 flutter/lib/src/widgets/framework.dart 中,进入 Widget 源码时,你会意外地发现 Widget 竟然如此简洁:

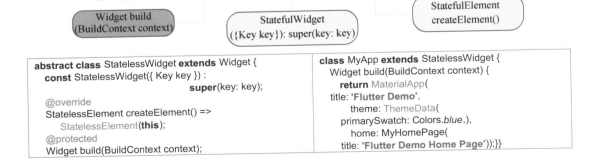

Widget 是一个抽象类，只有一个抽象方法 createElement，返回 Element 对象，toStringShort 返回 runtimeType 和 key 的字符串。debugFillProperties 顾名思义是调试填充属性，最后是静态方法 canUpdate。通过代码可以看出，组件能够更新的条件是新旧两个 Widget 的 runtimeType 和 key 都相等。

```
abstract class Widget extends DiagnosticableTree {
  const Widget({ this.key });
  final Key key;
  @protected
  Element createElement();
  @override
  String toStringShort() {
    return key == null ? '$runtimeType' : '$runtimeType-$key';
  }
  @override
  void debugFillProperties(DiagnosticPropertiesBuilder properties) {
    super.debugFillProperties(properties);
    properties.defaultDiagnosticsTreeStyle = DiagnosticsTreeStyle.dense;
  }
  static bool canUpdate(Widget oldWidget, Widget newWidget) {
    return oldWidget.runtimeType == newWidget.runtimeType
        && oldWidget.key == newWidget.key;
  }
}
```

Widget 是一个抽象类，其最重要的当属 build 抽象方法，其子类也将实现此方法。下面就来看一下 Widget 的两个非常重要的子类：

StatelessWidget 是不变化状态的组件。从下面的源码中可以看出，StatelessWidget 通过 StatelessElement 对象来满足父类的 createElement 抽象方法，并抽象出 build 方法返回 Widget 对象。再看初始项目中继承自 StatelessElement 的 MyApp，是不是亲切许多？

StatefulWidget

抽象方法

Widget build
(BuildContext context)

StatefulWidget
({Key key}): super(key: key)

StatefulElement
createElement()

```
abstract class StatelessWidget extends Widget {
  const StatelessWidget({ Key key }) :
                          super(key: key);

  @override
  StatelessElement createElement() =>
      StatelessElement(this);
  @protected
  Widget build(BuildContext context);
```

```
class MyApp extends StatelessWidget {
  Widget build(BuildContext context) {
    return MaterialApp(
  title: 'Flutter Demo',
      theme: ThemeData(
  primarySwatch: Colors.blue,),
      home: MyHomePage(
  title: 'Flutter Demo Home Page'));}}
```

StatefulWidget 是有变化状态的组件。从下面的源码中可以看出，StatefulWidget 通过 StatefulElement 对象来满足父类的 createElement 抽象方法，并抽象出 createState 方法返回 State 对象。再看 MyHomePage 的实现，如果想要一个 Widget 拥有状态，那么就应该继承自 StatefulWidget。其中 createState 方法返回一个 _MyHomePageState 对象，用下划线表示是私有的，不愿让外界访问。现在焦点便都在 _MyHomePageState 这个状态类身上。

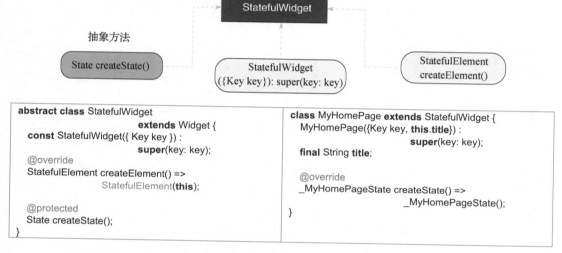

State 类中要传入一个 StatefulWidget 子类的泛型，也就是说，它必须和 Stateful 组件联合使用。它是一个抽象类，只有一个返回 Widget 对象的 build 抽象方法。

```
abstract class State<T extends StatefulWidget> extends Diagnosticable {
  //略...
  @protected
  Widget build(BuildContext context);
}

class _MyHomePageState extends State<MyHomePage> {
  int _counter = 0;

  void _incrementCounter() {
    setState(() {
      _counter++;
    });
  }

  @override
  Widget build(BuildContext context) {
    return Scaffold(
      appBar: AppBar( title: Text(widget.title),
      //略...
```

再回看初始项目中 _MyHomePageState 的实现逻辑应该就会更清楚了。你应该会感觉它是一个非常好的示例程序：融合了 Dart 语法、自定义 StatelessWidget、自定义 StatefulWidget、单子组件 Center、多子组件 Column 等，这些都是 Flutter 中的常用知识。当你看完本书，建议再重新审视一下初始项目，学而时习，温故知新，也能看到自己的成长。

1.4.4　组件的提取抽离

也许是为了好看，Flutter 初始项目将所有东西都放在一个 main 文件夹下，但对于项目的维护来说，分包分库是必然的。有人会觉得 Flutter 的 Widget 树深长得可怕，那很可能是因为没用好。其实稍微提取和抽离一下 Widget，就可以做到既不改变结构，又能让结构清晰和优雅。不要把所有东西都塞在一块儿，这样修改时找起来比较麻烦，出现错误时定位也非常困难。下面我们将初始项目进行简单的分离，分离和命名会按照笔者的习惯进行，仅供参考。

首先创建一个 pages 包，专门盛放项目中需要使用的界面。将主页面提取到一个文件中，命名尽可能采用小写字母并加下划线分隔，如 home_page.dart。对于提取和抽离要注意预判和适度，比如一些不打算改动的部分就不需要抽离。例如，如果你觉得以后会有更改悬浮按钮的需求，就可以抽离出 home_button.dart，当需要修改时直接改 home_button.dart，不需要在 home_page 中去找这个按钮在哪里。

也就是让各功能由集中管理变成分散管理，架空 home_page 的职能，让 home_page 只关心页面结构的搭建，成为骨骼，对于界面具体元素的填充实现则放到专门的文件中进行，这是最基本的设计思想——单一职责。需要修改内容页或按钮时就在特定文件中修改。

```
---->[day01/02/pages/home_page.dart#_HomePageState#build]----
Widget build(BuildContext context) {
  return Scaffold(
    appBar: AppBar(title: Text(widget.title)),
    body: HomeContent(count: _counter),
    floatingActionButton:HomeButton()
  );
}
---->[day01/02/pages/home/home_button.dart]----
//抽离成方法单独管理
Widget _buildHomeButton() {
  return FloatingActionButton(
    onPressed: _incrementCounter,
    tooltip: 'Increment',
    child: Icon(Icons.add),
  );
}
---->[day01/02/pages/home/home_content.dart]----
// 抽离成组件单独管理
class HomeContent extends StatelessWidget {
  final int count;
  HomeContent({this.count});
  @override
  Widget build(BuildContext context) {
    return Center(
```

```
        child: Column( mainAxisAlignment: MainAxisAlignment.center,
          children: <Widget>[
            Text('You have pushed the button this many times:',),
            Text('$count',    style: Theme.of(context) .textTheme.display1, ) ], ), );
  }
}
```

　　注意，并不一定要将组件抽取到单独文件，你也可以酌情处理。一切都是为了使组件的职责更加明确，结构更加清晰，让修改和拓展更加方便。你可以根据粒度的不同，将组件抽取成变量、方法或新组件。个人建议：对于需要频繁修改或高度可复用的组件，抽取成单独的组件进行管理；抽取成方法或变量的优势是它们在组件内部，不用担心深层次的组件间传参的问题，其中抽取成方法看起来更直观而且可传参，抽取成变量更方便。

　　凡事最难莫过一个度，没有什么是完美无缺的，谨记分离是为了更好地管理而非硬性要求。此处我们主要讲述了初始项目、Debug 的使用以及工具使用，最后简单认识了一下 Flutter 的组件。将这些思想、工具整理好，装到背包里，和我一起开始旅程吧。

02

Day 2
Dart 实用语法速览

今天介绍一下 Dart 语言的实用语法，其实 Dart 语言的很多语法和其他编程语言大同小异，为了节约大家的学习成本，笔者会将一些常用的、高频的、重要的语法点进行提炼，不会如数家珍般地将 Dart 的所有语法一一列举，而是以初始项目结合需求的方式来演示 Dart 的语法，更接近实际使用，而且掌握起来更容易。

2.1 基础语法

本节介绍数据类型、常量与变量，以及函数的使用。如果你已经对 Dart 语法烂熟于心，可以粗略地读一下。另外，为了不那么枯燥，笔者采用了一个随机色的案例来说明函数的使用，让你了解一下不同传参模式的特点，以及函数的简写形式。

2.1.1 常用的数据类型

Dart 的常用数据类型如下：

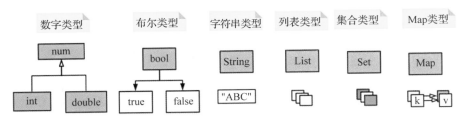

数字类型

Dart 语言中，num、int 和 double 都是类，也就对象级别，默认值为 null，这不同于 Java

的基本数据类型，而且 Dart 语言没有 float、long 等数据类型。下面的代码表示用整型乘除浮点型时，结果是浮点型：

---->[day02/02/number.dart]----
num age = 18;//*num，数据类型*
int height =180;//*int，整型*
double weight=62.5;//*double，浮点型*
	print(height/weight **is** double);//*true*
	print(height*age **is** double);//*false*
	print(age/height **is** double);//*true*

布尔类型

Dart 语言中的布尔类型也是严谨的，只有 true 和 false 两个值。布尔类型作为判断的标识，活跃在各大语言的逻辑判断中。现在绝大多数语言的布尔运算都是严谨的，用法也比较简单。注意，关键字是 bool，这和 Java 是不同的：

```
---->[day2/02/bool.dart]----
bool isMan = true;
bool isMarried = false;
```

字符串类型

字符串是编程语言中不可或缺的部分。说它简单，拼拼合合，非常简单；说它难，正则一出马，它也难如登天。需要注意的是，在 Dart 语言中，字符串支持单引号、双引号以及三引号，其中，单引号和双引号中的双引号需要转义，三引号会将内容原样输出，连注释都无法"逃脱"。另外，${exp}可以在字符串内插入字符串表达式 exp，示例如下：

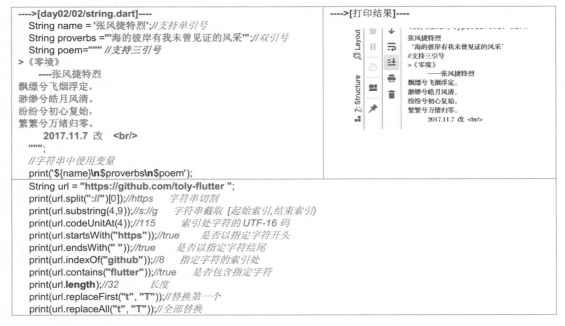

```
---->[day02/02/string.dart]----
String name = '张风捷特烈';//支持单引号
String proverbs ="'海的彼岸有我未曾见证的风采'";//双引号
String poem="""支持三引号
>《零境》
         ----张风捷特烈
飘缥兮飞烟浮定，
渺缈兮皓月风清。
纷纷兮初心复始，
繁繁兮万绪归零。
      2017.11.7 改   <br/>
""";
//字符串中使用变量
print('${name}\n$proverbs\n$poem');

String url = "https://github.com/toly-flutter ";
print(url.split("://")[0]);//https      字符串切割
print(url.substring(4,9));//s://g      字符串截取 [起始索引,结束索引]
print(url.codeUnitAt(4));//115      索引处字符的 UTF-16 码
print(url.startsWith("https"));//true      是否以指定字符开头
print(url.endsWith(" "));//true      是否以指定字符结尾
print(url.indexOf("github"));//8      指定字符的索引处
print(url.contains("flutter"));//true      是否包含指定字符
print(url.length);//32           长度
print(url.replaceFirst("t", "T"));//替换第一个
print(url.replaceAll("t", "T"));//全部替换
```

列表类型

列表可以根据泛型盛放多个同类元素，在编程语言中也是必备的类型。Dart 语言中的

List 也是一个类，在使用方式上你会感觉它像数组。不过它可以随意对元素进行增删改查，示例如下：

```
---->[day2/02/list.dart]----
List<String> languages = ['Java', 'Dart', 'Python', 'C++', 'Kotlin'];
print(languages[0]); //Java 访问索引为 0 的元素

languages.add("JavaScript");//添加元素
print(languages.length);//6 数组长度
languages.removeAt(1);//移除第一个元素
languages.insert(3, "PHP");//定点插入
print(languages);//[Java, Python, C++, PHP, Kotlin, JavaScript]
print(languages.getRange(3, 5));//(PHP, Kotlin) 获取指定访问的元素
print(languages.sublist(2, 4)); //[C++, PHP] 截取

print(languages.join("!")); //Java!Python!C++!PHP!Kotlin!JavaScript
print(languages.isEmpty);//false 获取指定访问的元素是否为空
print(languages.contains("Ruby"));//false 是否包含
languages.clear();//清空
```

关于列表，这里介绍几个要点：

```
---->[元素类型转化：通过 map 函数遍历列表并生成新元素列表]----
List<String> strNum = ['11', '23', '34', '24', '65'];
var intNum= strNum.map((String str)=> int.parse(str)).toList();
print(intNum);//[11, 23, 34, 24, 65]
---->[条件遍历过滤出列表：通过 map 函数遍历列表并生成新元素列表]----
var bigThan30= intNum.where((int num)=>num>30).toList();
print(bigThan30);//[34, 65]
---->[列表解构]----
var parser=[0,100,...intNum,30];
print(parser);//[0, 100, 11, 23, 34, 24, 65, 30]
---->[构造列表时允许执行 if 语句]----
bool flag=bigThan30.length >= 3;
var chooseLi=[if(!flag) 666,...parser,if(flag) 555 else 55];
print(chooseLi);//[666, 0, 100, 11, 23, 34, 24, 65, 30, 55]
```

集合类型

众所周知，集合和列表的区别在于集合中的元素不能重复。所以添加重复元素时会返回 false，表示没加进去。这就像数学中的集合，Set 类中也包含集合运算的方法：

```
---->[day2/02/set.dart]----
Set<String> languages = {'Java', 'Dart', 'Python', 'C++', 'Kotlin',"Java"};
print(languages);//{Java, Dart, Python, C++, Kotlin}
print(languages.add('Java'));//false 表示没添加进去
print(languages.add('JavaScript'));//true
print(languages.contains("Dart"));//true 是否存在
languages.remove("JavaScript");//移除元素
print(languages.toList());// 列表化 [Java, Dart, Python, C++, Kotlin]
languages.forEach((e){print(e);});//遍历
print({1,2,3,4}.difference({2,3,6}));//{1, 4} 两个不同元素构成的集合
print({1,2,3,4}.union({2,3,6}));//{1, 2, 3, 4, 6} 并集
print({1,2,3,4}.intersection({2,3,6}));//{2, 3} 交集
```

映射类型

Map 作为若干个键值对的容器，享有映射之名。要注意一个 Map 对象的键不能重复，值可以重复。在 Dart 语法中，Map 比较灵活，和列表之间相互转化非常方便：

```
---->[day2/02/map.dart]----
Map<String,num> dict = {"a": 1, "b": 30, "c": 70, "price": 40.0};
print(dict); //{a: 1, b: 30, c: 70, price: 40.0}
print(dict["price"]); //40.0
dict["a"] = 2;//修改
print(dict); //{a: 2, b: 30, c: 70, price: 40.0}
print(dict.containsKey("price")); //true  是否包含键
print(dict.containsValue("price")); //false  是否含值
print(dict.isEmpty); //false  是否为空
print(dict.isNotEmpty); //true  是否不为空
print(dict.length); //4  长度
dict.remove("c");//移除
print(dict); //{a: 2, b: 30, price: 40.0}
print(dict.keys.toList());//[a, b, price]  将键转为数组
print(dict.values.toList());//[2, 30, 40.0]  将值转为数组
List<int> numLi=[1,2,3,4,5];
List<String> numEN=["one","two","three","four","five"];
List<String> numCN=["壹","贰","叁","肆","伍"];
Map<int,String> mapEN= Map.fromIterables(numLi, numEN);
 Map<int,String> mapCN= Map.fromIterables(numLi, numCN);
print(mapCN);//{1: 壹, 2: 贰, 3: 叁, 4: 肆, 5: 伍}
print(mapEN);//{1: 壹, 2: 贰, 3: 叁, 4: 肆, 5: 伍}
// {1: one, 2: two, 3: three, 4: four, 5: five}
print(Map.fromIterables(mapEN.values, mapCN.values));
```

2.1.2 变量与常量

变量定义

和大多数现代编程语言一样，Dart 语言支持类型推断，但不同于 JavaScript 或 Python。Dart 是强类型的编程语言。定义变量时可以使用 var 关键字来替换变量类型，示例如下：

```
---->[day02/02/var_const_final.dart]----
main(){
  var age = 18;
  var isMan = true;
  var name = '张风捷特烈';
  var languages = ['Java', 'Dart', 'Python', 'C++', 'Kotlin'];
  var languages2 = {'Java', 'Dart', 'Python', 'C++', 'Kotlin',"Java"};
  var map = {1: 'one', 2: 'two', 3: 'three'};
  var className = #Person;
}
```

提示：如果只是用 var 声明变量，未赋值，那么该变量的数据类型是可以修改的（如下代码左侧所示）。如果声明的同时进行赋值，那么该对象的类型就是固定的，不可修改（如下代码右侧所示）。原因如下图：如果只声明，变量的类型是 dynamic，即可变的；当声明并赋值时，它的类型就能被固定。

---->[情景一：先声明，后赋值]----	---->[情景二：声明时赋值]----

var who;
who="what";
print(who **is** String);//*true*
who=10;
print(who **is** int);//*true*
	var who="what";
	print(who **is** String);//*true*
	who=10;//*此处报错*
	print(who **is** int);//*true*

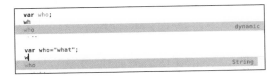

常量定义

常量就是一旦确定就不能再改变的值，在 Dart 语言中，用 const 关键字或 final 关键字定义常量。当对 final 或者 const 修饰的量再进行赋值时就会报错，如下所示：

```
final PI = 3.14159265;//final 定义常量
PI=4;// ERROR: 'PI', a final variable, can only be set once.
const Pi   = 3.14159265;//const 定义常量
Pi=4;// ERROR: Constant variables can't be assigned a value.
```

两者的区别在于 const 是编译期的常量，final 是运行时常量。也就是在运行期间才能获取到的常量必须用 final 定义，如下所示：

```
final f = DateTime.now(); // OK
const c = DateTime.now(); // ERROR
//Const variables must be initialized with a constant value.
```

2.1.3　函数的使用

函数的基本用法

函数作为一个逻辑单元的封装，是实现代码复用最直接、最有效的方式。现在来实现一个需求——在每次构建文本时使文本的颜色随机显示。现在针对的是主页中的文字，所以只要在 home_content.dart 中修改即可。Text 组件的颜色通过 style 属性设置，比如修改成红色：

```
Text(
'You have pushed the button this many times:',
  style: TextStyle(color: Colors.red) )
```

You have pushed the button this many times:
0

对于 Color 对象，可以根据 argb 四个颜色通道分量进行控制，值为 0~255 之间：

You have pushed the button this many times: 20	50	You have pushed the button this many times: 55

随机数可使用 Random 对象生成。可以封装一个 randomColor 函数来获取 Color 对象，使用方式为 TextStyle(color: randomColor())：

```
---->[day02/02/main.dart]----
Color randomColor(){/// 用来返回一个随机色
  var random=Random();
  var a = random.nextInt(256);//透明度值
  var r = random.nextInt(256);//红值
  var g = random.nextInt(256);//绿值
  var b = random.nextInt(256);//蓝值
  return Color.fromARGB(a, r, g, b);//生成 argb 模式的颜色
}
```

Dart 语言中的函数定义和其他语言非常类似, 它最大的特点是没有关键字(如 JavaScript 中的 function, Kotlin 中的 fun, Swift 中的 func 等), Dart 直接使用函数名即可, 函数名前是返回值的类型。

函数的普通参数、可选参数与键值参数

现在会有一个问题, 由于是随机数, 透明度太低会导致可能几乎看不到内容, 这时可以用参数来控制透明度的下限。这里使用 limitA 作为入参来指定下限:

```
Color randomColor(int limitA){
  var random=Random();
  var a = limitA+random.nextInt(256-limitA);//透明度值
  var r = random.nextInt(256);//红值
  var g = random.nextInt(256);//绿值
  var b = random.nextInt(256);//蓝值
  return Color.fromARGB(a, r, g, b);//生成 argb 模式的颜色
}

---->[使用]----
randomColor(100);//透明度下限为 100
```

但这样每次都要传参, 而且不能设置默认值。通过[ ]符号可以指定若干个可选参数, 但使用时入参必须按顺序来排列:

```
Color randomColor([int limitA=120,limitB=100]){
  var random=Random();
  var a = limitA+random.nextInt(256-limitA);//透明度值
  var r = random.nextInt(256);//红值
  var g = random.nextInt(256);//绿值
  var b = limitB+random.nextInt(256-limitB);//透明度值
  return Color.fromARGB(a, r, g, b);//生成 argb 模式的颜色
}
---->[使用]----
randomColor(100);//透明度下限为 100，绿通道值为 100
```

当参数过多时容易混淆, 有时候更希望可以不按函数入参顺序传入参数, 这时键值参数就能大显神通, 通过{ }可以指定若干个参数, 使用方式类似键值对, 通过键名来进行传参:

```
Color randomColor({int limitA=120,int limitR=0,int limitG=0,int limitB=0,}){
  var random=Random();
  var a = limitA+random.nextInt(256-limitA);//透明度值
  var r = limitR+random.nextInt(256-limitR);//红值
  var g = limitG+random.nextInt(256-limitG);//绿值
  var b = limitB+random.nextInt(256-limitB);//蓝值
  return Color.fromARGB(a, r, g, b);//生成 argb 模式的颜色
}
```

```
---->[使用]----
randomColor(limitA: 100,limitB: 40); //用键值参数
```

函数类型

Dart 语言是完全面向对象的语言，就连函数本身都是对象。对象的运行时类型可以通过 XXX.runtimeType 获取。这里可以打印一下：

```
print(randomColor.runtimeType);
```

结果如下：

```
({int limitA, int limitR, int limitG, int limitB}) => Color
```

既然函数是一种类型，那就可以作为变量。例如，想要在调用 add 时先对两个数进行操作后再相加，比如求平方和、立方和、绝对值和、10 倍和等，很简单，如下所示：

```
//先使用[op]对[a]、[b]进行操作，再将结果相加
num add(num a, num b, {Function op}) {
  return op(a) + op(b);
}
```

```
//定义一个函数变量
Function square = (a) {
  return a * a;
};
print(add(-3, 4, op: square)); //25
```

函数简写

除此之外，Dart 语言还提供了优雅的简写语法糖。首先入参和返回值的类型可以省略。当然有得必有失，一旦省略，IDE 就不知道它是什么类型，无法提示相关 API，所以建议最好加上，这样可读性会提高。另外，在 Day 1 也提到 Dart 的箭头函数简化书写，当函数体只有一行语句时，=>表示执行并返回语句结果，下面的代码中左右两侧的写法是等价的：

```
---->[原函数]----
num add(num a, num b, {Function op}) {
  return op(a) + op(b);
}
```

```
---->[省略类型简化]----
addSimple( a,  b, {op}) {
  return op(a) + op(b);
}
```

```
---->[箭头简化]----
num add(num a, num b, {Function op}) => op(a) + op(b);
```

工具方法类的封装

前面的随机颜色函数很有用，既然复用性好，作为一个工具类使用是不错的选择。而且有人会觉得，每次调用 randomColor 都会创建一个 Random 对象，貌似不太好，所以用面向对象的方式简单封装一个工具类还是很必要的。现在将学过的几个小知识点梳理一下：

新建 utils 工具包来盛放实用工具类。

定义一个 RandomProvider 类提供随机数对象，当需要使用随机数对象时，就不用每次都创建新的 Random 对象，方便复用。这里使用 final 是为了声明此处的 _random 对象不想被修改，注意 Random()是在运行时才能获得的，所以不能使用 const 来声明：

```
---->[day02/03/utils/random_provider.dart]----
  class RandomProvider{
static final _random= Random();
static get random =>_random;
}
```

```
---->[方法测试]----
print(RandomProvider.random.hashCode);//946250421
print(RandomProvider.random.hashCode);//946250421
print(Random().hashCode);//309543937
print(Random().hashCode);//392596625
```

定义一个 ColorUtils 类用于处理颜色，将 randomColor 以静态方法放入 ColorUtils 中，当需要随机数时，直接调用 ColorUtils.randomColor()即可。另外，其他实用的颜色函数也可以放入其中，比如，定义 parse 方法解析形如"#428A43""#33428A43"的颜色。

```
---->[day02/03/utils/color_utils.dart]----
class ColorUtils{
    static Color randomColor({
                int limitA=120,int limitR=0,
                int limitG=0,int limitB=0,}){

        var random = RandomProvider.random;
        var a = limitA+ random .nextInt(256-limitA);//透明度值
        var r = limitR+ random .nextInt(256-limitR);//红值
        var g = limitG+ random .nextInt(256-limitG);//绿值
        var b = limitB+ random .nextInt(256-limitB);//蓝值
        return Color.fromARGB(a, r, g, b);//生成 argb 模式的颜色
    }
}
static Color parse(String code) {
    Color result =Colors.red;
    var value = 0 ;
    if (code.contains("#")) {
        try {
            value = int.parse(code.substring(1), radix: 16);
        } catch (e) {
            print(e);
        }
        switch (code.length) {
            case 1 + 6://6 位
                result = Color(value + 0xFF000000);
                break;
            case 1 + 8://8 位
                result = Color(value);
                break;
            default:
                result =Colors.red;
        }
    }
    return result;
}
```

好了，对 Dart 语言基本语法的介绍就告一段落，Dart 语言的运算符、控制语句等的用法也与其他语言大同小异，这里就不一一介绍了。下面来看 Dart 的面向对象。

2.2 通过 Size 类看 Dart 中的面向对象

开胃菜已经吃完了，下面来看正餐。Dart 语言中的面向对象思想和其他语言一样，类的封装、继承、多态这三大特性应该是每个编程者都熟悉的。我们直接去 Flutter 的源码库中看一个简单的 Size 类，一边看源码，一边学习 Dart 中关于类的语法。Size 及其相关类如

下图所示：

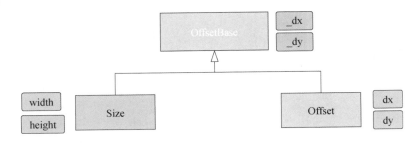

对象的构造器

Size 类在 ui 包的 geometry 类中，说明它和 UI 界面以及几何有关。类的定义使用 class 关键字，继承使用 extends 关键字，这和 Java 是一致的。Dart 里通过类名(变量,变量,...) 来实现构造函数。用:super()表示调用父类构造，并将宽高传递进去。比如创建宽高各为 100 的 Size 类，会在 OffsetBase 的构造方法中对成员进行初始化：

```
---->[lib/ui/geometry.dart#Size ]-------
class Size extends OffsetBase {
  const Size(double width, double height) : super(width, height);
---->[lib/ui/geometry.dart#OffsetBase]-------
abstract class OffsetBase {
  const OffsetBase(this._dx, this._dy);
  final double _dx;   final double _dy;
```

除此之外，Size 类还有很多其他的命名构造，通过类名.方法名()的形式来构造对象，总之就是为了初始化两个值——长和宽，二者都是依靠父类构造实现的：

```
const Size.square(double dimension) : super(dimension, dimension);
const Size.fromWidth(double width) : super(width, double.infinity);
const Size.fromHeight(double height) : super(double.infinity, height);
const Size.fromRadius(double radius) : super(radius * 2.0, radius * 2.0);
static const Size zero = const Size(0.0, 0.0);
static const Size infinite = const Size(double.infinity, double.infinity);
```

属性和方法的封装

Dart 语言中的抽象类通过 abstract 关键字来定义。下面的 OffsetBase 封装了两个变量，Dart 语言中并没有限定权限的关键字，语法规定名字前加了下划线则说明是私有属性，其他文件无法直接访问它。这里在构造函数中通过 this.属性，就可以对属性进行初始化。get 关键字是一种特有语法，在调用时就像访问属性一样：

```
---->[lib/ui/geometry.dart#OffsetBase]-------
abstract class OffsetBase {
  const OffsetBase(this._dx, this._dy);
  final double _dx;   final double _dy;
bool get isInfinite => _dx >= double.infinity || _dy >= double.infinity;
bool get isFinite => _dx.isFinite && _dy.isFinite;
---->[使用]----
var size=Size(100,100);
print(size.isInfinite);//false  是否无限大
```

类的运算符重载

第一次看到下面这些代码可能会比较懵，符号多到眼花缭乱。仔细一想，这不是运算符重载吗？operator 关键字和运算符联合起来对运算符的功能进行重新定义，这样可以轻松地运算两个 Size 对象，实在是太酷了：

```
bool operator <(OffsetBase other) => _dx < other._dx && _dy < other._dy;
bool operator <=(OffsetBase other) => _dx <= other._dx && _dy <= other._dy;
bool operator >(OffsetBase other) => _dx > other._dx && _dy > other._dy;
bool operator >=(OffsetBase other) => _dx >= other._dx && _dy >= other._dy;

@override
bool operator ==(dynamic other) {
if (other is! OffsetBase)//如果传入的对象不是 OffsetBase
  return false;//直接忽略
  final OffsetBase typedOther = other;
  return _dx == typedOther._dx &&//判断是否相等
  _dy == typedOther._dy;
}
---->[使用]----
var size=Size(100,100);
var size2= Size(10,20);
print(size>size2);//true
```

类的继承与拓展

通过 AS 查看类层次，可以看到 OffsetBase 中还有一个 Offset 子类。Size 类中的成员变量命名为 width 和 height，而 Offset 类是 dx 和 dy，都是两个 double 类型的，但 Size 是一个尺寸类，而 Offset 是一个偏移类。两者的本质区别在于功能不同，Offset 中有 distance、direction、scale、translate 等有关偏移的方法。Size 中则是可以获取宽高比，判断是否为空区域等的方法：

```
---->[lib/ui/geometry.dart#Offset]-------
double get distance => math.sqrt(dx * dx + dy * dy);
double get distanceSquared => dx * dx + dy * dy;
double get direction => math.atan2(dy, dx);
Offset scale(double scaleX, double scaleY) => Offset(dx * scaleX, dy * scaleY);
Offset translate(double translateX, double translateY) =>
                                      Offset(dx + translateX, dy + translateY);
```

提示：使用 AS 读源码时，需要查看接口或抽象类的衍生类，可以将光标放在类上，在 Windows 中按 Ctrl+Alt 键并单击，在 MAC 中按 Cmd+Alt 键并单击，会出现其所有子类，这样可以方便认识一个抽象类的衍生类。另外，在一个方法上按 Cmd+Alt 键并单击，也会展现选择该方法的衍生类列表：

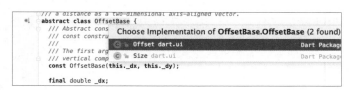

接口的定义和使用

关于面向对象，还有一个非常重要的知识点就是接口，Dart 语言中的接口是 abstract 关键字，这和 Java 有所不同。接口是对事物在行为能力方面的抽象。一个接口便是一组功能保障，实现一个接口就表明该类具有接口中定义的功能。在设计类或方法时面向接口，根据多态的特性，在使用时提供具体实现。下面定义了几个操作的接口方法：

```
---->[day02/04/vector.dart]---
abstract class Operable{
  void reflex();//反向
  void reflexX();//X 反向
  void reflexY();//Y 反向
  void scale(num xRate,num yRate);//缩放
  void translate(num dx,num dy);//平移
  void rotate(num deg,[isAnticlockwise=true]);//旋转
}
```

例如，自定义一个向量类 Vector2，让其实现 Operable 接口，并实现相应的方法，在该类中可实现命名构造、属性获取（如长度、与 x 轴的夹角等）、运算符重载等：

```
class Vector2 implements Operable{
  num x;//成员变量 x
  num y;//成员变量 y
  Vector2(this.x,this.y); //构造函数

  Vector2.fromMap(Map<String,num> point){//映射对象
    this.x = point['x'];    this.y = point['y'];
  }
  @override
  String toString() =>'(${this.x},${this.y})';

  double get distance => sqrt(x * x + y * y);//模
  double get rad=>atan2(y,x);//弧度
  double get angle=>rad*180/pi;//角度

  Vector2 operator +(Vector2 other) => //+重载
        Vector2(x + other.x, y + other.y);
  Vector2 operator -(Vector2 other) => //-重载
        Vector2(x - other.x, y - other.y);
  num operator *(Vector2 other) =>//*重载
        x * other.x + y * other.y;
}

  @override
  void reflex() {
      this.x=-x; this.y=-y;
  }
  @override
  void reflexX() {   this.x = -x; }
  @override
  void reflexY() {   this.y = -y;   }
  @override
  void rotate(num deg,
            [isAnticlockwise = true]) {
      var curRad = rad + deg*pi/180;
      this.x=distance*cos(curRad);
      this.y=distance*sin(curRad);
  }

  @override
  void scale(num xRate, num yRate) {
      this.x *=xRate;   this.y *=yRate;
  }
  @override
  void translate(num dx, num dy) {
      this.x +=dx; this.y +=dy; }
```

使用时非常简单，通过 Vector2.formMap 可以将 map 转化为向量，通过 reflex 可以将该向量进行反向，重载运算符可以直接运算两个向量：

```
var v1 = Vector2(3, 4);
print(v1); //(3,4)
print(v1.distance); //5.0
print(v1.angle); //53.13010235415598
v1.rotate(37);
print(v1);//(-0.011353562466313798,4.0000058005648444)
var v2 = Vector2.fromMap({'x': 5, 'y': 6});
```

```
print(v2); //(5,6)
v2.reflex();    print(v2);//(-5,-6)
var v3 = Vector2(2, 2);    var v4 = Vector2(3, 2);
print(v4 - v3); //(1,0)
print(v4 + v3); //(5,4)
print(v4 * v3); //10
```

2.3 其他语法点

前两节讲述了 Dart 的常规语法，这节看一下 Dart 中比较特殊或常见的用法。包括一些关键字和符号、库的使用、泛型、异步以及异常捕捉等。

2.3.1 常用符号与关键字

变量插入字符串：${exp}

在初始项目中能看出，$变量名可以将变量插入字符串中，当需要插入一条表达式时，必须用${表达式}格式，如下所示：

Text('$_counter',),	Text('${_counter*10}',),

空判执行符：exp1??exp2

表达式 exp1 为空会执行 exp2，否则不执行 exp2。如下是用??对 c 赋值：

---->[情况 1：b 值为 null]----
 var a = 20;
 var b;
 var c = b ?? a++;
 print('a=$a,c=$c');//a=21,c=20
	---->[情况 2：b 值不为 null]----
	 var a = 20;
	 var b = 2;
	 var c = b ?? a++;
	 print('a=$a,c=$c'); //a=20,c=2

条件调用符：obj?.op()

在调用对象 obj 的某方法 op()时，对象可能为 null，导致运行时报错。使用?.调用时，当 obj 为 null 就不调用 op()方法，返回 null，对象非空时就会正常调用 op()方法：

---->[情景 2：普通调用对象为空，会崩掉]----
 var a = 5;
 a=null;
 print(a.abs());//NoSuchMethodError:
	---->[情景 3：?.调用不会崩掉，只返回 null]----
	 var a = 5;
	 a = null;
	 print(a?.abs()); //null

两点级联：..

级联操作符是两点，代表当前对象。拿 Paint 对象的赋值来说：

---->[情景 1：曾经的写法]----
 var paint = Paint();
 paint.strokeCap = StrokeCap.round;
 paint.style = PaintingStyle.stroke; paint.color = Color(0xffBBC3C5);
 paint.isAntiAlias = true;
 paint.filterQuality =   FilterQuality.high;
	---->[情景 2：级联的写法]----
	 paint
	 ..strokeCap = StrokeCap.round
	 ..style = PaintingStyle.stroke //画线条
	 ..color = Color(0xffBBC3C5) //画笔颜色
	 ..isAntiAlias = true //抗锯齿
	 ..filterQuality = FilterQuality.high;

三点解构：...

使用...可以将列表解构成一个个元素，这样可以直接以元素形式添加另一列表：

```
var lang=<String>["Java","Kotlin"];
print(["Dart","python",...lang]);
```

类型关键字：is、is!、as

is 和 is!用来判断一个对象是否是某个类型；as 用来进行强制类型转换，要注意这种转换可能发生类型转换异常：

```
//is 用法                          //as 用法
var b=10;                          String c="12315";
print(b is String);//false         print((c as Comparable<String>).compareTo("a"));//-1    强制类型转换
print(b is num);//true             print((c as num).abs());//类型转换异常
print(b is! double);//true         // type 'String' is not a subtype of type 'num' in type cast
```

2.3.2　库的使用和可见性

导包涉及类库的使用，这是经常被忽略的要点，用 import 关键字指到 package:文件路径。比如在 flutter_journey 工程的 lib 目录下使用 utils 包中的 color_utils.dart。有两种写法，即绝对路径（如下代码第一行）和相对路径（如下代码第二行）：

```
import 'package:flutter_journey/util/color_utils.dart';
import '../utils/color_utils.dart';
```

只要导入某文件，就能使用其中的类和方法。但一旦导入的两个文件中有相同名字的函数或类，就会导致名称冲突，会报错。这也是经常碰到的问题，这时可以使用 as 关键字对导入的文件取别名，然后用别名去调用：

```
---->[utils/color_utils.dart]----      ---->[解决方案]----
sin(double d){ }                        import '../utils/color_utils.dart' as utils;
---->[main.dart:5]----                  import 'dart:math';
import '../utils/color_utils.dart';     void main() {
import 'dart:math';                         utils.sin(5);
void main() {                           }
    sin(5); //名称冲突报错
}
```

library 和 export 关键字的使用

看源码的 material.dart 文件的时候，发现里面都是把包导出。这个文件相当于一个统领，你只要导入这个 material.dart，就可以引用里面所有的文件。我们也可以在 utils 工具包中，用 toly_utils.dart 将文件暴露出去：

```
library material;                              library toly_utils;
export 'src/material/about.dart';              export 'color_utils.dart';
export 'src/material/animated_icons.dart';     export 'random_provider.dart';
export 'src/material/app.dart';
export 'src/material/app_bar.dart';
export 'src/material/app_bar_theme.dart';
export 'src/material/arc.dart'; //略
```

控制显隐实现部分导入

有时不希望暴露文件中的所有内容，则可以使用 show 和 hide 对显隐进行控制，其中被隐藏的文件无法被外界访问：

```
import 'package:flutter_journey/color_utils.dart' show sin;//只显示 sin 函数
import 'package:flutter_journey/color_utils.dart' hide sin;//只隐藏 sin 函数
```

2.3.3　泛型

在 Dart 语里，如 List、Map、Set 等类都可以接收一个泛型。加上泛型之后，其中的元素只能为泛型类对象。如果不加泛型，一个 List 可以添加任意类型的元素。比如下面的代码中第一行是没有语法错误的，而且可以通过索引获取值以及遍历：

不过元素的类型不同，会导致操作元素的类型不安全，所以用泛型来明确元素类型，这样就会让操作变得安全。例如下面的第二行代码，当你试图在 int 泛型的 List 中加入 String 对象时就会报错。

```
List li=["String",10,true,[1,2,4]];
List<int> liInt=["1",2,3,5];//Error
//A value of type 'String' can't be assigned to a variable of type 'int'
```

泛型的基本使用

使用泛型时，在类名后加上尖括号<>，在尖括号中指定类名，多个泛型用逗号隔开。这和 Java 是一致的。有一点要注意，由于用 var 关键字声明变量无法指定泛型，所以可以用右侧的形式定义：

```
List<String> languageList =                var languageList =
['Java', 'Dart', 'Kotlin'];                <String>['Java', 'Dart', 'Kotlin'];
Map<String,int> markMap =                  var markMap =
{'Java':100, 'Dart':80, 'Kotlin':60};      <String,int>{'Java':100, 'Dart':80,'Kotlin':60};
Set<String> languageSet =                  var languageSet =
{'Java', 'Dart','Kotlin'};                 <String>{'Java', 'Dart','Kotlin'};
```

泛型类的定义与限定

在定义类时，类名后加上<泛型类>，这样在该类中就可以使用泛型类，如下面的 Animatable 接口，需要一个泛型 T，transform 方法返回的便是 T 类型对象：

```
abstract class Animatable<T> {
  const Animatable();
  T transform(double t);
  T evaluate(Animation<double> animation) =>
      transform(animation.value);
```

如果要限定泛型的范围，也是用 extends 关键字，例如，下面的代码表示 State 类中的泛型类必须继承自 StatefulWidget，这样就可以限定泛型，因此可以使用泛型的方法和属性：

```
abstract class State<T extends StatefulWidget> extends Diagnosticable {
```

泛型方法

另外，Dart 语言也支持泛型方法，看下面这个方法：

```
Future<R> then<R>(FutureOr<R> onValue(T value), {Function onError});
```

好像有点复杂，首先它是 then 方法，接受泛型 R，返回 R 泛型的 Future 对象。其中有 FutureOr<R>的类型的入参，通过 onValue 将一个 T 泛型的值回调。另外，还有一个键值参数，看名字应该是错误回调函数。能了解到这个程度，就基本掌握泛型了。

2.3.4　异步

关于异步，这里只简单介绍一下概念，Day 9 中会有详解。

就像是烧水、扫地两个任务，同步的话需要等水烧开，完成后才能扫地。异步只要打开烧水开关就可以了，然后去扫地，水开后再去冲水，这样会更高效。

Dart 语言是一个单线程的编程语言，耗时操作会造成线程阻塞，所以需要异步来灵活处理耗时操作，让程序更高效，下面用一个例子来演示一下。

异步的简单演示

在 Water 类中，有一个 heat 方法返回一个 Future 对象，也就是未来烧好的水。使用 sleep 方法模拟烧水的耗时。使用时通过 Future 对象的 then 方法返回未来烧好的水。

```
---->[day02/04/async.dart]----
class Water{
  double temperature;
  Water(this.temperature);
  Future<Water> heat() {
    print("打开烧水开关");
    return Future<Water> ((){
      sleep(Duration(seconds: 3));//模拟烧水过程（耗时操作）
      temperature=100;
      return this;
    });
  }
}

main() {
  Water(0).heat().then((water) {
    print('水已经烧开，现在温度:${water.temperature},开始冲水');
  });
  print("扫地");
}
```

看到先输出结果：打开烧水开关，然后立刻就去扫地，3 秒后显示水烧开。这说明程序是异步执行的。

async 和 await 关键字的使用

async 和 await 关键字也能实现异步，而且可以避免使用 Future 对象。async 表示异步，await 表示等待。在方法上加 async 关键字表明该方法是异步方法。await 关键字标识在 Future 对象前，就可以获得未来的对象：

```
main() {
    heat();
    print("扫地");
}
```
```
Future<Water> heat() async {
    var water = await Water(0).heat();
    print('水已经烧开,现在温度:${water.temperature},开始冲水');
    return water;
}
```

2.3.5 异常处理

程序很容易出现异常，异常处理在每种语言中也都会涉及。为了不让异常导致程序崩溃，需要对异常进行捕捉、记录，并进行友好的交互。比如下面的格式化异常，友好地提示一下错误信息比直接让系统崩溃要高明：

```
main() {
    print(str2Num("a"));//FormatException
}
```
```
num str2Num(String str){
    return num.parse(str);
}
```

直接报错   根据异常进行处理并给出提示

Dart 语言中也是通过 try…catch 块来对可能发生异常的代码进行异常捕捉，在 finally 代码块中可以放一些无论异常是否发生都会执行的逻辑，比如关闭一些资源等。

对于捕捉多个异常，可以用 on 关键字来分别对每个异常进行捕捉：

```
num str2Num(String str){//捕捉全部异常
    var result= 0;
    try {
        result= num.parse(str);
    } catch (e) {
        print('发生异常: $e');
    } finally {
        print('最终会被执行的代码块');
    }
    return result;
}
```
```
num str2Num(String str){//捕捉多种异常
    var result= 0;
    try {
        result= num.parse(str);
    } on FormatException catch (e) {
        print('发生 Format 异常: $e');
    } on IOException catch(e){
        print('发生 IO 异常: $e');
    } finally {
        print('最终会被执行的代码块');
    }
    return result;
}
```

到这里，基本的 Dart 语法就介绍完了，涵盖了绝大多数需要用到的知识点。我们的行囊已经知识满满，下面笔者并不会心急地让你去了解复杂的 Widget 及其属性，而是通过快速尝鲜的方式来让你对 Flutter 的整体界面结构和风格有一个认识，就像你刚来到一座城市，先了解一下风土人情，之后再去细细游览它的每个角落，聆听每个传说……

03

Day 3
界面风格和简单绘制

Flutter 框架中可用的组件大约有 350 个，本书并不会一一讲述。你可以通过笔者的开源项目 FlutterUnit 去认识一些常用的组件，也可以在该项目页面下通过 Widget 图鉴进行浏览。项目地址是 https://github.com/toly1994328/FlutterUnit。

今天让我们来快速尝鲜，感受一下 Flutter 强大的界面构建能力。一起搭建一个常规应用界面的结构，包括主页顶部栏滑动切页、底部导航栏点击切页、侧滑页、弹框、Material 和 Cupertino 风格等。

另外，Flutter 的组件化能让你在空白处填放任意组件，可以很容易地丰富和优化界面。当你发现 Flutter 可以这么便捷和精简时，你一定会喜欢它，学起来自然会很快。

常量准备：创建 app 文件夹，主要用于放置一些全局性的文件。为了方便使用，在 app 包下创建 Cons 类，主要用于常量的管理，这样做方便修改和复用。

```
---->[day03/app/cons.dart]----
class Cons {
  static const homeTabs = <String>[
    "展示集", "神画技", "趣谈集", "bug 集",
  ]; //标题列表
  static const menuInfo = <String>[
"关于", "帮助", "问题反馈"];//菜单栏
  static const bottomNavMap = { //底栏图标
    "首页": Icons.home, "动态": Icons.toys,
    "喜欢": Icons.favorite, "手册": Icons.class_,
    "我的": Icons.account_circle,
  };
}
```

```
---->[day03/main.dart]----
void main() => runApp(App());

class App extends StatelessWidget {
  @override
  Widget build(BuildContext context) {
    return MaterialApp(
      title: 'Flutter Demo',
      theme: ThemeData(
        primarySwatch: Colors.blue,
      ),
      home: NavPage());
  }
}
```

3.1 Material 风格

Flutter 的组件有两种设计风格：Material 和 Cupertino，分别对应于 Android 和 iOS。不过两者只是风格不同，本质还是 Widget，在使用方面并没有什么局限。

Material 风格是一种扁平化的设计规范，让你的界面元素拥有"质感"，比如卡片化、阴影深度、涟漪等。Flutter 中有丰富的 Material 组件，下面先看看 Material 风格中结构型的组件。

3.1.1 Scaffold 和 BottomNavigationBar

首先不得不说 Scaffold 组件，下图所示是它的常用部分，包括顶部栏（appBar）、底部栏（bottomNavigationBar）、左滑页（drawer）、右滑页（endDrawer）、中间内容（body）以及浮动按钮。它可以作为一个通用结构来快速搭建一个界面骨架。

下面的 NavPage 组件构成整体结构。使用 PageView 包裹的五个界面作为页面主体内容；使用 BottomNavigationBar 构建底部导航栏，并通过 onTap 方法来回调点击时的索引值。用 PageController 对象的 jumpToPage 方法来控制 PageView 的页面切换。代码如下：

```
class NavPage extends StatefulWidget {
  @override
  _NavPageState createState() => _NavPageState();
}

class _NavPageState extends State<NavPage> {
  var _position = 0; //当前激活页
  final _ctrl = PageController(); //页面控制器

  @override
  void dispose() {
    _ctrl.dispose(); //释放控制器
    super.dispose();
  }

  @override
  Widget build(BuildContext context) {
    return Scaffold(
      body: PageView(//使用 PageView 页面的切换
        controller: _ctrl,
        children: _buildContent(),
      ),
      bottomNavigationBar: BottomNavigationBar(
        items: _buildBottomItems(), //背景色
        currentIndex: _position, //激活位置
        onTap: _onTapBottomItem,
      ));
  }
```

```
//主体内容页面列表
List<Widget> _buildContent() => <Widget>[
      HomePage(),
      ActPage(),
      LovePage(),
      NotePage(),
      MePage(),
    ];

//通过控制器切换 PageView 页面并更新索引
void _onTapBottomItem(position) {
    _ctrl.jumpToPage(position);
    setState(() {
      _position = position;
    });
}

// 生成底部导航栏 item
List<BottomNavigationBarItem> _buildBottomItems()
=>
    Cons.bottomNavMap.keys
      .map((e) =>
        BottomNavigationBarItem(
          title: Text(e),
          icon: Icon(Cons.bottomNavMap[e]),
          backgroundColor: Colors.blue))
      .toList();
```

3.1.2 TabBar 和 TabBarView

在 HomePage（主页）实现如下所示的标签和页面联动效果，涉及的组件是 TabBar 和 TabBarView。两者需要同一个 TabController 标签控制器来结合，可以使用 DefaultTabController 组件将 Scaffold 包裹起来。这时不指定控制器，TabBar 和 TabBarView 会使用默认的 TabController。

```
---->[day03/views/pages/home_page.dart]----
    class HomePage extends StatelessWidget{

    @override
    Widget build(BuildContext context) {
      return DefaultTabController(//标签控制器
        length: Cons.TABS.length,//标签个数
        child:   Scaffold(
          appBar: AppBar(
            title: Text("Flutter 联盟"),
```

```
//构建标签栏
PreferredSizeWidget _buildHomeTabBar() =>

TabBar(
  labelStyle: TextStyle(fontSize: 14), //字号
  labelColor: Color(0xffffffff),//选中文字颜色
  //未选中文字颜色
  unselectedLabelColor:Color(0xffeeeeee),
  //标签 Widget 列表
  tabs: Cons.TABS.map((tab) =>
```

```
        bottom: _buildHomeTabBar()),          Container(
        body: HomeButton(),                       height: 40,
        floatingActionButton: _homeButton()       alignment: Alignment.center,
      )                                           child: Text(tab),
    );                                         )).toList()
  }                                          );
}
//构建主页界面列表                             //构建浮动按钮
Widget _homeContent() =>                    class HomeButton extends StatelessWidget {
    TabBarView(                               @override
      children: Cons.homeTabs.map((text) =>   Widget build(BuildContext context) =>
        Align(                                  FloatingActionButton(
          alignment:Alignment(0, -0.8),           onPressed: () {},
          child: Text(text))).toList());          child: Icon(Icons.add));
                                           }
```

提示：List.map()方法可以遍历列表中的所有元素，生成另一种类型的可迭代对象，.toList 将可迭代对象转换为 List 列表。这是 Flutter 中将数据列表转化为 Widget 列表常用的处理手段。你会在很多项目源码中看到这种形式。如果还没掌握，请尽快熟悉。

3.1.3　标题栏按钮和菜单组件

通常应用标题栏右侧都会有一些按钮，这些按钮是由 AppBar 的 actions 属性控制的，它接收 Widget 列表，并按顺序放在标题的右侧。这里用两个按钮演示，通过 Icon 展示搜索图标、通过 PopupMenuButton 组件实现弹出菜单。此处将弹出菜单栏分离成 HomeMenu 组件，以便复用和修改。代码如下：

```
---->[day03/views/pages/home_page.dart]----
appBar: AppBar(//略
    actions: <Widget>[Icon(Icons.search),HomeMenu()],//标题栏右侧按钮
),
---->[day03/views/home/home_menu.dart]----
class HomeMenu extends StatelessWidget {
  @override
  Widget build(BuildContext context) {
    return PopupMenuButton( //创建按钮菜单
      itemBuilder: _buildMenuItem,
      onSelected: _onSelected,
    );
  }
  //根据字符串列表映射按钮菜单子项列表
  List<PopupMenuEntry<int>> _buildMenuItem(context) =>
      Cons.menuInfo.map((e) =>
        PopupMenuItem(value: Cons.menuInfo.indexOf(e), child: Text(e))).toList();
```

```
//选中时回调处理
void _onSelected(int index)=> print(index);
}
```

3.1.4　弹出对话框

　　想要在点击菜单栏中的"关于"命令时弹出版本信息对话框，可以使用 AlertDialog 组件。由于前面已将菜单栏分离出来，现在只需找到 HomeMenu 中的_onSelected 方法，然后添加弹出对话框的逻辑即可。通过 Flutter 框架中的 showDialog 方法可以弹出对话框。由于该对话框可能要经常修改，而且有时可以复用，因此有必要单独提取出来。

　　这里新建一个 DialogAbout 的组件用于显示弹框内容，用到的 AlertDialog 是一个结构型的组件，各部位已经定义好属性名，只需用 Widget 填充即可。

```
---->[day03/views/home/home_menu.dart]----
//菜单栏被选中时回调
void _onSelected(BuildContext context,int index) {
    switch (index) {
        case 0:
            showDialog(context: context, builder: (context) => DialogAbout());
            break;
    }
}
```

```
-->[day03/views/dialogs/dialog_about.dart]--
class DialogAbout extends StatelessWidget {

    @override
    Widget build(BuildContext context) {
        return AlertDialog(
            title: _buildTitle(),
            content: _buildContent(),
            actions: <Widget>[ //左下角
                const Padding(
                    padding: EdgeInsets.all(8.0),
                    child: Text(
                        "Power By GF·J·Toly",
                    ))
            ]);
    }
}
```

```
final imgPath = 'assets/images/icon_head.png';
//构建弹框标题
Widget _buildTitle() => Row(
    children: <Widget>[
        Image.asset(imgPath,
            width: 30,height: 30),
        SizedBox(width: 10),
        Text("关于") ]);
//构建弹框内容
_buildContent() => Column(
    mainAxisSize: MainAxisSize.min,
    children: <Widget>[
        FlutterLogo(size: 50),
        SizedBox(height: 20),
        Text("Flutter Unit V0.0.1"),
    ]);
```

3.1.5　界面的左右滑页

　　Scaffold 的 drawer 和 endDrawer 属性分别用来放置左滑页和右滑页。Drawer 组件是一个有阴影和遮罩界面，它的 child 属性可以指定任何组件来丰富你的界面。

```
---->[day03/views/pages/home_page.dart]----
Scaffold(//略
   drawer: HomeLeftDrawer(),//左滑页
   endDrawer: HomeRightDrawer(),//右滑页
```

```
->[day03/views/home/home_left_drawer.dart]-
class HomeRightDrawer extends StatelessWidget {
   @override
   Widget build(BuildContext context) {
      return Drawer( elevation: 5,//影深
         child: Container(
         color:Colors.cyanAccent.withAlpha(55)));
   }
}
```

```
->[day03/views/home/home_right_drawer.dart]-
class HomeLeftDrawer extends StatelessWidget {
   @override
   Widget build(BuildContext context) {
      return Drawer(
         elevation: 5,//影深
         child: Container(
      color: Colors.blue.withAlpha(55)));
   }
}
```

3.1.6   showSnackBar 和 showBottomSheet

如果想弹一个信息，或者从底部弹出操作，这时可以考虑使用 showSnackBar 和 showBottomSheet 方法。通过 Scaffold.of(context)可以获取 ScaffoldState 对象，两个方法便在 ScaffoldState 对象中，使用起来很简单，将想要展示的组件放在其中即可。

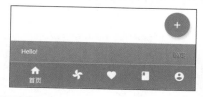 

```
---->[day03/views/home/home_button.dart]----
showSnackBar(BuildContext context) {
   var snackBar = SnackBar(
      backgroundColor: Color(0xffFB6431),//颜色
```

```
---->[day03/views/home/home_button.dart]----
showBottomSheet(BuildContext context) {
   var content=Container(
      color: Color(0xdde3fbf6),
```

```
          content: Text('Hello!'), //内容                    height: 100,
          duration: Duration(seconds: 3), //持续时间           child: Center(
          action: SnackBarAction(                            child: Image.asset(
              label: '确定',                                      "assets/images/icon_flutter.png",
              onPressed: () =>                                    width: 50)
                print("Flutter Unit");                       )
          )                                               );
      );                                                  //弹出 bottomSheet
      //弹出 SnackBar                                      Scaffold.of(context).showBottomSheet(
      Scaffold.of(context).showSnackBar(snackBar);            (context) => content);
  }                                                     }
```

上面由 ScaffoldState 对象进行控制，浮动按钮也会随之移动，BottomSheet 会随着下滑隐藏。如果只是想单纯在底部弹出界面，可以使用 showModalBottomSheet，在点击外围区域时，会隐藏底部，并且可以回调关闭事件。

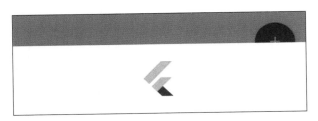

```
---->[day03/views/home/home_button.dart]----
showModalBottom(BuildContext context) {
  var content = Container(
    color: Color(0xdde3fbf6),
    height: 100,
    alignment: Alignment.center,
    child: Image.asset("assets/images/icon_flutter.png", width: 50)
  );
  showModalBottomSheet(context: context, builder: (context) => content)
    .then((val) => print("Closed"));
}
```

这样，一个常规应用的样板就搭好了，在各个空白界面中可以随意添加组件来丰富界面。现在你可以回头看看，代码量也不是很多，应该能体会到 Flutter 的强大了吧。但 Flutter 的强大远远不止于此，它完善的绘图接口、组件灵活的复用能力、强大的动画体系、异步和流的支持会让你叹为观止，这在后面会详细介绍。

3.2 Cupertino 风格

Cupertino 是符合 iOS 规范的设计风格，Flutter 中提供了不少 Cupertino 风格的组件，特点是它们都以 Cupertino 开头。下面来看一下 Cupertino 风格的界面如何搭建。这里新建一个组件页 IOSPage，效果如下：

3.2.1　CupertinoPageScaffold 和 CupertinoTabScaffold

　　CupertinoPageScaffold 组件是一个页面结构，其中 navigationBar 属性对应导航条，child 属性对应页面主体内容。navigationBar 导航条通常使用 CupertinoNavigationBar 组件，这里通过 _buildTopBar 方法获取。使用 CupertinoTabScaffold 组件可以实现底部栏、导航栏及页面的切换，tabBar 属性需要传入 CupertinoTabBar 组件，tabBuilder 是主体页面组件的构造器。

```
---->[day03/cupertino/ios_page.dart]----
class IOSPage extends StatefulWidget {
  @override
  _IOSPageState createState() => _IOSPageState();
}
class _IOSPageState extends State<IOSPage> {
  var _position = 0;
  @override
  Widget build(BuildContext context) => CupertinoPageScaffold(
      navigationBar: _buildTopBar(context),
      child: CupertinoTabScaffold( tabBar: _buildBottomNav(),   tabBuilder: _buildContent)
  );
}
```

3.2.2　CupertinoNavigationBar 和 CupertinoTabBar

　　CupertinoNavigationBar 是一个左中右结构，分别由 leading、middle、trailing 属性控制，可在相应的部位放置组件。

```
//顶部导航栏
CupertinoNavigationBar _buildTopBar(BuildContext context) =>
    CupertinoNavigationBar(
      leading: Image.asset("assets/images/icon_head.png", width: 30), //左
      middle: Text("Flutter Unit"), //中
      trailing: GestureDetector(
```

```
        onTap: () => _showDialogAbout(context),
        child: Icon(CupertinoIcons.info, size: 25)),
    backgroundColor: Color(0xfff1f1f1),
);
```

CupertinoTabBar 可以实现一排页签按钮，这里 _buildBottomNav 方法用来构建底部栏，_onTapBottomItem 方法用来监听底部栏的点击事件，_buildBottomItem 方法将底部栏图标的 Map 映射为 Widget 列表，构建底部栏的条目。

```
//底部导航栏
CupertinoTabBar _buildBottomNav() =>
    CupertinoTabBar(
        onTap: _onTapBottomItem,
        currentIndex: _position,//激活位置
        items: buildBottomItem(),
        activeColor: Colors.blue,
        inactiveColor: Color(0xff333333),
        backgroundColor: Color(0xfff1f1f1),
        iconSize: 25.0,
    );
```

```
//构建底部导航栏item
List<BottomNavigationBarItem>
    buildBottomItem() =>
        Cons.bottomNavMap.keys
            .map((e) => BottomNavigationBarItem(
                icon: Icon(Cons.bottomNavMap[e]),
                title: Text(e))).toList();

//底部栏点击回调
void _onTapBottomItem(index) {
    setState(() => _position = index);
}
```

3.2.3　CupertinoTabView

接下来实现点击底部栏时的界面切换。CupertinoTabScaffold 的 tabBuilder 是主体界面的构造器，它可以回调 BuildContext 和界面的索引值。通过 _buildContent 方法可以根据索引 index 来返回不同的界面。点击底部栏时，CupertinoTabScaffold 会自己处理页面的切换。

```
//构建主体内容页
Widget _buildContent(
    BuildContext context,
    int index) =>
    CupertinoTabView(
        builder: (context) {
            //根据索引构建页面
            switch (index) {
                case 0:
                    return _buildSelectBtn(context);
                default:
                    return _buildText(index);
            }
        },
    );
```

```
Widget _buildText(int index) {
    var infos= Cons.bottomNavMap.keys.toList();
    return Material(
        child: Align(
            alignment: Alignment(0, -0.8),
            child: Text(infos[index])),
    );
}
Widget _buildSelectBtn(BuildContext context) {
    return Align(
        alignment: Alignment(0, -0.8),
        child: CupertinoButton(
            child: Text("Chose the language"),
            onPressed: ()=>_showSheetAction(context)),
    );
}
```

3.2.4　CupertinoAlertDialog 和 showCupertinoModalPopup

CupertinoAlertDialog 组件是 Cupertino 风格的对话框结构，和上面的 AlertDialog 组件异曲同工，也是通过 showDialog 方法进行展示。弹框主体组件代码如下：

```
class CupertinoDialogAbout extends
StatelessWidget {

  @override
  Widget build(BuildContext context) {
    return CupertinoAlertDialog(
      content: _buildContent(),
      title: _buildTitle(),
      actions: <Widget>[
        CupertinoButton(
          child: Text("确定"),
          onPressed: ()=>
              Navigator.pop(context),
        ),
      ],
    );
  }
}
```

```
final imgPath = 'assets/images/icon_head.png';
//构建弹框标题
Widget _buildTitle() => Row(children: <Widget>[
        Image.asset(imgPath, width: 30, height: 30),
        SizedBox(width: 10),
        Text("关于")]);
//构建弹框内容
Widget _buildContent() => Column(
      mainAxisSize: MainAxisSize.min,
      children: <Widget>[
        FlutterLogo(size: 50),
        SizedBox(height: 20),
        Text("Flutter Unit V0.0.1"),
        Padding(
          padding: const EdgeInsets.all(8.0),
          child: Text("Power By GF·J·Toly"))
      ]);
```

showCupertinoModalPopup 可以弹出底部弹框，通过 CupertinoActionSheet 和 CupertinoActionSheetAction 两个组件来展现效果。

```
//弹出底部弹框
void _showSheetAction(BuildContext context) {
  var title = 'Please chose a language';
  var msg = 'the language you use in this application.';

  showCupertinoModalPopup<int>(
    context: context,
    builder: (cxt) =>
      CupertinoActionSheet(
        title: Text(title),
        message: Text(msg),
        cancelButton: CupertinoActionSheetAction(
            onPressed: () => Navigator.pop(cxt),
            child: Text('Cancel')),
        actions: <Widget>[
          CupertinoActionSheetAction(
              onPressed: () => Navigator.pop(cxt),
              child: Text('Dart')),
          CupertinoActionSheetAction(
              onPressed: () => Navigator.pop(cxt),
              child: Text('Java')),
          CupertinoActionSheetAction(
              onPressed: () => Navigator.pop(cxt),
              child: Text('Kotlin')),
        ],
      ));
}
```

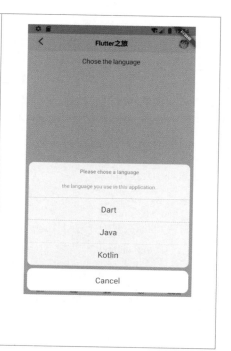

到这里，两种风格的界面框架就搭建起来了，你可以在里面填充组件来不断完善它。也许你会注意到，我会将组件的构造过程、点击回调等提取成一个方法。就像一篇文章分句分段，这样做会让结构和条理清晰，而不是把所有的代码都塞到 build 方法里。

这很像温水煮青蛙，也许你一开始没觉得写在一起有什么不好的，但随着代码越来越多，你心里可能会想："就加一点点，这样看着也还行，分起来麻烦，算了。"代码量逐渐增加，相当于水温越来越高，直到当你意识到承受不住，为时已晚。所以有点预见性，一旦闻出一点代码的"腐臭味"，就把需要分离的内容早点分出来，方便之后的修改和复用。

3.3　认识 CustomPainter 绘制

　　新旧知识间是存在联系的，Flutter 的绘制和 Android 以及 HTML5 中的 Canvas 都联系紧密，也有相似性。就像你见到一个陌生人，但其谈吐和气质跟你的好朋友非常像，那你们自然聊得来。Android 中的自定义控件绘制的技术绝大多数都可以移植到 Flutter 中，这样在 Flutter 中你的原生技术也有用武之地，即你的起点并非零。

3.3.1　绘制网格

　　绘制有三大核心对象：画板（Canvas）、画笔（Paint）、路径（Path）。在 Flutter 中通过 CustomPainter 连接绘制操作。其中 paint 方法中回调出 Canvas 对象和 Size 尺寸对象，用于绘制。shouldRepaint 方法控制是否应该再次绘制，如果刷新时界面信息未改变，则可以返回 false 来避免做无用功。

　　绘制界面主要有两种方式：其一，通过 Canvas 直接绘制；其二，先形成路径，再使用 Canvas 绘制路径。我们先从最简单的线开始，画个网格练练手。现在定义一个 GridLinePainter 画板类继承 CustomPainter 并实现它的两个抽象方法：

```
---->[day03/views/draws/grid_page.dart]----
class GridLinePainter extends CustomPainter{
  @override //实现绘制方法
  void paint(Canvas canvas, Size size) { }
  @override//是否应该重新绘制
  bool shouldRepaint(CustomPainter oldDelegate) { return null; }
}
```

　　在构造方法中对 Paint 画笔进行实例化及初始化。paint 方法中的 Size 为画板的尺寸，在 gridPath 中根据 size 区域循环操作路径来收录网格线，在 paint 方法中通过 Canvas 绘制路径。

```
class GridLinePainter extends CustomPainter {
  Paint _paint; //画笔对象
  Path _path = Path(); //路径对象
  Size _size; //网格区域
  GridLinePainter(this._size) {
    _paint = Paint() //创建画笔对象，使用级联符号初始化画笔
      ..style=PaintingStyle.stroke //画线条
      ..color = Color(0xffBBC3C5); //画笔颜色
  }
  @override //实现绘制方法
  void paint(Canvas canvas, Size size) {
    canvas.drawPath(gridPath(20, _size), _paint); //使用 path 绘制
  }
```

```
@override // 是否应该重新绘制
bool shouldRepaint(CustomPainter oldDelegate) => false;
Path gridPath(double step, Size area) {
  //绘制网格路径，step 表示小格边长，area 为绘制区域
  for (int i = 0; i < area.height / step + 1; i++) {//画横线
    _path.moveTo(0, step * i); //移动画笔
    _path.lineTo(area.width, step * i); //画直线
  }
  for (int i = 0; i < area.width / step + 1; i++) {//画纵线
    _path.moveTo(step * i, 0);
    _path.lineTo(step * i, area.height);
  }
  return _path;
}}
```

CustomPainter 并不是 Widget，所以无法直接使用。CustomPaint 是一个 Widget，它的 painter 属性需要涉及 CustomPainter 对象，所以二者相辅相成，用来展现绘制的内容。

```
class GridPage extends StatelessWidget {
  @override
  Widget build(BuildContext context) {
    return Scaffold(
      appBar: AppBar(title: Text("绘制网格")),
      body: CustomPaint(//使用 CustomPaint 盛放画布
        painter: GridLinePainter()));
  }
}
```

3.3.2　Canvas 初级绘制

画点与线型

格式如下：

canvas.drawPoints(PointMode pointMode, List<Offset> points, Paint paint);

其中 pointMode 是如下三种模式；points 代表 Offset 列表，Offset 代表一个点位；paint

代表画笔，如下是几种点与线型：

PointMode.points　　　　PointMode.lines　　　　PointMode.polygon

可以用画笔 Paint#strokeWidth 控制点的粗细，Paint#strokeCap 控制连接点的样式，如下所示：

StrokeCap.butt　　　　StrokeCap.square　　　　StrokeCap.round

图形与填充

画笔 Paint 使用 style 属性控制填充模式（fill）或线框模式（stroke），下面用三个绘制示例说明一下，分别是绘制矩形、圆角矩形和圆形：

绘制矩形：**void** drawRect(Rect rect, Paint paint)
绘制圆角矩形：**void** drawRRect(RRect rrect, Paint paint)
绘制圆形：**void** drawCircle(Offset c, double radius, Paint paint)

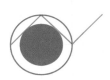

线框：paint.style=PaintingStyle.fill
填充：paint.style=PaintingStyle.stroke

绘制椭圆和弧线

绘制椭圆时，需要传入 Rect 对象来决定椭圆的形状，弧线相对复杂一些，可以看成从椭圆上截取的一部分，在 drawArc 方法中，startAngle 为初始弧度，sweepAngle 表示顺时针旋转了多少弧度，扫过的部位就是显示的弧线。useCenter 为 bool 值，false 和 true 的效果如下图所示。

绘制椭圆：**void** drawOval(Rect rect, Paint paint)
绘制弧线：**void** drawArc(Rect rect, double startAngle, double sweepAngle, bool useCenter, Paint paint)

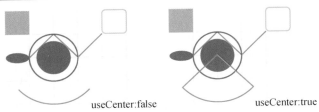

useCenter:false　　　　　　useCenter:true

绘制路径

通过 Path 可以先收集路径，最后通过 canvas.drawPath 绘制路径，正是因为 Path 拥有众多添加路径的方法，才能为绘制打开一扇新的大门。其中需要注意的是，含有 relative 的方法都是以上一点为基准进行操作的。比如下面的 relativeLineTo(−5，−10)是在（200，200）坐标的基础上进行的横纵位移。

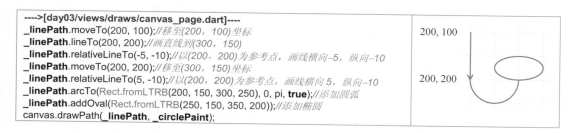

```
---->[day03/views/draws/canvas_page.dart]----
_linePath.moveTo(200, 100);//移至(200，100)坐标
_linePath.lineTo(200, 200);//画直线到(300，150)
_linePath.relativeLineTo(-5, -10);//以(200，200)为参考点，画线横向-5，纵向-10
_linePath.moveTo(200, 200);//移至(300，150)坐标
_linePath.relativeLineTo(5, -10);//以(200，200)为参考点，画线横向5，纵向-10
_linePath.arcTo(Rect.fromLTRB(200, 150, 300, 250), 0, pi, true);//添加圆弧
_linePath.addOval(Rect.fromLTRB(250, 150, 350, 200));//添加椭圆
canvas.drawPath(_linePath, _circlePaint);
```

3.3.3　移植绘制 n 角星

到这里，你对 Canvas 绘制有了基本的了解，更高层次的操作将在后面介绍。n 角星是笔者设计的非常优雅的路径方法，根据路径可绘制出角星，效果图如下。该路径方法起初实现在 HTML5 的 Canvas 中，之后笔者发现 Android 的画布 API 和 HTML5 的如出一辙，便复现到 Android 里，现在将其重现到 Flutter 中。可见平台也好（如浏览器、桌面、移动设备），语言也罢（如 JavaScript、Java、Kotlin、Dart），都只是组织和渲染的工具，真正的核心是通用的。

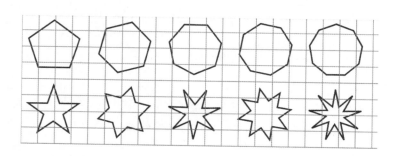

路径的核心是通过两个圆确定形状，大圆是外接圆，小圆是内接圆。拿五角星举例，只要确定两个圆上的五个点，就可以通过线进行连接。

先确定大圆上的初始点，让画笔移到那里，设与圆心的水平夹角为 a，大小圆半径分别为 R 和 r。计算出大圆初始点坐标为(R*cosa, −R*sina)，大圆第二个点与初始点和圆心夹角为 360/5=72°，小圆上的第一个点与圆心的水平夹角为 b，得到小圆初始点的坐标，然后将角度值依次加 72°，就能获取每个点位。

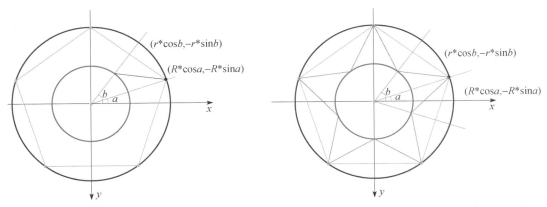

a 角取 72°的四分之一时星星是正的，b 角通过（90°−a）/2+a 即可得到，其中控制 a 的值也可以让图形产生倾斜，从而发生奇妙的变化。

对于多角星，无非就是由个性到共性，由特殊到一般的抽象化，寻找关系进行推演，数学之美便在于此。

下面是路径代码部分，也就是将头脑中的数学关系用编程语言在特定环境下进行表达：这里使用 canvas.translate 来使画布进行平移，类似的还有旋转（rotate）、缩放（scale）操作，这些在之后是很常用的：

```
---->[day03/views/draws/star_page.dart]----
class StartPainter extends CustomPainter {
  Paint _paint; //画笔对象
  Path _path = Path(); //路径对象

  StartPainter() {
    _paint = Paint() //创建画笔对象，使用级联符号初始化画笔
      ..color = Colors.red //画笔颜色
      ..isAntiAlias = true; //抗锯齿
  }
```

```
@override //实现绘制方法
void paint(Canvas canvas, Size size) {
  canvas.translate(50, 50); //移动到坐标系原点
  canvas.drawPath(nStarPath(5, 50, 25), _paint); //使用 path 绘制 5 角星
  canvas.translate(100, 0); //移动到坐标系原点
  canvas.drawPath(nStarPath(8, 50, 25), _paint); //使用 path 绘制 8 角星
  canvas.translate(100, 0); //移动到坐标系原点
  canvas.drawPath(nStarPath(12, 50, 25,rotate: pi), _paint); //使用 path 绘制 12 角星
}

@override //是否应该重新绘制
bool shouldRepaint(CustomPainter oldDelegate) {
  return false;
}

Path nStarPath(int num, double R, double r, {dx = 0, dy = 0,rotate=0}) {
  _path.reset();//重置路径
  double perRad = 2 * pi / num;//每份的角度
  double radA = perRad / 2 / 2 + rotate;//a 角
  double radB = 2 * pi / (num - 1) / 2 - radA / 2 + radA+rotate;//起始 b 角
  _path.moveTo(cos(radA) * R + dx, -sin(radA) * R + dy);//移动到起点
  //循环生成点，路径依次相连
  for (int i = 0; i < num; i++) {
    _path.lineTo(cos(radA + perRad * i) * R + dx, -sin(radA + perRad * i) * R + dy);
    _path.lineTo(cos(radB + perRad * i) * r + dx, -sin(radB + perRad * i) * r + dy);
  }
  _path.close();
  return _path;
}
}
class StarPage extends StatelessWidget {
  @override
  Widget build(BuildContext context) {
    return Scaffold(
      appBar: AppBar(
        title: Text("n 角星"),
      ),
      body: CustomPaint(
        //使用 CustomPaint 盛放画布
        painter: StartPainter(),
      ),
    );
  }
}
```

3.3.4 移植绘制粒子数字

以前在 Android 里实现过一款粒子时钟，这里来看一下粒子数字如何绘制。

首先来看如何绘制数字 1，下页图中，最左边是定义了数字 1 的二维数组。将这个二维数组逐行遍历，遇到 1 就画小圆，再根据行列的坐标确定小圆的位置，其实思路还是很简单的。另外，二维数组中的 1 和 0 都是自定义的标识符，可以任意修改，在渲染时对应处理即可。

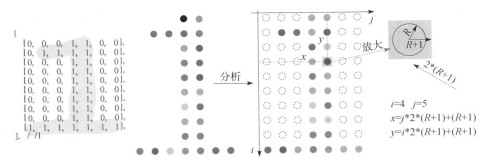

const_res.dart 中有一个三维数组用于盛放数字，下面是 1994 的粒子数字实现，这里可以通过改变单体的路径绘制其他图形，并不是只能画圆：

```dart
---->[day03/views/draws/colck_page/colck_page.dart]----
import 'const_res.dart';
class ClockPainter extends CustomPainter {
  Paint _paint;
  var _radius = 3.0; //小球半径
  Path _path = Path(); //画笔对象
  ClockPainter () {
    _paint = Paint()..color= Color(0xff45d0fd)..isAntiAlias=true;
    _path.addOval(Rect.fromCircle(radius: _radius, center: Offset(0, 0))); //小球路径
  }
  @override
  void paint(Canvas canvas, Size size) {
    renderDigit(1, canvas);//渲染数字
    canvas.translate(65, 0);//平移画布
    renderDigit(9, canvas);
    canvas.translate(65, 0); renderDigit(9, canvas);
    canvas.translate(65, 0); renderDigit(4, canvas);
  }
  //渲染数字。num 表示要显示的数字，canvas 表示画布
  void renderDigit(int num, Canvas canvas) {
    if (num > 10) {  return; }
    for (int i = 0; i < digit[num].length; i++) {
      for (int j = 0; j < digit[num][j].length; j++) {
        if (digit[num][i][j] == 1) {
          canvas.save();
          double rX = j * 2 * (_radius + 1) + (_radius + 1); //第(i, j)个点圆心横坐标
          double rY = i * 2 * (_radius + 1) + (_radius + 1); //第(i, j)个点圆心纵坐标
          canvas.translate(rX, rY);
          canvas.drawPath(_path, _paint);
          canvas.restore(); } } }
  }
  @override
  bool shouldRepaint(CustomPainter oldDelegate)=>false;
}
```

怎么样，Flutter 世界的"风土人情"还不错吧，两大风格 Material 和 Cupertino 为你准备了非常多的可用组件，还有"土著居民"CustomPainter 让你可以无限 DIY。一个 App 界面能够非常迅速地搭建完成，这全是结构型组件的威力。接下来就来丰富你的界面，继续跟随我前进。

04

Day 4

基础 Widget

前面说过 Widget 在使用层面有四大核心家族，StatelessWidget 和 StatefulWidget 负责展现内容，SingleChildRenderObjectWidget 和 MultiChildRenderObjectWidget 负责布局。本章将选取一些最重要、最常用的组件进行讲解。通过本章，你会知道如何去学习、认识一个组件。了解布局组件的特性之后，就可以实现一些复杂的布局。再结合 Day 3 的界面知识进行填充，这样就能一点点累积组件与布局的知识。

4.1 Text 组件

文字和图片占据着界面的百分之九十，所以对文字的设置是非常必要的。Text 组件的作用是显示文字，是 StatelessWidget 的子类。文字的属性主要在于样式、换行模式、对齐模式、富文本等（为避免冗余，后面的代码中变量 show 指核心的组件，将其套入即可）。

4.1.1 Text 的基本使用

传入字符串是 Text 最基本的用法。可以打开调试文字基线，看到 Text 的显示效果如下：

```
---->[day04/text/main.dart]----
var text=Text("toly-张风捷特烈-1994`");//文字组件
var show = Container( child: text,//孩子
    color: Color(0x6623ffff),//颜色
    width: 200,   height: 200 * 0.618);//宽高
```

文字最重要的属性是 style，它是 TextStyle 类型对象。可以决定文字的颜色、粗细、样式、字号、背景色、字间距等基础样式。

```
var style = TextStyle(color: Colors.red, //颜色
  backgroundColor: Colors.white, //背景色
  fontSize: 20, //字号
  fontWeight: FontWeight.bold, //字粗
  fontStyle: FontStyle.italic, //斜体
  letterSpacing: 10,); //字间距
var text = Text( "toly-张风捷特烈-1994`",
  style: style);//样式
```

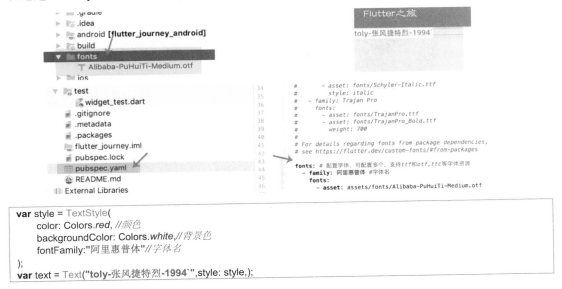

Flutter 支持为文字更换字体，不过首先要有字体资源并在 yaml 文件中配置，之后就可以通过 TextStyle 的 fontFamily 属性来设置。

```
var style = TextStyle(
  color: Colors.red, //颜色
  backgroundColor: Colors.white,//背景色
  fontFamily:"阿里惠普体"//字体名
);
var text = Text("toly-张风捷特烈-1994`",style: style,);
```

4.1.2　Text 的阴影和装饰线

style 中的 shadows 属性可以产生阴影。阴影属性需要传入 Shadow 对象列表，这说明阴影可以不止一个，比如后面的多彩阴影。构建 Shadow 时可以指定阴影颜色、虚化半径和偏移值：

```
var shadow = Shadow(
    color: Colors.black, //颜色
    blurRadius: 1, //虚化
    offset: Offset(2, 2)//偏移
);
```

```
var style = TextStyle(
    color: Colors.grey, //颜色
    fontSize: 80, //字号
    shadows: [shadow]
);
var text = Text( "张风捷特烈", style: style,);
```

张风捷特烈

```
const rainbow = [0xffff0000, 0xffFF7F00, 0xffFFFF00, 0xff00FF00,//颜色列表
                 0xff00FFFF, 0xff0000FF, 0xff8B00FF];
int i=0;
var shadows=rainbow.map((e){//遍历 rainbow 列表，生成 Shadow 集合
  var shadow=Shadow(   color: Color(e),
      blurRadius: i * 2.5,
      offset: Offset(-(i + 1) * 3.0, -(i + 1) * 3.0));
  i++;
  return shadow;}).toList();
var style = TextStyle( color: Colors.black, fontSize: 80, shadows:shadows);
var text = Text("张风捷特烈", style: style,);
```

文字的装饰线包括位置（decoration）和样式（decorationStyle），它们分别对应 TextDecoration（下图第一行）和 TextDecorationStyle（下图第二行），效果如下：

```
var style = TextStyle(
  color: Colors.black, //颜色
  fontSize: 20, //字号
  decoration: TextDecoration.lineThrough,
  decorationColor: Color(0xffff0000),//装饰线颜色
  decorationStyle: TextDecorationStyle.wavy,//装饰线样式
  decorationThickness: 0.8,);//装饰线粗细
var text = Text(   "张风捷特烈", style: style,);
```

4.1.3　文字方向、对齐和溢出处理

文字方向由 textDirection 决定，它需要传入 TextDirection 枚举对象，该枚举有两个值：ltr（左到右）和 rtl（右到左）。textAlign 属性可以操控文字排布的对齐方式。方向会影响对齐的效果，比如当文字方向是由左到右时，textAlign 效果如下：

当文字溢出时，默认处理方式是换行，也可以用 softWrap 和 overflow 属性进行更改。softWrap 是 bool 值，决定是否会自动换行。overflow 属性对应 TextOverflow 枚举，一共有四个值。当 softWrap 为 true 时，overflow 属性的效果如下：

张风捷特烈-toly-1994-999 9999999999999	张风捷特烈…	张风捷特烈-toly-1994-999 9999999999999	张风捷特烈-toly-1994-999 9999999999999
clip	ellipsis	fade	9999 visible

还有一点，maxLines 可以控制最多显示的行数。Flutter 的文字处理多种多样，核心是其 style 属性控制样式，还有其他属性控制它的表现形式。

4.1.4　RichText 的使用

可以使用 RichText 组件处理富文本，其中必选的 text 属性需要 InlineSpan 对象。InlineSpan 是一个抽象类，TextSpan 是它的实现类，既可以显示文字，又可以用 children 属性传入 InlineSpan 对象列表。下面代码中外层的 TextSpan 既显示文字，children 属性又包含多个 TextSpan 对象，从而实现一行多种样式：

```
---->[day04/rich_text/main.dart]----
var span=TextSpan(
  text: 'Hello',
  style: TextStyle(color: Colors.black),
  children: <TextSpan>[//可以盛放多个 TextSpan
    TextSpan(text: ' beautiful ', style: TextStyle(fontStyle: FontStyle.italic)),
    TextSpan(text: 'world', style: TextStyle(fontWeight: FontWeight.bold))]);
var show = RichText(text: span);
```

Flutter之旅
Hello *beautiful* **world**

下面通过 map 函数映射出 TextSpan 列表，批量生成，能很轻松地完成一段七彩字：

```
const rainbowMap = {
  0xffff0000:"红色", 0xffFF7F00:"橙色",
  0xffFFFF00:"黄色", 0xff00FF00:"绿色",
  0xff00FFFF:"青色", 0xff0000FF:"蓝色",
  0xff8B00FF:"紫色",};
var span= rainbowMap.keys.map((e)=>//遍历，生成 TextSpan 列表
  TextSpan(  text: "${rainbowMap[e]}    ",
    style: TextStyle(fontSize: 20.0, color: Color(e)))).toList();
var show = RichText(
  text: TextSpan( text: '七彩字：\n',
    children: span
    style: TextStyle(fontSize: 16.0, color: Colors.black)));
```

七彩字：
红色 橙色 黄色 绿色 青色 蓝色 紫色

不仅如此，还可以写一个函数，传入文字，让它们都变成随机色。现在还没涉及组件封装，了解组件封装之后，可以把它封装成一个组件，再多加写效果，这样复用起来会更好：

```
colorfulText(String str,{double fontSize=14}) => //返回对象时可简写
  RichText(text:TextSpan(
    children: str.split("").map((str)=>//对文字数组化，并通过 map 遍历生成 TextSpan 数组
      TextSpan(text: str, style:
        TextStyle(fontSize: fontSize, color: ColorUtils.randomColor()))).toList()));
```

```
var cc="燕子去了，有再来的时候；杨柳枯了，有再青的时候；桃花谢了，有再开的时候。"
    "但是，聪明的，你告诉我，我们的日子为什么一去不复返呢？——是有人偷了他们罢..."；
var show = colorfulText(cc);
```

> 燕子去了，有再来的时候；杨柳枯了，有再青的时候；桃花谢了，有再开的时候。
> 但是，聪明的，你告诉我，我们的日子为什么一去不复返呢？——是有人偷了他们
> 罢；那是谁？又藏在何处呢？是他们自己逃走了罢——如今又到了哪里呢？
>
> 我不知道他们给了我多少日子，但我的手确乎是渐渐空虚了。在默默里算着，八千
> 多日子已经从我手中溜去，像针尖上一滴水滴在大海里，我的日子滴在时间的流
> 里，没有声音，也没有影子。我不禁头涔涔而泪潸潸了。
>
> 去的尽管去了，来的尽管来着；去来的中间，又是怎样地匆匆呢？早上我起来的时
> 候，小屋里射进两三方斜斜的太阳。太阳他有脚啊，轻轻悄悄地挪移了；我也茫茫
> 然跟着旋转。于是——洗手的时候，日子从水盆里过去；吃饭的时候，日子从饭碗

4.1.5　RichText 与 Text.rich

当你需要将各种 Widget 拼在一行时，可以用 WidgetSpan，它是 InlineSpan 的实现类，所以用 WidgetSpan 来包裹一个组件就可以作为 TextSpan 的子组件显示：

```
var span = TextSpan( text: 'hello ',
  style: TextStyle(color: Colors.black,fontSize: 18),
  children: <InlineSpan>[
    WidgetSpan(//使用 WidgetSpan 添加一个组件
        alignment: PlaceholderAlignment.baseline,
        baseline: TextBaseline.ideographic,
        child: Icon(Icons.face,color: Colors.amber,)),
    TextSpan(   text: ', welcome to ',
      style: TextStyle(color: Colors.blue,fontSize: 18),),
    WidgetSpan(child: FlutterLogo(),
        alignment: PlaceholderAlignment.baseline,
        baseline: TextBaseline.ideographic),
    TextSpan( text: '.', ),   ], );
var show = RichText(text: span);
```

hello 😊 , welcome to ▶ .

如果细心的话，可以看到 Text 的源码里有一个 rich 方法，好像也和 InlineSpan 有关。Text.rich 方法通过传入一个 InlineSpan 对象，可以快速创建一个富文本。但其本质还是来源于 RichText，Text 继承自 StatelessWidget，它的 build 方法如下：

```
---->[lib/src/widgets/text.dart:386]----
Widget build(BuildContext context) {//略...
  Widget result = RichText(
    textDirection: textDirection,//略...
    text: TextSpan({//<---- 使用 TextSpan 构造
}
```

可以看出 Text 的核心是用 RichText 来构造的，Text 只是一层表象，其内在是 RichText。至此，我们对 Text 的了解就已经足够了。

4.2　Image 组件

文字和图片如兄妹一般，都是界面中的重要元素，几乎到处都有它们的身影。图片的

表现力极强，也最能吸引眼球。Flutter 中 Image 组件提供了展现图片的功能，下面我们将从各个属性对 Image 组件进行详细解读。

4.2.1 Image 资源的加载

首先来看加载图片的几种方式。从资源文件中加载图片，需要在 pubspec.yaml 中进行资源的配置。这里再强调一下，可以将图片文件夹配置到 pubspec.yaml 文件的 assets 结点，不用逐个对图片进行配置：

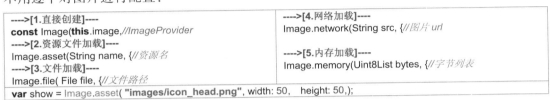

```
---->[1.直接创建]----                          ---->[4.网络加载]----
const Image(this.image,//ImageProvider        Image.network(String src, {//图片 url
---->[2.资源文件加载]----
Image.asset(String name, {//资源名             ---->[5.内存加载]----
---->[3.文件加载]----                          Image.memory(Uint8List bytes, {//字节列表
Image.file( File file, {//文件路径
---->var show = Image.asset( "images/icon_head.png", width: 50,    height: 50,);
```

不过较大的图片资源不建议多用，打包到应用内部会导致应用体积更大。所以文件和网络是不错的选择，通过 Image.file 指定路径加载图片文件，通过 Image.network 加载网络图片。如果内存中已经有图片的字节信息，也可通过 Image.memory 从内存加载图片：

```
---->[文件加载]----
var imgPath = "/data/user/0/"
    "com.toly1994.flutter_journey/cache/timg.jpeg";
var show = Image.file(
    File(imgPath),   //需要提前放置相关图片文件
    width: 200,);
```

```
---->[网络加载]----
var imgUrl = "https://user-gold-cdn.xitu.io"
        "/2019/7/24/16c225e78234ec26?"
        "imageView2/1/w/1304/h/734/q/85/format/webp/interlace/1";
var show = Image.network(
        imgUrl,
        width: 200,);
```

```
---->[内存加载]----
var imgPath = "/data/user/0/com.toly1994.flutter_journey/cache/timg.jpeg";
var bytes = File(imgPath).readAsBytesSync();
var show = Image.memory(bytes);
```

另外，构造函数需要传入一个 ImageProvider 对象，其中 ImageProvider 的子类

NetworkImage、FileImage、AssetImage、MemoryImage 分别对应网络、文件、本地资源和内存四种方式。拿两个来说明一下：

```
Image.file(//文件图片通过 FileImage 进行加载
File file, {//略...
}) : image = FileImage(file, scale: scale),

Image.network(//网络图片通过 NetworkImage 进行加载
String src, {//略...
}) : image = NetworkImage(src, scale: scale, headers: headers),
```

　　提示：Flutter 的源码注释非常亲民，几乎就是一个使用小指南。比如，想知道 Flutter 图片支持哪些图片类型，虽然可以在网上搜到，但有错误和过时的风险。去看源码，能得到精准的答案，而且毫不费时：

/// {@template flutter.dart:ui.imageFormats}

/// JPEG, PNG, GIF, Animated GIF, WebP, Animated WebP, BMP, and WBMP

　　不用怕源码，它真的没你想象中的那么可怕，试着去接纳，也许会打开一个新的世界，就算不太懂，那就当在练习英语阅读好了，也不是什么坏事。

4.2.2　图片的适应模式

　　现在将一个 3:2 的图片放入 200×200 的容器中，默认情况下图像会显示完全。Image 组件自身定义的宽高无效，而是使用 Container（容器）的宽高。另外，Image 组件占据的布局空间并非图片的可视区域，你可以通过图片适应模式来更改图片在布局区域内的展现情况。

　　上面是默认的适应模式效果，如果要更改，将涉及 fit 属性，对应的类型为 BoxFit，它有七种模式，下面用几张图来说明。当图片大于容器区域时，none 属性会保持原图并居中截取图片，cover 属性会在填充容器的情况下尽可能缩小图片，fill 属性会填充容器而使图片变形，fitHeight 和 fitWidth 属性分别适应高和宽来缩放图片以适应区域大小：

fill　　　　　contain　　　　　cover　　　　　fitWidth

fitHeight　　　　　none　　　　　scaleDown

下面是图片小于容器时的情况，对比上图可以看出。none 无论何时都会保持原图大小并居中显示；scaleDown 在图片大小小于容器区域时会默认居中显示，在图片大于容器区域时会缩小来适应容器；contain 会使图片尽可能大地包含在容器中；cover 会在填充容器的情况下将图片尽可能缩小。

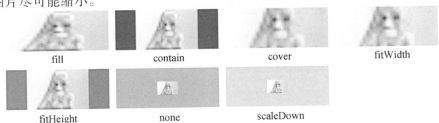

图片非常棒，有了图片，一些内容查找起来非常方便，也便于比较和记忆。其实这些图片并不是一个个抠出来再进行排版的，而是通过 Flutter 强大的表现力用代码生成的。

4.2.3 图片颜色及混合模式

拿最经典的混合模式来说，图片与颜色进行混合，会出现很多样式效果。在 Image 中使用 colorBlendMode 属性，对应的是 BlendMode 枚举，共有 29 种。比如下面的图是头像与蓝色进行混合的不同状态下的效果。先猜一下表现出来需要多少代码？

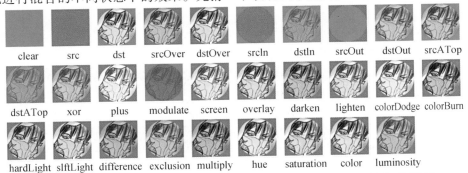

下面就是表现出上面效果的核心代码，是不是深深地被 Flutter 的优雅震撼？

```
---->[day04/image/03/blend_mode.dart]----
var imgLi = BlendMode.values.toList().map((mode)=> //批量生成组件
    Column(children: <Widget>[
        Container(   margin: EdgeInsets.all(5),
            width:60, height: 60,color:Colors.red
            child: Image( image: AssetImage("images/icon_head.png"),
            color:   Colors.blue.withAlpha(88),
            colorBlendMode: mode)),
        Text(mode.toString().split(".")[1])])).toList(); //文字介绍
var imageColorMode = Wrap(children: imgLi,);
```

4.2.4 图片对齐模式及重复模式

按照类似的方法，看一下对齐模式和重复模式：分别是 alignment 和 repeat。其中

alignment 属性对应 Alignment 类，有九个常量，也就是九个方向。下面的图很好地说明了
这些常量的作用：

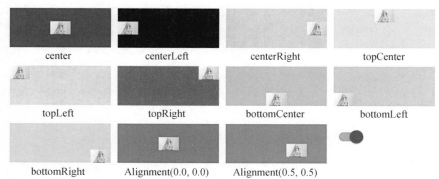

```
---->[day04/image/04/alignment_Alignment.dart]----
var alignment = [ Alignment.center,   Alignment.centerLeft, Alignment.centerRight,
  Alignment.topCenter,Alignment.topLeft, Alignment.topRight,
  Alignment.bottomCenter,Alignment.bottomLeft,Alignment.bottomRight,
  Alignment(0.01,0.01),Alignment(0.5,0.5)];//测试数组
var imgLi = alignment.map(
  (alignment)=> //生成子 Widget 列表
    Column(children: <Widget>[
      Container(
        margin: EdgeInsets.all(5),
        width: 150, height: 60, color: ColorUtils.randomColor(),
        child: Image(   image: AssetImage("images/wy_300x200_little.jpg"),
          alignment: alignment,)),
      Text(alignment.toString())])).toList();
var imageAlignment = Wrap(   children: imgLi);
```

这无疑是属性对比利器。对于这些属性，通过测试就可以知道大概效果，从而更轻松、
清晰地去认识组件中的其他属性，基本上可以无师自通。接下来看 repeat：

```
---->[day04/image/05/repeat_ImageRepeat.dart]----
var imgLi = ImageRepeat.values.map((repeat)=>
  Column(children: <Widget>[
    Container( margin: EdgeInsets.all(5),
      width: 150,    height: 60, color: ColorUtils.randomColor(),
      child: Image(
        image: AssetImage("images/wy_300x200_little.jpg"), repeat: repeat )),
    Text(repeat.toString())])).toList();
var imageImageRepeat = Wrap(   children: imgLi);
```

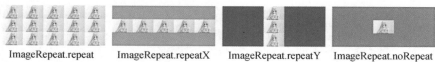

4.2.5   用 centerSlice 实现图片局部放大

关于图片，还有一个要点——局部缩放，这就像 Android 中的.9.png，这对实现对话框

很有用，Image 的 centerSlice 属性可以实现这种效果。在使用时需要传入一个矩形对象，也就是下面左图的区域，在缩放时，四个角将会保持原样，中间拉伸，于是达到了我们想要的效果。到这里，关于 Image 组件的基本知识我们也储备得足够了。

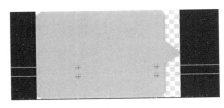

```
---->[day04/image/05/centerSlice_CenterSlice.dart]----
var img = Image.asset( "assets/images/right_chat.png",
  centerSlice: Rect.fromLTRB(9, 27, 60, 27+1.0),//可缩放区域
  fit: BoxFit.fill,);
var show = Container( width: 300,    height: 100,   child: img,);
```

4.3　Container 的使用

前面一直在用 Container，现在来看一下 Container 的基本能力。可以将 Container 想象成用来盛东西的盒子：child 是盒子里面的东西；color 是盒子的颜色；width 和 height 相当于盒子的大小；但并非所有区域都能放东西，padding 是内边距，限制盛放的东西距离盒子内部四周的距离；margin 是外边距，决定盒子和外部组件的距离。其实 Container 远没有你想的那么简单。

4.3.1　Container 的基本使用

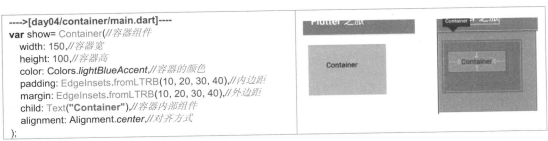

```
---->[day04/container/main.dart]----
var show= Container(//容器组件
  width: 150,//容器宽
  height: 100,//容器高
  color: Colors.lightBlueAccent,//容器的颜色
  padding: EdgeInsets.fromLTRB(10, 20, 30, 40),//内边距
  margin: EdgeInsets.fromLTRB(10, 20, 30, 40),//外边距
  child: Text("Container"),//容器内部组件
  alignment: Alignment.center,//对齐方式
);
```

从上面可以看出一个盒子的占位大小是加 margin 的，显示区域不加 margin。另外，alignment 属性用来控制内部元素在可盛放区域的对齐方式。提一个小问题：为什么上面 alignment 是 center 但看起来不居中呢？

因为有 padding，所以可盛放区域就变小了，文字只显示在可盛放区域居中。

这里 alignment 属性和 Image 的类似。在 Flutter 世界里，有众多的 Widget，每个 Widget 都有一些属性，而属性对应的对象也可能非常复杂，比如 Text 的 style 属性。所以了解组件

固然重要，但了解属性才是要点。比如有 alignment 属性的 Widget 不下 10 种，有 style 属性的也多如牛毛。一旦掌握了属性的用法，那么遇到新 Widget 时便可游刃有余，一通百通。

4.3.2　Padding 的使用

如果第一次用 padding 属性，估计你会很疑惑，它的类型着实让新手抓狂。

打开源码看一下，会发现 padding 是 EdgeInsetsGeometry 对象，你可能会纳闷，加个边距还弄个对象出来?再一看还是个抽象类，其中定义了 6 个 get 方法。接着发现它有两个子类，分别是 EdgeInsetsDirectional 和 EdgeInsets。抽象类中是不能创建对象的，所以只能从子类下手:

```
---->[lib/src/widgets/container.dart:314]----
final EdgeInsetsGeometry padding;
---->[lib/src/painting/edge_insets.dart:25]----
abstract class EdgeInsetsGeometry {
  const EdgeInsetsGeometry();
  double get _bottom;      double get _end;      double get _left;
  double get _right;       double get _start;    double get _top;
```

进一步去看 EdgeInsets，发现有很多方法可以生成该对象，核心是确定四个值，即左上右下。除此之外，还有运算符重载来对 EdgeInsets 对象进行运算。这样看来，刚才看上去有点让人抓狂的 EdgeInsets 也不是那么吓人。

将边距封装成类，并使用运算符重载，这样能更方便地使用边距:

```
//根据左上右下四个值构建 EdgeInsets 对象
const EdgeInsets.fromLTRB(this.left, this.top, this.right,
this.bottom);

//构建左上右下四值相等的 EdgeInsets 对象
const EdgeInsets.all(double value)
: left = value,
top = value,
right = value,
bottom = value;

//构建四个值全为 0 的 EdgeInsets 对象
static const EdgeInsets zero = EdgeInsets.only();
```

```
//根据指定属性构建 EdgeInsets 对象
const EdgeInsets.only({
this.left = 0.0,
this.top = 0.0,
this.right = 0.0,
this.bottom = 0.0,
//根据水平数值方向构建对称的 EdgeInsets 对象
const EdgeInsets.symmetric({
double vertical = 0.0,
double horizontal = 0.0,
}) : left = horizontal,
top = vertical,
right = horizontal,
bottom = vertical;
```

另外有个组件叫作 Padding，它是单子家族的，如果只是想加内边距，可以使用 Padding 来完成。根据内边距来限制内部元素和外界的距离，比如下面能让图片距左边 30 个单位:

```
var show = Padding(
  padding: EdgeInsets.only(left: 30),
  child: Image.asset(
    "images/wy_200x300.jpg",
    fit: BoxFit.cover )
);
```

4.3.3　Container 的边线装饰

Container 的能力其实也并非只是个盒子,也可以通过 decoration 属性进行装饰和改变形状,比如下面非常常见的圆形蓝色光晕效果，很好看，也非常实用。在 Android 里实现这样的效果比较麻烦，但在 Flutter 里非常简单：用 ClipRRect 将一个图片裁剪成圆形，然后通过 decoration 属性添加圆形的边框，并通过 shadows 属性添加阴影，这个 shadows 属性和 Text 是一致的。

```
//圆形图片容器
var show = Container(
    height: 100,
    width: 100,
    decoration: BoxDecoration(
      shape: BoxShape.circle,
      boxShadow: [
        BoxShadow(
          color: Colors.blue.withOpacity(0.5),
          offset: const Offset(0.0, 0.0),
          blurRadius: 6.0,
          spreadRadius: 0.0)],
      image: DecorationImage(
          image: AssetImage('images/wy_200x300
.jpg'),
          fit: BoxFit.cover),
    ));
```

```
//圆角矩形图片容器
var radius = BorderRadius.all(Radius.circular(15));
var show = Container(
    height: 100,
    width: 100,
    decoration: ShapeDecoration(
      shape: RoundedRectangleBorder(
          side: BorderSide(
              width: 2.0,
              color: Colors.blue),
          borderRadius: radius),
      image: DecorationImage(
          image: AssetImage('images/wy_200x300
.jpg'),
          fit: BoxFit.cover),
    ));
```

4.3.4　Container 的约束和变换

　　Container 有 constraints 属性来约束内部空间的大小，对应的是 BoxConstraints 对象。可以约束内部空间的最大最小宽高。比如下面的约束是宽高不能大于 100，且不小于 50，而内部元素的宽为 150，高为 10。这时 constraints 会限制容器的尺寸，使其呈现的尺寸为宽 100，高 50：

```
var show = Container(
    constraints: BoxConstraints(
      minWidth: 50,//最小宽
      minHeight: 50,//最小高
      maxHeight: 100,//最大高
      maxWidth: 100,//最大宽
    ),
    child: Container(width: 150, height: 10,
      color: Colors.cyanAccent,),
);
```

　　除此之外，Flutter 还有一个厉害的能力：通过 transform 属性进行变换。例如，我们需要一个 Matrix4 矩阵，当然也提供了很多方法进行简单变换。关于矩阵变换，这里就不展开

介绍了。现在来测试一下 transform 属性，如下所示：

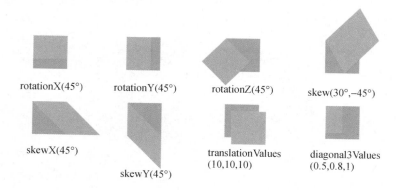

```
//Matrix4 待测试项数组
var matrix4 = [
  Matrix4.rotationX(45 * pi / 180),
  Matrix4.rotationY(45 * pi / 180),
  Matrix4.rotationZ(45 * pi / 180),
  Matrix4.skew(30 * pi / 180, -45 * pi / 180),
  Matrix4.skewX(45 * pi / 180),
  Matrix4.skewY(45 * pi / 180),
  Matrix4.translationValues(10, 10, 10),
  Matrix4.diagonal3Values(0.5, 0.8, 1)
];

//文字描述信息
var strInfo = [
  "rotationX(45°)",
  "rotationY(45°)",
  "rotationZ(45°)",
  "skew（30°，-45°）",
  "skewX（45°）",
  "skewY（45°）",
  "translationValues\n(10,10,10)",
  "diagonal3Values\n(0.5, 0.8, 1)"];
```

```
int i = -1;
var show = Wrap(
  children: matrix4.map((e) {
    i++;
    return Padding(
        padding: EdgeInsets.only(left: 50),
        child: Column(children: <Widget>[
          Container(
            width: 50,
            height: 50,
            color: Colors.grey,
            child: Container(
              color: Colors.cyanAccent,
              transform: e,
            ),
          ),
          Padding(
            padding: EdgeInsets.only(top: 10, bottom:
10),
            child: Text(strInfo[i]),
          ) ]));
  }).toList(),);
```

关于 Container 能力，到此就了解得差不多了。之后你会发现 Container 是个很有意思的组件，它是 Stateless 家族的，但又和布局息息相关，下面来看 Container 存在的意义。

4.3.5 Container 与布局的渊源

单子布局可以约束组件以及装饰组件，但每个单子布局只能有一个 child，如果需要多种单子布局共同作用，那么就会一层层嵌套，而导致树级非常深。如果看一下 Container 的源码实现，你会发现 Container 就是基于几个常用的单子组件层层包裹出来的。它的价值在于缓和树深，将常用的单子操作进行统一操作，实现"拉平"：

```
@override
Widget build(BuildContext context) {
```

```
Widget current = child;//当前返回值，默认是孩子
if (child == null && (constraints == null || !constraints.isTight)) {
  current = LimitedBox( maxWidth: 0.0, maxHeight: 0.0,
    child: ConstrainedBox(constraints: const BoxConstraints.expand()),
  );
}
if (alignment != null)//alignment 非空，使用 Align 包裹
  current = Align(alignment: alignment, child: current);
final EdgeInsetsGeometry effectivePadding = _paddingIncludingDecoration;
if (effectivePadding != null) //effectivePadding 非空，使用 Padding 包裹
  current = Padding(padding: effectivePadding, child: current);
if (decoration != null)//decoration 非空，使用 DecoratedBox 包裹
  current = DecoratedBox(decoration: decoration, child: current);
if (foregroundDecoration != null) {
  current = DecoratedBox(
    decoration: foregroundDecoration,
    position: DecorationPosition.foreground,
    child: current,
  );
}
if (constraints != null)//constraints 非空，使用 ConstrainedBox 包裹
  current = ConstrainedBox(constraints: constraints, child: current);
if (margin != null) //margin 非空，使用 Padding 包裹
  current = Padding(padding: margin, child: current);
if (transform != null)//transform 非空，使用 Transform 包裹
  current = Transform(transform: transform, child: current);
return current;
}
```

如果只是使用一项单子能力，并不需要 Container，像 Padding 专门负责边距；除此之外，Align 负责对齐方式，也就是 alignment 属性；Align 有个孩子叫 Center，负责 Widget 居中，相当于 alignment 取 center 值。ConstrainedBox 负责 constraints 属性；Transform 负责 transform 属性；装饰属性专门对应 DecoratedBox。

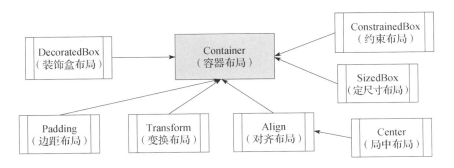

Container 就是集大成于一身的组件，如果想要单独使用某种能力来约束一个内部元素，可以用专属的单子布局组件。与布局相关的组件相对来说比较少，而且比较系统，下页是一张常用的布局谱系图，你最好去认识一下，就当作图里显示的是一个个之前未曾见面的朋友，也许某一刻它们就会站出来，为你解决问题。

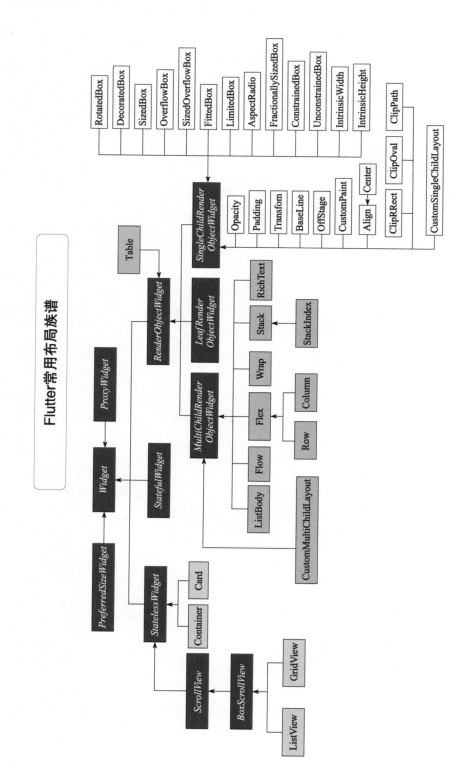

4.4　常用多子布局

Day 1 中介绍了多子布局的重要性，排兵布阵都要靠它。根据不同的场景有很多类型。比如 Row 和 Column 来自 Flex 家族，它们可以和 Expanded、Spacer、Flexible 等形成"合击绝技"。但由于 Flex 家族不会急转弯，所以出界就看不见了，有时 Wrap 也许更加适合。Flex 和 Wrap 两个组件，相当于前端的 Flex 布局。另外 Stack+Positioned 可以解决很多布局方面的疑难杂症。下面，将完全进行图解介绍。

4.4.1　图解 Flex 布局

属性名	类型	默认值	简介
direction	Axis	@required	轴向
mainAxisAlignment	MainAxis Alignment	start	主轴方向对齐方式
crossAxisAlignment	CrossAxisAlignment	center	交叉轴方向对齐方式
mainAxisSize	MainAxisSize	max	主轴尺寸
textDirection	TextDirection	null	文本方向
verticalDirection	VerticalDirection	down	竖直方向
textBaseline	TextBaseline	null	基线类型
children	List<Widget>	<Widget>[]	内部孩子

Flex 的轴向和主轴尺寸

轴向是 direction 属性，它是 Axis 的枚举，是轴的意思，分为横纵两个属性。默认主轴方向顶头，交叉轴居中。比如 horizontal 为水平主轴，交叉轴则为竖直，如下所示：

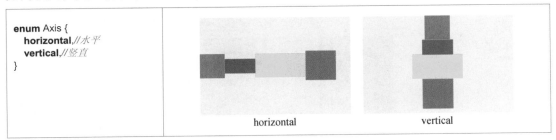

主轴尺寸是属性 mainAxisSize，对应的是 MainAxisSize 枚举，一共只有两个值。下面以水平方向主轴为例，默认取 max。当父容器的宽未约束时，Flex 默认会将自身尽可能延伸：

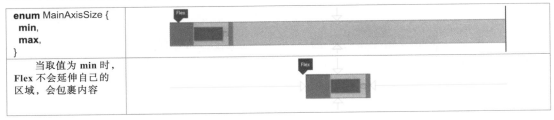

Flex 的主轴对齐和交叉轴对齐

主轴对齐用到的是 mainAxisAlignment 属性，对应的是 MainAxisAlignment 枚举，一共有六个值。下面是以水平方向主轴为例的效果（纵轴也是类似的）：

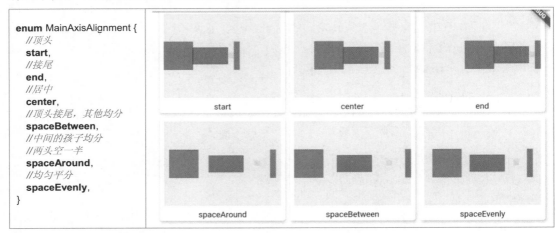

交叉轴对齐用的是 crossAxisAlignment 属性，对应的是 CrossAxisAlignment 枚举，一共有五个值。下面是以水平方向主轴为例的效果：

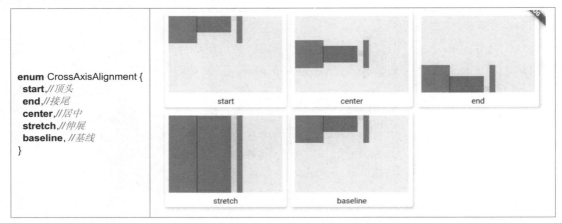

注意，使用 baseline 时必须有 textBaseline，确定对齐的是哪种基线，分为 alphabetic 和 ideographic，如下图所示：

Flex 的文字方向与竖直方向排序

这两个相对简单，也非常好理解，两者分别控制水平和竖直排列的顺序：

`enum TextDirection {`
`  ltr,`
`  rtl,`
`}`
	`enum VerticalDirection{`
	`  up,`
	`  down,`
	`}`

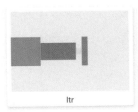 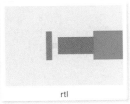  

| ltr | rtl | up | down |

Expanded 与 Flex 的搭配

Expanded 和 Flex 的搭配使用也是一个重点。可以用 Expanded 包裹一个子元素，从而让其有自延伸的效果。我们先来实现下面的效果：

```
---->[day04/flex/main.dart]----
var redBox = Container(
    color: Colors.red, height: 50, width: 50,);
var blueBox = Container(
    color: Colors.blue, height: 30, width: 60,);
var yellowBox = Container(
    color: Colors.yellow, height: 50, width: 100,);
var show= Flex(direction: Axis.horizontal,
    children: <Widget>[redBox,blueBox,yellowBox],);
```

现在将蓝色组件用 Expanded 包裹，蓝色组件就会自动延伸填充剩余空间：

```
var show = Flex(direction: Axis.horizontal,
    children: <Widget>[redBox,
    Expanded(child: blueBox),yellowBox],
);
```

将红色组件也包裹一下，发现两者均分剩余空间：

```
var show = Flex(direction: Axis.horizontal,
    children: <Widget>[
    Expanded(child: redBox ),
    Expanded(child: blueBox),yellowBox]
);
```

如果有两个以上的 Expanded，可以通过 flex 属性指定占位比例，比如下面红：蓝=3：2：

```
var show = Flex(direction: Axis.horizontal,
    children: <Widget>[
    Expanded(child: redBox,flex: 3,),
    Expanded(child: blueBox,flex: 2,),
    yellowBox],
);
```

Flex 中的 Row 和 Column

Flex 布局灵活多变，而且易控，是前端非常实用的布局方式，Flutter 也借鉴了这种方式。今后你会发现，很多布局使用的都是 Row 和 Column，它们是 Flex 的 Child，Row 相当于水平方向的 Flex 布局，Column 相当于竖直方向的 Flex 布局，除此之外和 Flex 都是一致的，所以掌握了 Flex 的这些属性，Row 和 Column 自然很好理解：

```
class Row extends Flex {
  Row({Key key,
    MainAxisAlignment mainAxisAlignment = MainAxisAlignment.start,
    MainAxisSize mainAxisSize = MainAxisSize.max,
    CrossAxisAlignment crossAxisAlignment = CrossAxisAlignment.center,
    TextDirection textDirection,
    VerticalDirection verticalDirection = VerticalDirection.down,
    TextBaseline textBaseline,
    List<Widget> children = const <Widget>[],
  }) : super(
    children: children,key: key,
    direction: Axis.horizontal,    //<------------重点在这，说明 Row 是一个水平的 Flex
  mainAxisAlignment: mainAxisAlignment,//略...
```

Flex 布局使用练习

光说不练假把式，那来实践一下吧。下面是在某应用中的部分截图，让我们用上面学到的 Flex 组件实现这种布局：

很明显这是一行，可以使用 Row 组件，它等价于轴为横向的 Flex 组件，其中分别包含图标、文字、图标。文字在左侧，后一处图标在右侧，对 Text 用 Expanded 来延伸：

```
var text = Text("附近",style: TextStyle(fontSize: 18),);
var iconLeft = Icon(
    Icons.add_location,size: 30,color: Colors.pink,);
var iconRight = Icon(
    Icons.keyboard_arrow_right,color: Colors.black38);
var show = Container(
    height: 70,
    color: Color(0x4484FFFF),
    child: Row( children: <Widget>[
      Padding(child: iconLeft,
        padding: EdgeInsets.only(left: 25,right: 20),),
      Expanded(   child: text, ),
      Padding(child: iconRight,
        padding: EdgeInsets.only(right: 25),),
    ])
);
```

附近 >

　　Flutter 的强大之处在于：布局只限定组件摆放的位置，可以替换某个组件，从而使得布局结构与具体展现解耦，方便复用。比如上页图右侧小箭头可以很方便地换成图片或文字，而不会导致布局结构的改变。

　　下面是一个很常见的文章列表的条目样式。当遇到相对复杂的布局时，可以分块处理，逐个击破。比如可以将整体布局看成一个 Column，分为上、中、下三行。会发现第一行（顶部）和上面刚刚实现的布局有些相似；第二行（中间）是 Row，左边是两段文字的 Column，右边是 Image；第三行（底部）是两个图标加数字。

```
var infoStyle = TextStyle(color: Color(0xff999999),
fontSize: 13);
var littleStyle = TextStyle(color: Colors.black,
fontSize: 16);
var top = Row(children: <Widget>[ //顶部
    Image.asset("images/icon_head.png",
width: 20, height: 20),
    SizedBox(width: 5),
    Expanded(child: Text("张风捷特烈")),
    Text("Flutter/Dart", style: infoStyle)]);
```

```
var content = Column( //中间文字内容
    crossAxisAlignment: CrossAxisAlignment.start,
    children: <Widget>[
      Text("[Flutter 必备]-Flex 布局完全解读",
        style: littleStyle, maxLines: 2, overflow:
TextOverflow.ellipsis),
      SizedBox(height: 5),
      Text("也就是水平排放还是竖直排放,可以看出默认
情况下都是主轴顶头,交叉轴居中比如 horizontal 下主轴为
水平轴, ",
        style: infoStyle, maxLines: 2, overflow:
TextOverflow.ellipsis)]);
```

```
var center = Row( //中间的部分
    children: <Widget>[
      Expanded(child: content),
      SizedBox(width: 5),
      ClipRRect(borderRadius:
BorderRadius.all(Radius.circular(5)),
          child: Image(width: 80, height: 80, fit:
BoxFit.cover,
              image: AssetImage("images/wy_
200x300.jpg")))]);
```

```
var end = Row(//底部
    children: <Widget>[
      Icon(Icons.grade, color: Colors.green, size: 20),
      Text("3000W", style: infoStyle),
      SizedBox(width: 10),
      Icon(Icons.tag_faces, color: Colors.lightBlueAccent,
size: 20),
      Text("3000W", style: infoStyle)]);
```

```
var show = Container(height: 160, margin: EdgeInsets.all(5),
    decoration: BoxDecoration(color: Colors.white,
        borderRadius: BorderRadius.all(Radius.circular(10))),
    padding: EdgeInsets.fromLTRB(10, 15, 10, 15),
    child: Column(mainAxisAlignment: MainAxisAlignment.spaceBetween,children: <Widget>[top, center, end]));
```

　　这样就实现了这种布局的效果，可以通过布局查看器显示边界信息，能够更形象、直观地看出布局。是不是感觉挺有意思的，写布局就像搭积木，拼一拼就出来了。到这里，相信你已经掌握了 Flex 的基本用法，可以布局一些相对复杂的结构了。

4.4.2　Stack 布局

　　将一个个组件堆叠在一起是非常常见的场景,Flutter 提供了 Stack 组件来实现这样的效

果，如下所示，把五颜六色的色块堆在一起：

---->[day04/flex/main.dart]---- var show = Stack(　children: <Widget>[　　getBox(80, Colors.*yellow*), 　　getBox(70, Colors.*red*), 　　getBox(60, Colors.*green*), 　　getBox(50, Colors.*cyanAccent*),],);	/// 获取一个方形盒子 /// 其中边长是[width]，颜色是[color] Widget getBox(double width, Color color) => Container(　　color: color, //容器的颜色 　　width: width, //容器的宽 　　height: width,);//容器的高度

不仅能够让色块叠在一起，还能通过 alignment 属性控制其对齐方式，如果想要多个元素按照某种方式对齐，这样会非常方便：

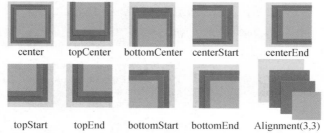

center　topCenter　bottomCenter　centerStart　centerEnd

topStart　topEnd　bottomStart　bottomEnd　Alignment(3,3)

不过有一个问题，alignment 会让所有的 Child 按照一种方式对齐，那么如果采用 center 方式对齐时想让天蓝色色块在左上角，并且距两边 5dp 怎么办？这时用 Positioned 将待定位的组件包裹即可，这简直太好用了：

Positioned(　child: getBox(50, Colors.*cyanAccent*), 　top: 5, 　right: 5,)	

另外，IndexStack 是 Stack 的 Child，能把其他元素隐藏起来，并指定某一个显示。后面自定义组件会基于这个组件来封装一个实用的组件：

var show = IndexedStack(　index: 3,//指定显示元素的索引 　alignment: Alignment(3, 3), //对齐方式 　children: <Widget>[　　getBox(80, Colors.*yellow*), 　　getBox(70, Colors.*red*), 　　getBox(60, Colors.*green*), 　　getBox(50, Colors.*cyanAccent*),]);	 Stack　　IndexStack　　IndexStack 　　　　　index=1　　index=3

4.4.3　Wrap 包裹布局

Wrap 组件可以按顺序排列多个子组件，允许指定行列的间距。并且如果排列时轴向超过父组件区域，会自动换行。所有属性见下表：

属性名	类型	默认值	简介
direction	Axis	horizontal	子组件排列方向（主轴）
spacing	double	0.0	主轴方向子组件间距
runSpacing	double	0.0	交叉轴方向子组件间距
alignment	WrapAlignment	start	主轴方向对齐方式
crossAxisAlignment	WrapCrossAlignment	start	每行交叉轴方向对齐方式
runAlignment	WrapAlignment	start	整体交叉轴方向对齐方式
textDirection	TextDirection	start	文本方向
verticalDirection	VerticalDirection	down	竖直方向

Wrap 的轴向和轴向间距

和 Flex 组件一样，direction 属性可决定子组件排列的方向，有横向（Axis.horizontal）和纵向（Axis.vertical）两个选择（如下图）。Wrap 可以很方便地实现组件间距，spacing 属性是主轴方向的组件间距，runSpacing 属性是交叉轴方向的间距。

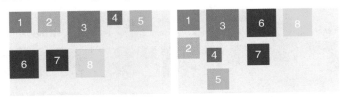

Axis.horizontal　　　　　　Axis.vertical

Wrap 的主轴对齐和交叉轴对齐

以主轴为横轴的情况为例，主轴对齐通过 alignment 属性指定，它对应 WrapAlignment 类型，共有如下 6 种模式，含义和 Flex 的主轴对齐方式是一致的，只不过 Wrap 可以作用于多行。

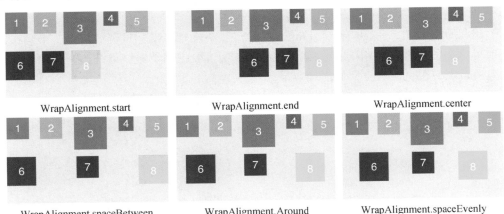

WrapAlignment.start　　　　WrapAlignment.end　　　　WrapAlignment.center

WrapAlignment.spaceBetween　　WrapAlignment.Around　　WrapAlignment.spaceEvenly

　　每行组件的交叉轴对齐通过 crossAxisAlignment 属性指定，它对应 WrapCrossAlignment 类型，一共有如下 3 种模式。由下图可以看出，是每行的元素进行相应对齐。

WrapCrossAlignment.start　　　　　WrapCrossAlignment.end　　　　　WrapCrossAlignment.center

　　整体交叉轴轴方向对齐方式通过 runAlignment 属性指定，它对应 WrapAlignment 类型，也就是和主轴方向对齐是一样的。

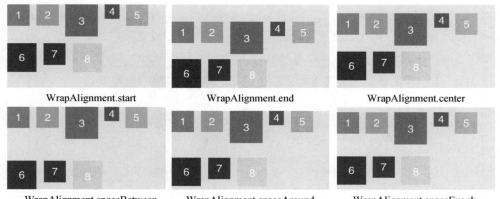

WrapAlignment.start　　　　　　WrapAlignment.end　　　　　　WrapAlignment.center

WrapAlignment.spaceBetween　　　WrapAlignment.spaceAround　　　WrapAlignment.spaceEvenly

　　到这里，基础的 Widget 就介绍完了，当然这只是所有 Widget 中的一小部分。学完本章之后，相信你已经具有分析和使用陌生 Widget 的能力了，可以自己找一些布局来练习。关于单子布局的知识很多、很散，这里讲得不多，你可以参考 FlutterUnit 项目上的相关示例自行学习。

　　这里只是个开始，下面将渐入 Flutter 的难点，下一章将带你见证如何将一个静态界面封装成可复用的组件，并用 ListView、GridView 实现数据的填充。另外还会教你如何处理滑动监听以及炫酷的 Sliver 家族滑动效果。

05

Day 5
列表与滑动

如何让组件更好地复用、处理不同的数据来展现不同的效果，是 UI 层面非常重要的内容，这就意味着抽离和封装的重要性。ListView、GridView 等多子布局需要根据数据填充界面，动态修改条目的信息。今天将全面介绍 ListView、GridView、PageView 等支持滑动的组件，这也是一个页面中的重要组成部分，最后介绍 Sliver 家族的酷炫滑动效果。

5.1　组件封装

将静态的布局变成支持数据对象的 item 便是封装。先看一下如何封装静态界面，来看看这个布局示例：

5.1.1　静态布局

这里先介绍几个要用到的组件：Card 能更轻松地实现卡片效果；CircleAvatar 可以实现圆形的头像；SizedBox 能生成固定大小的区域，可用来占位充当边距。CircleAvatar 组件通过 backgroundImage 属性指定图片，该图片会显示成圆形。再将其置入圆形装饰线的 Container 中，并设置阴影。

```
---->[day05/poem_item_01/main.dart]----
var headIcon = Container(width: 70, height: 70,
    decoration: BoxDecoration(//圆形装饰线
        color: Colors.white, shape: BoxShape.circle,
        boxShadow: [ //阴影
            BoxShadow( color: Colors.grey.withOpacity(0.3),
```

```
              offset: Offset(0.0, 0.0),
              blurRadius: 3.0, spreadRadius: 0.0)]),
       child: Padding(padding: EdgeInsets.all(3),
          child: CircleAvatar(backgroundImage:
                AssetImage("assets/images/wy_200x300.jpg"))));
```

现在分析一下这个条目的布局：外面用 Container 加圆角边框和阴影；中间内容用 Row 包裹起来，头像的效果前面实现过，中间可以使用竖向的 Wrap 包裹两行文字，这样方便加间距，当然，使用 Column 容纳后再调节边距也可以；右边使用 Expanded 对文字进行延伸。文字最多三行，溢出时使用省略号结尾；最后拼合，使用 Row 将三者包裹起来。用 SizedBox 可以实现简单的边距，让中间的部分与左右间隔一定距离。最后使用 Card 实现卡片效果。下面是代码运行后界面布局的边界显示效果：

```
var center = Wrap(//中间
  direction: Axis.vertical,//竖直排列
  crossAxisAlignment: WrapCrossAlignment.start,//孩子水平左对齐
  spacing: 4,//主轴（竖）间距
  children: <Widget>[
    Text("以梦为马", style: TextStyle(fontSize: 16, fontWeight: FontWeight.bold)),
    Text("作者:海子", style: TextStyle(color: Colors.grey, fontSize: 12),), ], );
var summary = Text(//尾部摘要
  "我要做远方的忠诚的儿子，和物质的短暂情人，"
  "和所有以梦为马的诗人一样，我不得不和烈士和小丑走在同一道路上",
  maxLines: 3,//最多三行
  overflow: TextOverflow.ellipsis,
  style: TextStyle(color: Colors.grey, fontSize: 12),
);
var item = Row(//条目拼合
  children: <Widget>[SizedBox(width: 10),   headIcon,
    Padding(  padding:
                EdgeInsets.symmetric(horizontal: 20),   child: center),
    Expanded(child: summary,),   SizedBox(width: 10), ],);
var show = Card( elevation: 5,child:
    Padding(padding:EdgeInsets.all(5),child: item),//阴影深
);
```

5.1.2　头像组件封装

现在这个布局只是停留在能用的地步，而且散乱。数据都写死在里面，不富有变化性。所以需要封装，把公共部分进行提取，让变动的部分能够随时更改，优势在于复用简单。如下圆形头像，一旦封装完成，就很容易复用：

```
---->[day05/poem_item_02/circle_image.dart]----
class CircleImage extends StatelessWidget {
  CircleImage({Key key, @required this.image,
      this.size=70, this.shadowColor,  this.roundColor}) : super(key: key);
  final ImageProvider image;//图片
  final double size;//大小
  final Color shadowColor;//阴影颜色
  final Color roundColor;//边框颜色
  @override
  Widget build(BuildContext context) {
    return Container( width: size,  height: size,
        decoration: BoxDecoration(shape: BoxShape.circle, //圆形装饰线
          color: roundColor??Colors.white,
          boxShadow: [BoxShadow(//阴影
              color: shadowColor??Colors.grey.withOpacity(0.3),
              offset: Offset(0.0, 0.0),
              blurRadius: 3.0,  spreadRadius: 0.0, ), ], ),
        child: Padding(padding: EdgeInsets.all(3),child:
            CircleAvatar(backgroundImage: image,), ),
    );
  }
}
```

　　将变化的部分通过参数传入，用固有的结构使其成为模板，就可以很简单、快捷地复用，这就是求同存异的理念。当再需要圆形头像时，只要使用 CircleImage 即可，自定义的属性越细致，可定制性越强，相应代码也就越复杂，要根据需求适度封装：

```
var show = Wrap( spacing: 10, runSpacing: 10,
    crossAxisAlignment:WrapCrossAlignment.center,
      children: <Widget>[
      CircleImage(image: AssetImage("assets/images/icon_head.png"),size: 100),
      CircleImage(image: AssetImage("assets/images/icon_head.png"),size: 100,shadowColor:
Colors.blue,roundColor: Colors.blue,),
      CircleImage(image: AssetImage("assets/images/icon_head.png"),size: 100,shadowColor:
Colors.red,roundColor: Colors.red,),
      CircleImage(image: AssetImage("assets/images/icon_head.png"),size: 100,roundColor:
Colors.purple,shadowColor: Colors.red,),
      CircleImage(image: AssetImage("assets/images/icon_head.png"),size: 100,shadowColor:
Colors.blue,roundColor: Colors.orangeAccent,),],
);
```

5.1.3　条目组件封装

　　现在来封装一下整个条目，首先创建一个描述组件信息的类。由于条目的状态不需要主动改变，这里继承自 StatelessWidget。然后对静态条目中写死的一些量进行替换。头像直接使用刚才封装好的 CircleImage：

```
---->[day05/poem_item_03/poem_item_widget.dart]----
class PoemItem {//信息描述类
  ImageProvider image; //图片
  var title; //标题
  var author; //作者
  var summary; //摘要
  bool isCard;//是否卡片化
  PoemItem({this.image, this.title, this.author, this.summary,this.isCard=true});}
```

```
class PoemItemWidget extends StatelessWidget {
  PoemItemWidget({Key key,this.data}) :super(key: key);
  final PoemItem data;

  @override
  Widget build(BuildContext context) {
    // 此处实现和静态界面结构一致，将界面固定元素用 PoemItem 相应字段替代即可
    // 为避免累赘，省略，可详见源码
    return data.isCard?card:item;
  }
}
```

使用五行代码就能实现一个条目，而且可以富有变化。如果是从网络获取的数据，通过解析填充到组件上，这就是大多数应用的实现方式：

```
var p1=PoemItemWidget(data: PoemItem(
    image: AssetImage("assets/images/wy_200x300.jpg"),
    title: "以梦为马",   author: "海子",
    summary: "我要做远方的忠诚的儿子，和物质的短暂情人，"
            "和所有以梦为马的诗人一样，我不得不和烈士和小丑走在同一道路上"),);
var p2=PoemItemWidget(data: PoemItem(isCard: false,
    image: AssetImage("assets/images/icon_head.png"),
    title: "山海诗",   author: "张风捷特烈",
    summary: "在那片沧海，还未变成桑田的时候，就有了古老的歌，"
            环响在丛林山涧。其声嘹响脱俗，其声缥缈虚无，那是谁的高声颤颤，那是谁的笑语连连。"));
var show = Column(children: <Widget>[p1,p2],);
```

 以梦为马 作者:海子   我要做远方的忠诚的儿子，和物质的短暂情人，和所有以梦为马的诗人一样，我不得不和烈士和小丑走…   **山海诗** 作者:张风捷特烈   在那片沧海，还未变成桑田的时候，就有了古老的歌，环响在丛林山涧。其声嘹响脱俗，其声缥缈虚无，那…

5.1.4   封装聊天信息组件

前面说过 Image 组件的 centerSlice 属性可以实现下面的对话框效果。其中头像我们刚才封装过，现在来封装一个聊天对话框。

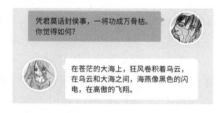

聊天对话框的封装

代码如下：

```
---->[day05/chart_widget/chart_widget.dart]----
class NinePointBox extends StatelessWidget {
  final ImageProvider image;//图片
  final Widget child;//子组件
  final Rect sliceRect;//九宫区域
  final double maxWith;//最长
```

```
final EdgeInsetsGeometry padding;//边距
NinePointBox({Key key,
    @required this.image,@required this.sliceRect,
    this.child, this.padding}) : super(key: key);
@override
Widget build(BuildContext context) {
    return Container(
        width:240,
        decoration: BoxDecoration(image: DecorationImage(
            centerSlice: this.sliceRect, image: image, ),   ),
        padding: padding, child: child,);
    }
}
```

这里有 right_chat.png 和 left_chat.png 两张图片，分别是绿色和白色的气泡。经过测量，区域分别是 Rect.fromLTRB(14, 27, 69, 28)和 Rect.fromLTRB(6, 28, 60, 29)，然后用一个宽为 240 的容器分别进行测试：

```
var text ="此处为图中显示文字,太长了,详见源码...";
var boxLeft = NinePointBox(//白色
    sliceRect: Rect.fromLTRB(14, 27, 69, 28),
    padding: EdgeInsets.fromLTRB(20, 10, 10, 10.0),
    image: AssetImage('assets/images/left_chat.png',),
    child: Text( text , style: TextStyle(fontSize: 15.0)),
);

var boxRight= NinePointBox(//绿色
    sliceRect: Rect.fromLTRB(6, 28, 60, 29),
    padding: EdgeInsets.fromLTRB(15, 10, 20, 10.0),
    image: AssetImage('assets/images/right_chat.png', ),
    child: Text(text , style: TextStyle(fontSize: 15.0)),
);
```

在那片沧海，还未变成桑田的时候，就有了古老的歌，环响在丛林山洞。其声嘹响脱俗，其声缥缈虚无，那是谁的高声颤颤，那是谁的笑语连连。

在那片沧海，还未变成桑田的时候，就有了古老的歌，环响在丛林山洞。其声嘹响脱俗，其声缥缈虚无，那是谁的高声颤颤，那是谁的笑语连连。

组件拼装以及类型判断

现在想让 ChatWidget 组件同时能具有左右两种表现样式，可以使用枚举类，并在 build 方法里根据枚举生成不同样式的组件。定义枚举和信息描述类，如下所示：

```
enum ChartType {//组件的类型
  right, //右侧样式
  left //左侧样式
}
```

```
class ChatItem {//组件信息描述类
    ImageProvider headIcon;//头像
    ChartType type;//组件的类型
    String text;//文字信息
    ChatItem( {this.headIcon, this.text, this.type = ChartType.right});}
```

上面使用的是宽为 240 的容器，实际上我们需要根据文字的长度来动态调整气泡框的大小。现在将上面 NinePointBox 中的 width:240 删除，如果文字过长，就会出现越界警告，如果使用 Expanded，当文字很少时，气泡框会延展，这并不是我们想要的效果。这里可以使用 Flexible，它只能用于 Flex 布局组件中。当子组件区域小时，可以保持它的原有尺寸，并且最大只能达到 Flex 布局的最大区域，不会越界。示例如下：

```
class ChatWidget extends StatelessWidget {
    final ChatItem chartItem;
```

```
ChatWidget({Key key, this.chartItem}) : super(key: key);

@override
Widget build(BuildContext context) {
  bool isRight=chartItem.type==ChartType.right;//是否是右侧
  var head = Padding(//头像
    padding: EdgeInsets.only(left: 10, right: 10,),
    child: CircleImage(image: chartItem.headIcon,),
  );
  var rightBox = NinePointBox(//绿色对话框
    sliceRect: Rect.fromLTRB(6, 28, 60, 29),
    padding: EdgeInsets.fromLTRB(15, 10, 20, 10.0),
    image: AssetImage('assets/images/right_chat.png',),
    child: Text(chartItem.text,
      style: TextStyle(fontSize: 15.0),
    ),
  );
  var leftBox = NinePointBox(//白色对话框
    sliceRect: Rect.fromLTRB(14, 27, 69, 28),
    padding: EdgeInsets.fromLTRB(20, 10, 10, 10.0),
    image: AssetImage('assets/images/left_chat.png',),
    child: Text(chartItem.text,
      style: TextStyle(fontSize: 15.0),
    ),
  );
  return Container(//根据左右侧来构建组件
    padding: EdgeInsets.symmetric(vertical: 10),
    child: Row(
      mainAxisAlignment: isRight?MainAxisAlignment.end:MainAxisAlignment.start,
      crossAxisAlignment: CrossAxisAlignment.start,
      children: <Widget>[if(isRight)Flexible(child:rightBox), head,if(!isRight)Flexible(Child:leftBox)],
    ),
  );
}
```

在使用时只要指定类型的左右模式即可。如果在 Android 中，实现这种效果非常复杂，而在 Flutter 中，则非常简洁灵活：

```
var right = ChatWidget(
  chartItem: ChatItem(type: ChartType.right,
    headIcon: AssetImage("assets/images/icon_head.png"),
    text: "凭君莫话封侯事，一将功成万骨枯。你觉得如何?"),);

var left = ChatWidget(
  chartItem: ChatItem( type: ChartType.left,
    headIcon: AssetImage("assets/images/wy_200x300.jpg"),
    text: "在苍茫的大海上，狂风卷积着乌云，在乌云和大海之间，"
    "海燕像黑色的闪电，在高傲的飞翔。"),);
var show = Column(children: <Widget>[right, left],);
```

5.2　ListView 的使用

现在我们已经有了素材条目，可以拿来实验一下。说到 ListView，便想到 Android

中曾经家喻户晓的 ListView，常用于构建一批结构相同的组件，并使用不同数据进行页面填充。

5.2.1　基本用法

今后我们会注重用 ListView 获取网络数据进行填充。但归根结底，它的能力是将多个元素进行顺序排列，可以通过 scrollDecoration 来决定排布的方向是水平还是竖直。

```
---->[day05/list_view/01/main.dart]----
var caverStyle = TextStyle( fontSize: 18, shadows: [ //文字样式
  Shadow(color: Colors.white, offset: Offset(-0.5, 0.5), blurRadius: 0)]);

var show = ListView(//ListView 的构造方法
  scrollDirection: Axis.vertical,//竖直的 ListView
  padding: EdgeInsets.all(8.0), //边距
  children: <Widget>[//孩子
    Container(height: 50, color: Color(0xffff0000),
      child: Center(child: Text('红色', style: caverStyle,)),),
    Container(height: 50, color: Color(0xffFFFF00),
      child: Center(child: Text('黄色', style: caverStyle,)),),
    Container(height: 50, color: Color(0xff00FF00),
      child: Center(child: Text('绿色', style: caverStyle,)),),
    Container(height: 50, color: Color(0xff0000FF),
      child: Center(child: Text('蓝色', style: caverStyle, )),),
  ],
);
```

红色
黄色
绿色
蓝色

也许你会觉得这和 Flex、Wrap 非常相像，但区别在于 ListView 可以批量创建组件，比如 ListView.build 方法通过 itemBuilder 属性动态创建内部元素，而 Flex、Wrap 只是对已存在的 Widget 进行排布：

```
---->[day05/list_view/02/main.dart]----
const colorMap = { //数据来源
  0xffff0000: "红色", 0xffFFFF00: "黄色",0xff00FF00: "绿色", 0xff0000FF: "蓝色",};
var show = ListView.builder(//使用 builder 方法进行构造
  padding: EdgeInsets.all(8.0),
  itemCount: colorMap.length, //条目的个数
  itemBuilder: (BuildContext context, int index) =>//条目构造器
    Container(height: 50,
      color: Color(colorMap.keys.toList()[index]),
      child: Center(
        child: Text('${colorMap.values.toList()[index]}',
          style: caverStyle, )),
    )
);
```

5.2.2　ListView 的构造及分隔线

下面用 20 条模拟数据来填充条目构建界面，可以看出 ListView 支持滑动。下面寥寥几行就实现了列表界面，这便是封装条目的优势：

```
---->[day05/list_view/03/main.dart]----

var data = <PoemItem>[];
for (var i = 0; i < 20; i++) {//模拟数据
   data.add(PoemItem(
      isCard:false,
      image: AssetImage("assets/images/wy_200x300.jpg"),
      title: "$i:以梦为马", author: "海子",
      summary: "我要做远方的忠诚的儿子"
      "和物质的短暂情人，和所有以梦为马的诗人一样，"
         "我不得不和烈士和小丑走在同一道路上"));
}

//数据填充条目界面
var show = ListView.builder(
      padding: EdgeInsets.all(8.0),
      itemCount: data.length, //条目的个数
      itemBuilder: (BuildContext context, int index)=>
         PoemItemWidget(
            data: data[index]
         )
);
```

ListView#separated 方法也可以构建子条目，在 separatorBuilder 属性下根据索引来动态控制每个条目的分隔线。这样灵活性更高，可以随意定制分隔线：

```
---->[day04/list_view/04/main.dart]----
//模拟数据，省略
var show = ListView.separated(    padding: EdgeInsets.all(8.0),
      itemCount: data.length, //条目的个数
      itemBuilder: (BuildContext context, int index) =>
                              PoemItemWidget(data: data[index]),
      separatorBuilder: (BuildContext context, int index) =>
         Padding(padding: EdgeInsets.only(left: 90),
```

```
      child: Divider(height: 1,color: Colors.orangeAccent,))
);
```

5.2.3　ListView 的不同样式

5.2.1 节实现了对话框的组件，现在看一下如何实现 ListView 的多种样式，比如下面的聊天记录页。界面展现无非两个要点：UI 和数据，由于条目组件已经封装好，只需要进行数据对接即可。这里使用 ChatApi.addMonk 来制造一些随机的假数据，将它们填充到条目上展示：

```
---->[day05/list_view/05/chat_api.dart]----
class ChatApi{
  var random = Random();//随机数

  List<ChatItem> _chatItem=<ChatItem>[];
  List<ChatItem> get chatItem=>_chatItem;

  ChatApi.monk(int count){
    var strs = ["我是要成为编程之王的男人，"
       "你是要成为编程之王的女人",
     "凭君莫话封侯事，一将功成万骨枯。你觉得如何?",
     "识君，吾之幸也;失君，吾之憾也;守君，吾之愿也。",
     "简单必有简单的成本，复杂必有复杂的价值。"];
    for (var i = 0; i < count; i++) {
      _chatItem.add(ChatItem(
          headIcon: AssetImage(i.isEven ?
          "assets/images/wy_200x300.jpg" :
          "assets/images/icon_head.png"),
          text: strs[random.nextInt(strs.length)],
          type: i.isEven ?
          ChartType.left : ChartType.right));
    }
  }
}
```

```
---->[day05/list_view/05/main.dart]----
var data=ChatApi().addMonk(50).chatItem;//获取数据

var show = ListView.builder(
    itemCount: data.length, //条目的个数
    itemBuilder: (BuildContext context, int index)=>
        ChatWidget(chartItem: data[index]),
    );
```

5.2.4　ListView 的上拉与下拉

ListView 有个要点是上拉与下拉刷新。我们来做个完整的聊天页面，效果是在下拉刷新后，左边的头像说"我是下拉出来的"。当上拉刷新的时候，右边的头像说"我是上拉出来的"。

首先我们需要准备 Widget，由于它需要更新数据显示，需要通过操作改变状态，所以使用 StatefulWidget。initState 方法会在 build 之前回调，只会初始化一次，所以在此初始化数据，在 build 方法里构建组件的处理方式如下。

我是下拉出来的

 在苍茫的大海上，狂风卷积着乌云，在乌云和大海之间，海燕像黑色的闪电，在高傲的飞翔。

 在苍茫的大海上，狂风卷积着乌云，在乌云和大海之间，海燕像黑色的闪电，在高傲的飞翔。

 我是上拉出来的

```
---->[day05/list_view/06/chat_page.dart]----
class ChatPage extends StatefulWidget {
  @override
  _ChatPageState createState() =>_ChatPageState();
}

class _ChatPageState extends State<ChatPage> {
  List<ChatItem> _data; //数据
  final ChatApi api = ChatApi.monk(50);
  @override
  void initState() {
    _data = api.chatItem; //初始化数据
    super.initState();
  }
  @override
  Widget build(BuildContext context) {
    var content = ListView.builder(//构建条目
      itemCount: _data.length, //条目的个数
      itemBuilder: (context,index) =>
          ChatWidget(chartItem: _data[index]),
    );
    return content,
  }
}
```

```
-->[day05/list_view/06/chat_api.dart]--
Future<void> addTop() async{
  await Future.delayed(//模拟耗时
Duration(seconds: 3));

  _chatItem.insert(0,ChatItem(
    headIcon:
    AssetImage("images/wy_200x300.jpg"),
      type: ChartType.left,
      text: "我是下拉出来的"));
}

Future<void> addBottom() async{
  await Future.delayed(//模拟耗时
                Duration(seconds: 3));

  _chatItem.add(ChatItem(
    headIcon:
    AssetImage("images/icon_head.png"),
      type: ChartType.right,
      text: "我是上拉出来的"),
  );
}
```

先看简单一些的下拉操作，直接在外层套上 RefreshIndicator 即可，它的 onRefresh 方法中需要传入一个异步方法。在 ChatApi 中用 addTop 方法模拟三秒延时来异步添加。下面是下拉刷新添加元素的示例：

```
---->[chat_page.dart#build]----
return RefreshIndicator(
  child: content,
  onRefresh: _render,
);
//异步请求+更新界面
Future<void> _render() async {
  await api.addTop();
  setState(() {
    _data=api.chatItem;
  });
}
```

上拉比较复杂，ListView 的 controller 属性接收一个 ScrollController 对象，可以对该对象进行监听，这样就可以知道什么时候滑到底部：

```
class _ListViewPageState extends State<ListViewPage> {
  ScrollController _scrollController = ScrollController();//定义变量及初始化
```

```
@override
void initState() {
  super.initState();
  _scrollController.addListener(() {//添加监听
    print("滑动了：${_scrollController.position.pixels},"
    "离顶部高：${_scrollController.position.maxScrollExtent}");
  });
}

@override
void dispose() {
  _scrollController.dispose();//释放控制器
  super.dispose();
}

  @override
  Widget build(BuildContext context) {//略同...
    var content= ListView.builder(
      controller: _scrollController,    //使用 ScrollController
      //略同...
```

当_scrollController.position.pixels 和_scrollController.position.maxScrollExtent 相等时，说明已经滑到底部。在 builder 方法中条目需要增加一个，最后一个条目索引为 data.length，单独创建这个组件就行了，上拉加载的效果图如下：

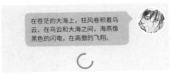

```
//上拉刷新的界面处理
var content = ListView.builder(
    controller: _scrollController,
    itemCount: _data.length + 1, //条目的个数
    itemBuilder: (BuildContext context, int index) =>
      index == _data.length? //数据填充条目
      LoadMoreWidget():
      ChatWidget(chartItem: _data[index],)
);
```

```
//上拉刷新的逻辑
_scrollController.addListener(() {//监听器
  if (_scrollController.position.pixels ==
      _scrollController.position.maxScrollExtent) {
    _loadMore();
  }
});
```

```
//加载逻辑
_loadMore() async {
  await api.addBottom();
  setState(() {
    _data=api.chatItem;
  });
}
```

由于加载更多的样式以后可以定制，所以抽离出 LoadMoreWidget 组件方便今后的修改及管理。这样做一方面使 ChatPage 的逻辑变得简单，另一方面当需要类似的界面时可以直接拿来复用，而非重写一遍：

```
---->[day05/list_view/06/load_more_widget.dart]----
class LoadMoreWidget extends StatelessWidget {

  @override
  Widget build(BuildContext context) {
    return Padding(
      padding: EdgeInsets.all(28.0),
      child: Center(
        child: CircularProgressIndicator(),
      ),
    );
  }
}
```

这样就可以实现上拉加载，对 ListView 的使用掌握到这样的程度，基本上就能应付百分之八九十的场景了。除 ListView 之外，我们也经常遇到其他需要滑动的场景。接下来将带你认识滑动家族的其他成员，让你随心所欲地控制滑动功能。

5.3   常用滑动组件

下图是常用滑动组件，后面分别介绍：

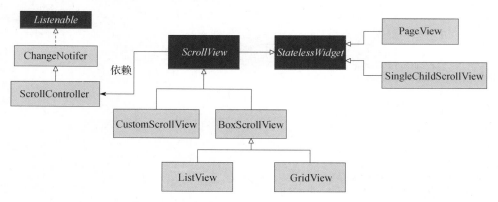

5.3.1   单子滑动组件 SingleChildScrollView

先问一个问题：List 和 Column 有什么区别？来实践一下：这里有一个 300 × 200 的界面，先用 Column，结果会报越界提醒（下页左图），而 ListView 可以支持滑动。

```
---->[day05/single_child_scroll_view/01/scroll_test.dart]----
class ScrollTest extends StatefulWidget {
  @override
```

```
  _ScrollTestState createState() => _ScrollTestState();
}
class _ScrollTestState extends State<ScrollTest> {//颜色列表
  var rainbow = [ 0xffff0000, 0xffFF7F00, 0xffFFFF00,
    0xff00FF00, 0xff00FFFF, 0xff0000FF, 0xff8B00FF];
  @override
  Widget build(BuildContext context) {
    var items=Column(//颜色条
                children: rainbow .map((color) =>
                Container(   height: 30, width: 200,
                color: Color(color),)).toList(),);
    return Container(
                padding: EdgeInsets.all(8),
                width: 300, height: 150,
                color: Colors.grey.withAlpha(44),
                child: items,);
  }
}
```

　　现在用 SingleChildScrollView 包裹住越界的组件，可以发现原先的越界消失了，而且支持滑动。仔细看一下，SingleChildScrollView 的属性不多。其中 scrollDirection 控制滑动方向，如果是 Row 出界，可以选水平方向；reverse =true 时会从最底边开始；padding 表示加边距；controller 是 ScrollController 类对象，用来控制和监听滑动，在 ListView 中简单使用过：

```
return Container(//略
   child: SingleChildScrollView(//<---- 包裹 SingleChildScrollView
     child: items
/// 创建一个支持单个孩子滚动的盒子
class SingleChildScrollView extends StatelessWidget {
  const SingleChildScrollView({Key key,
    this.scrollDirection = Axis.vertical,// 滑动方向
    this.reverse = false,//开始在底部
    this.padding,//边距
    bool primary,
    this.physics,//滑动方式
    this.controller,//控制器
    this.child,//孩子
    this.dragStartBehavior = DragStartBehavior.start,
```

5.3.2　滑动控制器 ScrollController

如果想要研究滑动，那么 ScrollController 值得好好看一看。这在 ListView 中也接触过一点。通过查看源码发现 initialScrollOffset 属性可以设置滑动的初始偏移值：

```
---->[day05/single_child_scroll_view/02/scroll_test.dart]----
class _ScrollTestState extends State<ScrollTest> {
  ScrollController _ctrl;//略同...
  @override
  void initState() {
    _ctrl=ScrollController(
      initialScrollOffset: 30 );//<----- 初始偏移
    super.initState();
  }
  @override
  void dispose() {
    _ctrl.dispose();//销毁控制器
    super.dispose();}
  @override
  Widget build(BuildContext context) {
    var scroll= SingleChildScrollView(
      controller: _ctrl,//设置控制器
      child: items); //略同...
  }
}
```

ScrollController 继承自 ChangeNotifier，可以添加监听，ScrollController 本身存储着滑动相关的值。现在对 ScrollController 的 position 属性进行测试，结果如下：

```
_ctrl=ScrollController(initialScrollOffset: 10)//初始偏移
..addListener((){
  var min=_ctrl.position.minScrollExtent;//可滑动的最小值
  var max=_ctrl.position.maxScrollExtent;//可滑动的最大值
  print('---Extent:----$min-------$max----');
  var axis=_ctrl.position.axis; //滑动的轴向
  print('---axis:----$axis-----------');
  //顶部距离父容器的高度（已滑动了多少）
  var pixels=_ctrl.position.pixels;
  print('---pixels:----$pixels-----------');
  //是否滑到顶或底，可和下面的属性结合使用
  var atEdge=_ctrl.position.atEdge;
  var direction=_ctrl.position.userScrollDirection;//向上 ScrollDirection.forward
  print('---atEdge:----$atEdge-----Direction:-----$direction-----');
  var dimension=_ctrl.position.viewportDimension;//滑动区域大小
  print('---dimension:----$dimension----------');});
```

通过这些值，可以完成很多有意思的事，比如下面在滑动时一边旋转一边缩小。核心是获取滑动的分度值，通过分度值使用缩放和旋转组件结合产生，达到效果：

```
---->[day04/single_child_scroll_view/03/scroll_test.dart]----
class _ScrollTestState extends State<ScrollTest> {
  ScrollController _ctrl;
  double _rate=0;//当前分辨率

  @override
  void initState() {
    _ctrl=ScrollController(
      initialScrollOffset: 10//初始偏移
    )..addListener((){
      var max=_ctrl.position.maxScrollExtent; //可滑动的最大值
      var pixels=_ctrl.position.pixels;//顶部距离父容器的高度（已滑动了多少）
      setState(() {  _rate=pixels/max;  });
    });
    super.initState();
  } //略

  @override
  Widget build(BuildContext context) {
    var scroll = SingleChildScrollView(
        controller: _ctrl,
        child: Transform.scale(scale: 1 - _rate * 0.5,
            child: Transform.rotate(angle:_rate*2*pi,child: items)));
    //略
  }
}
```

　　除此之外，ScrollController 还有很多控制滑动的方法，如 animateTo，现在想实现滑到顶端时自动滑动到底端，并附加两秒的 bounceOut 曲线动画：

```
---->[day05/single_child_scroll_view/04/scroll_test.dart # initState]----
@override
void initState() {
  _ctrl=ScrollController(
      initialScrollOffset: 10//初始偏移
  )..addListener((){

    var min=_ctrl.position.minScrollExtent; //可滑动的最小值
    var max=_ctrl.position.maxScrollExtent; //可滑动的最大值
    var atEdge=_ctrl.position.atEdge;//是否滑到顶或底，可和下面的属性结合使用
    var direction=_ctrl.position.userScrollDirection;//向上滑动，ScrollDirection.forward

    if(direction==ScrollDirection.forward&&atEdge){//滑到头
      _ctrl.animateTo(max, duration: Duration(seconds: 2), curve: Curves.bounceOut);
    }
    if(direction==ScrollDirection.reverse&&atEdge){//滑到底
      _ctrl.animateTo(min, duration: Duration(seconds: 2), curve: Curves.bounceOut);
    }
  });
  super.initState();
}
```

　　另外，jumpTo 可以直接跳到指定位置，没有动画效果。ScrollController 作为滑动控制器，是非常重要的知识点，也是你控制滑动组件的重要途径。

5.3.3　滑页组件 PageView

PageView 的使用场景也非常多，比如顶部切换的 Banner、应用的滑页、图片查看器等。它让多界面的滑动成为可能，当想要进行滑页时，PageView 是最佳选择。通过 PageView.builder 可以让多个 Widget 进行滑动，通过 scrollDirection 来指定滑动的方向。另外还有无限滑动、酷炫的效果技能等你解锁。

PageView 的基本使用

下面先通过 PageView 实现最简单的滑页效果，使用五个色块加文字描述，向左滑时进行翻页。效果如下：

```
---->[day05/page_view/01/pageview_simple.dart]----
class PageViewSimple extends StatefulWidget {
  PageViewSimple({this.height,this.width});
  final double height;//组件高度
  final double width;//组件宽度
  @override
  _PageViewSimpleState createState() => _PageViewSimpleState();
}
class _PageViewSimpleState extends State<PageViewSimple> {
  var width;   var height;
  List<Color> _colors;
  @override
  void initState() {//初始化颜色
    _colors = [Colors.red, Colors.yellow, Colors.blue, Colors.green, Colors.black];
    super.initState();
  }
  @override
  Widget build(BuildContext context) {
    width= widget.width??MediaQuery.of(context).size.width;//宽不设置时默认为屏宽
    height=widget.height??120.0;//高不设置时默认为120
    return Container(   width: width,    height: height,
      child: PageView.builder(//使用PageView
        scrollDirection: Axis.horizontal,//滑动方向
        itemCount: _colors.length,//条目个数
        itemBuilder: (ctx, i) => buildChild(_colors, i)));//创建条目
  }
  Widget buildChild(List<Color> colors, int index) {  ///创建item
    var result=Container(alignment: Alignment.center, color: colors[index],
      child: Text("第$index 页",   style: TextStyle(color: Colors.white, fontSize: 30)));
    return result;
  }
}
```

PageView 也有 controller 属性，对应的是 PageController 类型，它继承自 ScrollController，

提供了更多的控制方法：当需要指定初始页，或跳转到指定页，以及调节视口的缩放比例，监听滑动事件都可以通过控制器来完成。比如下面示例为视口缩小到 0.6，起始页设为 1：

起始页　　　　　　　　　←　　　　滑页

```
---->[day04/page_view/02/pageview_ctrl.dart]----
class _PageViewSimpleState extends State<PageViewSimple> { //略同...
  var _viewportFraction=0.7;//视口缩放比
  var _pageCtrl;//页面控制器
  var _initOffset= 1;//页面位置
---->[initState 方法：初始化控制器]----
    _pageCtrl = PageController(  //初始化页面控制器
      viewportFraction: _viewportFraction,//视口缩放比
      initialPage: _initOffset,);//初始页面位置
---->[build 方法：中添加控制器]----
      child: PageView.builder(//使用 PageView
          controller: _pageCtrl,
```

PageView 无限滑动的实现

这时发现一个问题：当视口缩放后，两端会产生空白，这太难看了，如何实现"无限"轮滑呢？比如滑到第 4 页之后就是第 1 页，其实"无限"仅是感知上的无限，而非真正的无限：

将第 1 页放在很大的索引位，滑动时再映射出对应的目标索引位即可。比如第 0 页真实位在 10001，那第 4 页的就在 10000，以此类推，寻找目标索引与真实索引的等式关系。下面短短几行代码，便化腐朽为神奇，可以实现 PageView 的无限滑动：

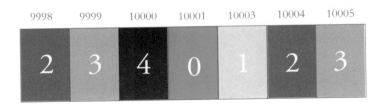

```
---->[day05/page_view/03/pageview_endless.dart]----
class _PageViewEndlessState extends State<PageViewEndless> { //略...
  static final _baseOffset = 10000;//初始偏移
  static final _initOffset = 1;//初始索引位
---->[initState 方法：初始化控制器]----
    _pageCtrl = PageController(//初始化页面控制器
      initialPage: _baseOffset+_initOffset,//<---- 初始页面位置
---->[build 方法：中添加控制器]----
    child: PageView.builder(//略...
      itemCount: null,//<----- 条目个数无限
      itemBuilder: (ctx, i) => buildChild(_colors, i)//创建条目
---->[buildChild 方法：修正索引]----
    Widget buildChild(List<Color> colors, int index) { //创建 item
      int i =fixPosition(index, _baseOffset, colors.length);//<----- 使用修正后的索引

---->[fixPosition 方法：中添加控制器]----
    int fixPosition(int realPos, int initPos, int length) { //修正索引
      final int offset = realPos - initPos;//确定起始页
      int result = offset % length;//与长度取模
      return result < 0 ? length + result : result;
}}
```

获取滑动分度值实现滑动动画

控制器中有一个 page 字段，滑动时可以获取滑动分度值。该值记录着当前滑动到的真实索引位，比如滑到 10000 页后的一半，该值为 10000.5。由于 PageController 继承自 ScrollController，所以可以添加监听，来依靠分度值加一些变换动画：

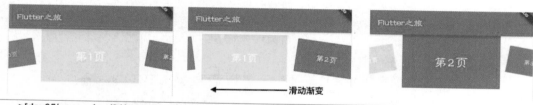

```
---->[day05/page_view/04/pageview_transform.dart]----
var _factor=0.0;//分度值
var _realPosition=_baseOffset+_initOffset;//真实索引位
@override
void initState() {
  _colors = [Colors.red, Colors.yellow, Colors.blue,Colors.green, Colors.black];
  _pageCtrl = PageController(//初始化页面控制器
    viewportFraction: _viewportFraction,//视口缩放比
    initialPage: _baseOffset+_initOffset,//初始页面位置
  )..addListener((){//对滑动监听
    var page = _pageCtrl.page-_baseOffset;
    var floor=page.floor();
    _factor=page-floor;//获取分度值
    setState(() { _realPosition=_pageCtrl.page.floor(); });//刷新状态，更新真实索引位
  });
  super.initState();
}
---->[核心方法 buildChild]----
Widget buildChild(List<Color> colors, int index) {
  int i = fixPosition(index, _baseOffset, colors.length);
```

```
var child= AnimatedBuilder(
    animation:_pageCtrl,
    child: Container(alignment: Alignment.center, color: colors[i],
        child: Text("第$i 页", style: TextStyle(color: Colors.white, fontSize: 30))),
    builder: (context, child) {
    //用于变换的局部变量
        var offset=width * _viewportFraction * 0.35*(1-_factor);//偏移
        var center= Offset(width * _viewportFraction / 2, height / 2);//变换中心
        var angle=10*(1-_factor) / 180 * pi;//倾斜角度
        var scale=0.5+0.5*_factor;//缩放
    //根据索引值进行变换
        if (index == _realPosition - 1 ) {//左侧变换
            return Transform.scale(scale:scale,//缩放变换
                child: Transform.translate(offset: Offset(offset, 0),//位移变化
                    child: Transform(origin: center,//倾斜变化
                        transform: Matrix4.skew(angle, -angle),child:child )),);}
        if (index == _realPosition + 1 ) {//右侧变换
            return Transform.scale( scale:scale,
                child: Transform.translate( offset: Offset(-offset, 0),
                    child: Transform(origin: center,
                        transform: Matrix4.skew(-angle, angle), child:child)),);
        }
        return Transform.scale( scale:1-0.5*_factor,   child: child, );
    });
    return child;
}
```

PageView 的用法就介绍到这里，你可以据此来封装一下，让其适用于多个组件，而不仅限于色块。篇幅有限，笔者封装了一下源码：day05/page_view/05/slide_page.dart。

5.3.4 网格组件 GridView

学习 GridView 之前，先来认识一些基础属性。滑动的方向称为主轴向，默认为竖直方向，此时交叉轴向也就是水平方向。条目间距由 mainAxisSpacing 和 crossAxisSpacing 调整，整个 GridView 的间距由 padding 调整。比较特别的是 childAspectRatio，代表条目在交叉轴方向和主轴方向的尺寸比。

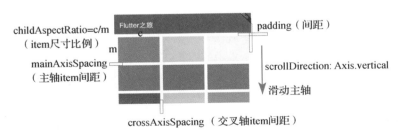

这里有四个命名构造，分别是 GridView.extent、GridView.count、GridView.builder 和 GridView.custome。先看 GridView.extent，有一个核心属性 maxCrossAxisExtent，它代表交叉轴方向的最大延伸值，同时每个条目的尺寸都是相同的。值越小，就说明一行可以容纳

得越多，反之越少。

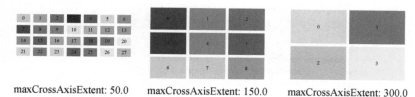

maxCrossAxisExtent: 50.0   maxCrossAxisExtent: 150.0   maxCrossAxisExtent: 300.0

```
---->[day05/grid_view/01/grid_extent.dart]----
class GridViewExtent extends StatefulWidget {
  @override
  _GridViewGridViewExtentState createState() => _GridViewGridViewExtentState();
}

class _GridViewGridViewExtentState extends State<GridViewExtent> {
  List<int> _data;
  @override
  void initState() {
    _data=List.generate(50, (i)=>i);//生成 50 个数字
    super.initState();
  }

  @override
  Widget build(BuildContext context) {
   var extend= GridView.extent(
     padding: EdgeInsets.all(10),
      scrollDirection: Axis.vertical,//滑动方向
      mainAxisSpacing: 10,//主轴间距
      crossAxisSpacing: 10,//交叉轴间距
      maxCrossAxisExtent: 150.0,//<----最大延伸值
      childAspectRatio:1/0.618,//交叉轴方向 item 尺寸/主轴方向 item 尺寸
      children: _data.map((e)=>
        Container( alignment: Alignment.center,
          color: ColorUtils.randomColor(),
          child: Text("$e"),)).toList() );
    return extend;
  }
}
```

　　如果想要固定个数的条目，可以使用 GridView.count 的构造，通过 crossAxisCount 让交叉轴方向的个数确定。

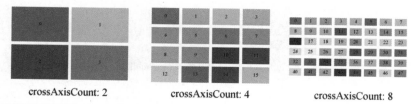

crossAxisCount: 2   crossAxisCount: 4   crossAxisCount: 8

```
---->[day05/grid_view/02/grid_count.dart]----
class GridViewCount extends StatefulWidget {//略
  Widget build(BuildContext context) {
```

```
    var count= GridView.count(
      crossAxisCount: 8,//条目个数 <---- 指定交叉轴一行的个数
    //略...
    return count;
  }
}
```

上面两者虽然简单，但有个巨大的缺陷——**会一次创建所有 item**，所以在处理大量数据时，这两者是不可取的。这时可以使用 GridView.builder 进行创建，它会创建当前页面的条目组件，而且**只会预加载未显示的下一排**。通过 gridDelegate 属性传入网格代理类来约束内部条目的行为，通过 itemBuilder 创建条目：

```
---->[day05/grid_view/03/grid_builder.dart # builder]----
    return GridView.builder(
      itemCount: data.length,
      gridDelegate: SliverGridDelegateWithFixedCrossAxisCount(//网格代理: 定交叉轴数目
        crossAxisCount: 2,//条目个数
        mainAxisSpacing: 10,//主轴间距
        crossAxisSpacing: 10,//交叉轴间距
        childAspectRatio:1/0.618,),//交叉轴方向 item 尺寸/主轴方向 item 尺寸
      itemBuilder: (_, int position)=>//创建 item
        Container( alignment: Alignment.center,
          color: ColorUtils.randomColor(offsetA: 255),child: Text("$position")),
      padding: EdgeInsets.all(10),
      scrollDirection: Axis.vertical,//滑动方向
    );
```

最后是 GridView.custome，它和 GridView.builder 一样，也会预加载未显示的下一排，看一下源码就会发现，其实 GridView.builder 只是一个简化版的 GridView.custome：

```
---->[day05/grid_view/04/grid_custom.dart]----
  class GridViewCustom extends StatefulWidget { //初始化数据同上
  @override
  Widget build(BuildContext context) {
    return GridView.custom(
      gridDelegate: SliverGridDelegateWithFixedCrossAxisCount(//网格代理
        crossAxisCount: 2,//条目个数
        mainAxisSpacing: 10,//主轴间距
        crossAxisSpacing: 10,//交叉轴间距
        childAspectRatio:1/0.618,),//交叉轴方向 item 尺寸/主轴方向 item 尺寸
      childrenDelegate: SliverChildBuilderDelegate((_, position) =>
        Container( alignment: Alignment.center,
          color: ColorUtils.randomColor(),child: Text("$position"),) ,
        childCount: data.length ), );
  }
}
```

5.4　Sliver 家族

对于一些特殊的滑动效果，比如让多个 ListView 或 GradView 联合滑动、滑动过程中的伸展空间以及一些滑动吸附的效果，仅靠上面的滑动组件是无法完成的。这时可以使用

CustomScrollView 组件来组合各个滑动的部分。

CustomScrollView 中最重要的是 slivers 属性，它是一个 Widget 列表，但要求放入的必须是 Sliver 家族的成员，否则会报错。Flutter 中 Sliver 相关的组件都以 Sliver 开头，所以很好区分。SliverAppBar 负责头部效果，SliverGrid 用于网格显示，SliverList 用于列表显示，SliverPadding 用于设置边距，SliverPersistentHeader 用于实现吸顶效果，这些都是常用的组件。除此之外，SliverToBoxAdapter 可以将普通的组件转化成 Sliver 组件。

5.4.1   SliverAppBar 的使用

上滑时标题栏收缩是很常见的一种效果，这样既可以节省空间，又很好看。Flutter 中可以通过 SliverAppBar 实现这种效果。它的 flexibleSpace 属性可以用一个 FlexibleSpaceBar 组件盛放展开的视图，expandedHeight 可以控制展开的最大高度。不过只有一个 SliverAppBar 还是不够的，只有内容超过一页才能滑动。

上滑收缩

```
var bar=    SliverAppBar(
        pinned: true, //是否固定在顶部
        primary: true, //是否预留高度
        elevation: 10, //bar 下方阴影
        leading: Icon(Icons.language),//左侧图标
        expandedHeight: 190.0,//bar 展开时大小
        actions: <Widget>[HomeMenu()],//右侧菜单，可参见 Day 3
        flexibleSpace: FlexibleSpaceBar(//伸展处布局
          titlePadding: EdgeInsets.only(left: 45, bottom: 12),//标题边距
          collapseMode: CollapseMode.parallax, //视差效果
          title: const Text('世界设计师', style: TextStyle(color: Colors.black,//标题
              shadows: [
                  Shadow(color: Colors.blue, offset: Offset(1, 1), blurRadius: 2)])),
              background: Image.asset("assets/images/caver.jpeg",//背景
              fit: BoxFit.cover)),
    );
---->[day05/sliver/custom_scroll_view.dart]----
class CustomScrollViewTest extends StatelessWidget {

  @override
  Widget build(BuildContext context) {
      return Scaffold(
      body: CustomScrollView(
          scrollDirection: Axis.vertical,//水平方向
          slivers: <Widget>[bar])
    );
  }
}
```

另外，SliverAppBar 有三个布尔属性：floating、pinned、snap，三者的默认值均为 false。floating

代表浮动，当滑到顶端时，SliverAppBar 会跟随列表滑出顶部，一旦下拉就会重新出现：

   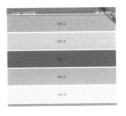

pinned 代表固定，当滑到顶端时，SliverAppBar 会不跟随列表滑出顶部，但只有列表下滑到底端，内容才会重新出现：

snap 为 true 时 floating 必须为 true，否则会有异常。snap 可以让你稍微滑一下就展开或收叠内容。三者可同时为 true，此时效果为 pinned + snap。

5.4.2　Sliver 中的列表布局、网格布局及普通布局

前面也讲了 CustomScrollView 的 slivers 属性不能直接加入普通的 Widget，也就是说，GridView、ListView 不能用。对于列表，常用的有 SliverList、SliverFixedExtentList、SliverFillViewport，三者的实现都依赖于 SliverChildDelegate。

下面是使用 SliverFixedExtentList 实现的列表，delegate 需要 SliverChildDelegate 对象，可以使用其实现类 SliverChildBuilderDelegate 进行构建。将下面的 list 变量放到代码中的 slivers 属性列表中就可以看到 50 条彩带。

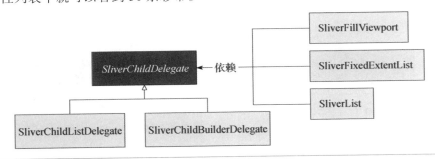

```
var list = SliverFixedExtentList(
    itemExtent: 60,
    childCount: 50,
    delegate: SliverChildBuilderDelegate((_, int index) => //创建代理条目
```

```
Card(
  margin: EdgeInsets.all(2),
  child: Container(color: randomColor(),
    alignment: Alignment.center,
    child:  Text('list $index') )))
);
```

　　上面介绍的第三种列表有各自的区别：使用 SliverFixedExtentList 可以创建固定条目高度为 itemExtent 的列表（下图左）；使用 SliverFillViewport 会让条目大小填充视口，可以依靠 viewportFraction 调节视口比例（下图中）；使用 SliverList 创建的列表高度只包裹内容（下图右）。

　　除了列表之外，常见的还有网格需求，可以通过 SilverGrid 实现（依赖关系见下图）。SilverGrid 的用法和 GridView 的 custome 方法类似，内部也是依赖两个 Sliver 代理实现的，可以直接用代理，也可以用命名构造。

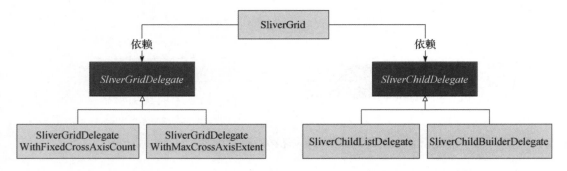

　　下面分别使用 SliverGrid.count 和 SliverGrid.extent 构造了两个网格，同样将它们放入代码中的 slivers 属性列表中，就可以看到下面的运行效果。

```
var sliverGridCount= SliverGrid.count(//固定数量
  childAspectRatio: 1/0.618,
  crossAxisCount: 4,
  children: List.generate(8, (i)=>i).map((e)=>
  Card(
    child: Container(
      alignment: Alignment.center,
      color: randomColor(),
      child: Text("$e")))).toList(),);
var sliverGridExtent= SliverGrid.extent(//条目按比例填充
  childAspectRatio: 1/0.618,
  maxCrossAxisExtent: 80,
  children: List.generate(10, (i)=>i).map((e)=>
    Card(
      child: Container(
        alignment: Alignment.center,
        color: randomColor(),
        child: Text("$e")))).toList());
```

如果是普通组件，比如前面实现的条目，可以使用 SliverToBoxAdapter 包裹一下进行转换，再放入其中。效果如下：

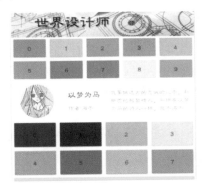

```
var adapter= SliverToBoxAdapter(
  child: PoemItemWidget(
    data: PoemItem( isCard: false,
      image: AssetImage("assets/images/wy_200x300.jpg"),
      title: "以梦为马",    author: "海子",
      summary: "我要做远方的忠诚的儿子，和物质的短暂情人，"
        "和所有以梦为马的诗人一样，我不得不和烈士和小丑走在同一道路上"))
);
```

5.4.3　吸顶效果 SliverPersistentHeader

还有个比较有意思的吸顶效果，让一个组件吸附在顶端，在内容滑动时，可以定义最小高度，让其不会消失，并且可以定义最大高度，实现由宽变窄的效果。

实现方式是使用 SliverPersistentHeader，它也有 floating 和 pinned 属性，它们和前面 SliverAppBar 中是一样的。另外需要自定义一个 SliverPersistentHeaderDelegate 的代理类，实现由宽变窄。

```
var caverTextStyle=TextStyle(
    fontSize: 18,
    shadows: [Shadow(color: Colors.white, offset: Offset(1, 1))]);

var header=SliverPersistentHeader(
    pinned: true,
    delegate: _SliverAppBarDelegate(
        minHeight: 40.0,      maxHeight: 100.0,
        child: Container(   color: Color(0xffcca4ff),
            child: Center(
                child: Text('裛绵岁月，青丝银发',style:caverTextStyle) ) ) ),
);
```

```
class _SliverAppBarDelegate extends SliverPersistentHeaderDelegate {
    _SliverAppBarDelegate({ @required this.minHeight, @required this.maxHeight,
        @required this.child, });
    final double minHeight;//最小高度
    final double maxHeight;//最大高度
    final Widget child;//孩子
    @override
    double get minExtent => minHeight;
    @override
    double get maxExtent => max(maxHeight, minHeight);
    @override
    Widget build(
        BuildContext context, double shrinkOffset, bool overlapsContent) {
        return SizedBox.expand(child: child);
    }
    @override//是否需要重建
    bool shouldRebuild(_SliverAppBarDelegate oldDelegate) {
        return maxHeight != oldDelegate.maxHeight ||   minHeight != oldDelegate.minHeight ||
            child != oldDelegate.child;
    }
}
```

　　你可以多加几个吸顶的组件，比如将另一个吸顶组件放在如下页图所示位置，发现效果还是非常好的，这样就可以隐藏一下内容，然后下拉再展示出来，既省空间又酷炫。这样，你就了解了使用 Sliver 实现的复杂的滑动效果。

```
var header2 = SliverPersistentHeader(
    floating: false, //floating 与 pinned 不能同时为 true
    pinned: true,
    delegate: _SliverAppBarDelegate(
        minHeight: 40.0,    maxHeight: 100.0,
        child: Container(color: Color(0xffe7fcc9),
            child: Center(
                child: Text('以梦为马，不负韶华',
                style: caverTextStyle,),), )),
);
return Scaffold(
    body: CustomScrollView( scrollDirection: Axis.vertical,
        slivers: <Widget>[
          bar, header, sliverGridExtent, adapter,
          header2, sliverGridCount, list], ),
);
```

经过本章，相信你已经逐渐了解了对静态界面的封装以及如何使用数据对 ListView 和 GridView 进行界面填充，而且可以监听滑动来做一些有意思的事，甚至使用 Sliver 家族在 CustomScrollView 中实现酷炫的效果，至此你的一只脚已经迈过了 Flutter 的门槛。

接下来将带你领略 Flutter 动画的魅力，动画无疑是很多小伙伴的噩梦。不过别怕，我不会让大家感到太无聊，我会用循序渐进的方式来讲述。那么，接下来一起看看 Flutter 中强大的动画机制和路由系统，深吸一口气，出发吧。

06

Day 6
动画与路由

现在已经进入 Flutter 的疑难领域。很多人特别害怕制作动画。其实你只要理解了动画的本质，然后依其理而控其踪，就可以很好地掌握。虽然有一些框架可以轻松实现复杂的动画，但是学习时，你必须明白 Animation 是怎么一回事，如何控制它，如何改变它，将数字的变化掌握在自己手中。将路由放在这里介绍，是因为路由本身是个相对独立的知识点，而且路由动画、Hero 动画都和动画有所关联。

6.1　动画闲谈

动画就是会动的画面。画面连续出现在人的眼前，当速度快到一定程度时，大脑中就会呈现动感画面，这是视觉暂留造成的，那刷新速度要有多快呢？

6.1.1　FPS

不知你是否听过 FPS，也就是画面每秒刷新的帧数，单位是赫兹（Hz），比如 60Hz 就是指屏幕一秒内刷新 60 次，即 60 帧/秒。这是一个非常重要的动画流畅度指标，要避免动画不流畅的最低 FPS 是 30Hz，达到 60Hz 就会很流畅。

一秒 60 帧，也就是 16.666 67 毫秒刷新一次，这也是 Android 中两个 vsync 的间隔时间。首先来看如何实现页面不断刷新：

```
---->[day06/anim/01/fps_show.dart]----
class FpsShow extends StatefulWidget {
  @override
  _FpsShowState createState() => _FpsShowState();
}
class _FpsShowState extends State<FpsShow>
    with SingleTickerProviderStateMixin{
  String _fps='';//文字
  AnimationController _controller;//动画控制器
  var _oldTime = DateTime.now()
        .millisecondsSinceEpoch;//首次运行时间
  @override
  void initState() {
    _controller =//创建 AnimationController 对象
    AnimationController(
      duration: Duration(seconds:3),
      vsync: this
    );
    _controller.addListener(_render);//添加监听，执行渲染
    _controller.repeat();//执行动画
    super.initState();
  }
```

```
  @override
  void dispose() {
    _controller.dispose(); //资源释放
    super.dispose();
  }
  @override
  Widget build(BuildContext context) {
    return Container(
        alignment: Alignment(-0.98,0.98),
        child: Text("FPS:$_fps"),
    );
  }
  _render() {//渲染方法，更新状态
    setState(() {
      var now = DateTime.now()
        .millisecondsSinceEpoch;//新时间
      //两次刷新间隔的毫秒值
      var dt=now - _oldTime;
      //1000 毫秒可以刷新多少次==>FPS
      _fps=(1000/dt).toStringAsFixed(1);
      _oldTime = now;//重新赋值
    });
}}
```

6.1.2 动画控制器 AnimationController

上面的代码使用了 AnimationController 动画控制器。通过 repeat 方法可以开启动画控制器并且不断执行。控制器中可以添加监听，每次触发 vsync 信号都会回调，以此来不断渲染界面以实现动画效果。下面的属性基本上可以顾名思义，唯有 vsync，它是 TickerProvider 类型：

```
AnimationController({
  double value,//当前值
  this.duration,//持续时间
  this.reverseDuration,//持续时
  this.debugLabel,//debug 标签
  this.lowerBound = 0.0,//上界
  this.upperBound = 1.0,// 下界
  this.animationBehavior = AnimationBehavior.normal,//行为枚举：正常、反复
  @required TickerProvider vsync,
```

6.1.1 节代码中让类 _FpsShowState 混入 SingleTickerProviderStateMixin。之前说过 mixin 可以将功能混入一个类中，SingleTickerProviderStateMixin 实现了 TickerProvider，所以可以将 this 当作 vsync 的入参：

```
mixin SingleTickerProviderStateMixin
    <T extends StatefulWidget> on State<T>
implements TickerProvider {

}
```

```
SingleTickerProviderStateMixin<T extends StatefulWidget>
  f  _ticker → Ticker
  m  createTicker(TickerCallback onTick) → Ticker
  m  dispose() → void
  m  didChangeDependencies() → void
  m  debugFillProperties(DiagnosticPropertiesBuilder properties) → void
```

另外，如果状态类中需要多个 AnimationController，就不能用 SingleTickerProviderStateMixin，而是 TickerProviderStateMixin：

```
This mixin only supports vending a single ticker. If you might have multiple
[AnimationController] objects over the lifetime of the [State], use a full
[TickerProviderStateMixin] instead.
```

6.1.3   运动盒

动画无非就是让数据呈线性或非线性运动，再将数据映射成界面表现，从而产生运动感。说起运动，怎么能少得了运动盒呢？首先定义一个小球的描述类，然后自定义一个运动盒，使用时传入一个尺寸参数 size 来确定盒子大小。状态类中有一个小球的状态量 _ball，通过 RunBallPainter 来绘制：

```dart
---->[day06/anim/02/run_ball.dart]----
class Ball {//小球信息描述类
  double aX; //加速度
  double aY; //加速度 Y
  double vX; //速度 X
  double vY; //速度 Y
  double x; //点位 X
  double y; //点位 Y
  Color color; //颜色
  double r; //小球半径

  Ball(
    {this.x = 0,
    this.y = 0,
    this.color,
    this.r = 10,
    this.aX = 0,
    this.aY = 0,
    this.vX = 0,
    this.vY = 0 }
  );
}

class RunBallWidget extends StatefulWidget {
  final Size size;
  RunBallWidget({Key key, this.size}) : super(key: key);
  @override
  _RunBallWidgetState createState() => _RunBallWidgetState();
}

class _RunBallWidgetState extends State<RunBallWidget> with SingleTickerProviderStateMixin {
  var _ball = Ball(color: Colors.blueAccent,r: 10, aY: 0.1, vX: 2, vY: -2,x: 0.0,y:0.0);
  AnimationController _controller;

  @override
  void initState() {
    _controller = //创建 AnimationController 对象
        AnimationController(duration:   Duration(seconds:3)), vsync: this)
          ..addListener(_render); //添加监听，执行渲染
    super.initState();
  }
  @override
  void dispose() { _controller.dispose(); super.dispose();}// 资源释放

  @override
  Widget build(BuildContext context) {
    var paint = CustomPaint(   painter: RunBallPainter(_ball),);
    return InkWell(
      onTap: () { _controller.repeat(); },//点击时执行动画
      onDoubleTap: (){ _controller.stop();},//双击时暂停动画
      child: SizedBox.fromSize(child: paint, size: widget.size ),
    );
```

```
    }
    //渲染方法，更新小球信息
    void _render() {
        setState(() {
            _ball.x+=1;
            _ball.y+=1;
        });
    }
}

//画板 Painter：绘制小球
class RunBallPainter extends CustomPainter {
    Ball _ball; //小球
    Paint mPaint; //主画笔
    Paint bgPaint; //背景画笔
    RunBallPainter(this._ball) {
        mPaint = Paint();
        bgPaint = Paint()..color = Color.fromARGB(148, 198, 246, 248);
    }

    @override
    void paint(Canvas canvas, Size size) {
        Rect rect = Offset.zero & size;
        canvas.clipRect(rect); //裁剪区域
        canvas.drawPaint(bgPaint);
        _drawBall(canvas, _ball);
    }
    void _drawBall(Canvas canvas, Ball ball) {//使用[canvas] 绘制[ball]
        canvas.drawCircle(
                Offset(ball.x + ball.r, ball.y + ball.r), ball.r,
                mPaint..color = ball.color);
    }
    @override
    bool shouldRepaint(CustomPainter oldDelegate)=>true;
}
```

　　用 RunBallWidget(size: Size(200, 150))测试一下，一个小球便跃然纸上。单击它，就会沿着 45° 角向下加速运动，双击暂停，再单击继续运动。不过小球会出界，如何处理呢？

●

　　可以用边界控制加反弹实现碰撞检测。比如要碰到左侧时，只需要将 X、Y 方向的速度反向，合成速度就会呈对称方向。在碰撞时还可以对小球进行处理，比如使用随机色。

```
---->[day06/anim/03/run_ball.dart]----
void _render() {//渲染方法，更新小球信息
  setState(() { //刷新屏幕
    _ball.x += _ball.vX;//运动学公式
    _ball.y += _ball.vY;
    _ball.vX += _ball.aX;
    _ball.vY += _ball.aY;
    var height=widget.size.height;
    var width=widget.size.width;
    //限定下边界
    if (_ball.y > height-2*_ball.r) {
      _ball.y = height-2*_ball.r;
      _ball.vY = -_ball.vY;//Y 速度反向
      //碰撞后随机变色
      _ball.color=ColorUtils.randomColor();
    }
    if (_ball.y < 0) { //限定上边界
      _ball.y = 0;
      _ball.vY = -_ball.vY;//Y 速度反向
//碰撞后随机变色
      _ball.color=ColorUtils.randomColor();
    }
```

```
//限定左边界
    if (_ball.x < 0) {
      _ball.x = 0;
      _ball.vX = -_ball.vX;//X 速度反向
      _ball.color=randomRGB();//碰撞后随机变色
    }
      //限定右边界
    if (_ball.x >width - 2*_ball.r) {
      _ball.x =width - 2 * _ball.r;
      _ball.vX = -_ball.vX; //X 速度反向
      //碰撞后随机变色
      _ball.color = ColorUtils.randomColor();
    }
  });
}
```

　　这样就可以完成一个小球在盒子中的运动了，想象一下，如果把小球换成一个个头像会不会更有意思？总体来看还是非常简单的，动画代码唯一要做的是提供一个持续变化的数字，并且在发生变化时可以被监听到，意识到这一点非常重要，这才是动画的灵魂。

　　还不仅如此，既然有小球的信息，就可以让它按照指定的函数图像运动，就像一个 *x*、*y* 关于 *t* 的参数方程。在运动监听中将参数方程改为_renderMath，像下面这样就能实现一个小球的圆形运动，当然也可以使用其他参数方程，如画心形线、椭圆线等：

```
---->[day06/anim/04/run_ball.dart]----
var _ball = Ball(
    color: Colors.blueAccent,
    r: 10,aY: 0.1, vX: 2, vY: -2,x: 75,y:0);
double t=0.0;
```

```
void _renderMath(){
  setState(() { //刷新屏幕
    t+= pi / 180; //每次 dx 增加 pi/180
    _ball.x += cos(t);
    _ball.y += sin(t);
  });
}
```

6.2　Flutter 动画详解

　　上面介绍了 AnimationController 如何控制一个"承载绘制的实体类"。可以看出，动画实际上就是对数字的改变，然后让"承载绘制的实体类"动态改变，当界面不断刷新，便能呈现动态效果。下面用几个有趣的 demo 来加深印象。

6.2.1　Animation 和 Animatable

　　要详细分析动画，就不得不提 Animation 和 Animatable。这两个名字很像，初学者或许会分不清。刚才看到 AnimationController 继承自 Animation<double>，这说明动画的主角还是 Animation，那 Animatable 是什么？

　　Flutter 动画体系简介

　　Animatable 有个 animate 方法（如下图），需要传入一个 Animation 对象，又返回一个 Animation 对象。这不就是包装吗？Animatable 可以强化一个原有的 Animation 对象，俗称"加 buff"。

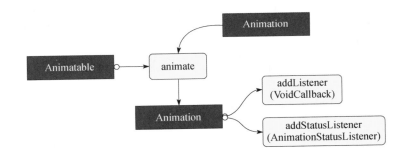

　　AnimationController 默认是在 0 到 1 内运行，但通过 Animatable 就可以强化它，下面是 Flutter 的动画体系。拿 Tween 来说，它可以让一个 Animation 在指定的范围内运动。ColorTween 可以让动画在两个颜色之间运动。如果不用 Animatable 家族的这些 buff，我们也能自己通过运算去转换，但有了它们，使用时会更方便。

　　Tween 动画辅助器

　　先从 Tween 这个最简单的 Animatable 来看，用 Day 3 中写的五角星路径来演示动画。让一个五角星的外接圆半径由 100 变成 20。原理是：Tween 将 0 到 1 范围的 AnimationController 强化成在任意两个数值范围间，然后将值设置给五角星，再刷新，用眼睛看便产生动画效果。

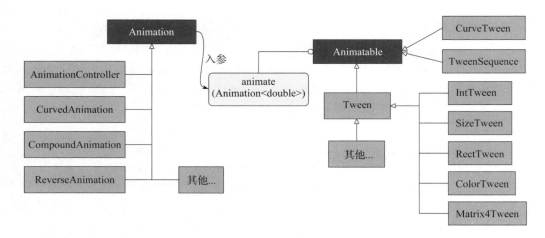

定义一个 Star 类的信息描述，再定义一个动画类，通过 Tween 让动画器在 100 到 20 之间运动，通过动画器的数值控制状态量_star 中的外接圆半径实现动画。

```
---->[day06/anim/05/anim_tween.dart]----          Star(this.num,
class Star{                                              this.R,
  double R;//外接圆半径                                    this.r,
  double r;//内接圆半径                                    {this.color = Colors.deepOrange});
  int num;//角个数                                   }
  Color color;
```

```
class StarAnimWidget extends StatefulWidget {
  final Size size;
  StarAnimWidget({Key key, this.size = const Size(200, 200)}) : super(key: key);
  @override
  _StarAnimWidgetState createState() => _StarAnimWidgetState();
}
class _StarAnimWidgetState extends State<StarAnimWidget>
    with SingleTickerProviderStateMixin {
AnimationController controller;//控制器
Animation<double> animation;//动画
Star _star;//状态量
  @override
  void initState() {
    _star=Star(5, widget.size.height/2, widget.size.height/4);
    super.initState();
    controller = AnimationController(//创建 Animation 对象
        duration: const Duration(milliseconds: 2000), vsync: this);
    var tween = Tween(begin: 100.0, end: 20.0); //创建从 100 到 20 变化的 Animatable 对象
    animation = tween.animate(controller); //执行 animate 方法，生成
    animation.addListener(() {   render(_star,animation.value); });
  }
  @override
  void dispose() { controller.dispose(); super.dispose(); } //资源释放
  @override
  Widget build(BuildContext context) {
    var show=SizedBox(width: widget.size.width, height: widget.size.height,
      child: CustomPaint(painter: StarPainter(_star), ),);
    return InkWell(child: show,
      onTap: () { controller.forward(); },//点击时执行动画
```

```
    onDoubleTap: (){controller.stop();},);    //双击时暂停动画
  }
    void render(Star star, num value){ setState(() {star.R=value; }); }//核心渲染方法
}
```

```
//绘制板：绘制 n 角星
class StarPainter extends CustomPainter {
  Star _star;
  Paint _paint;
  StarPainter(this._star) {
    _paint = Paint()..color = Colors.deepOrange;
  }
  @override
  void paint(Canvas canvas, Size size) {
    Rect rect = Offset.zero & size;
    canvas.clipRect(rect); //裁剪区域
    canvas.translate(rect.height/2, rect.width/2);
    _drawStar(canvas,_star);
  }
  @override
  bool shouldRepaint(CustomPainter oldDelegate) {    return true; }
  void _drawStar(Canvas canvas, Star star) {
    canvas.drawPath(PathCreator.nStarPath(star.num, star.R, star.r, ),
        _paint..color=_star.color);
  }
}
```

IntTween 和 ColorTween 动画辅助器

现在你应该明白了，Animatable 就是 Animation 的 buff。再看一下 IntTween，顾名思义，应该是对 int 值进行操作，下面就用角数产生动画：

```
---->[day06/anim/06/anim_tween.dart]----
Animation<int> intAnimation;//int 型
@override
void initState() {//相同，省略
    intAnimation = IntTween(begin: 5, end: 98)
      .animate(controller)//角数动画
      ..addListener(() {
        renderNum(_star, intAnimation.value);
    });
}

//核心渲染方法
void renderNum(Star star, num value) {
  setState(() {
    star.num=value;
  });
}
```

然后颜色变化也就顺理成章了：

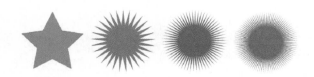

```
---->[day06/anim/07/anim_tween.dart]----
Animation<Color> colorAnimation;//Color 型，颜色动画
colorAnimation = ColorTween(
      begin: Colors.deepOrange, end: Colors.blue)
    .animate(controller)
    ..addListener(() {
          renderColor(_star, colorAnimation.value);
      });

//核心渲染方法
void renderColor(Star star, Color value) {
  setState(() {
    star.color = value;
  });
}
```

这样看来，整个体系非常明了：Tween 之下的众多 child 是为了给 Animation 加上不同类型的 buff。既然是 buff，那么 buff 是可以叠加的，Tween 可以让 Animation 在范围内变动，而 CurveTween 则可以控制变化的速率。以此呈现差值的效果，让动画不再像上面的 Tween 动画那么平淡无奇。

CurveTween 动画辅助器

看一下 CurveTween 的源码，有 curve 属性，对应的是 Curve 对象。而 Curve 为抽象类，有四个入参的子类 Cubic：

```
---->[CurveTween]----
class CurveTween extends Animatable<double> {
CurveTween({ @required this.curve }) : assert(curve != null);
Curve curve;

---->[Curve]----
@immutable
abstract class Curve {

---->[Cubic]----
class Cubic extends Curve {
const Cubic(this.a, this.b, this.c, this.d)
```

提到四参的曲线动画，突然想到 Chrome 中有可视的工具：

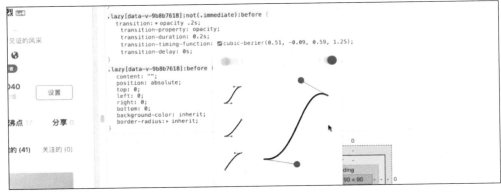

```
---->[day06/anim/08/anim_tween.dart]----
var curveTween = CurveTween(// 创建 curveTween
    curve:Cubic(0.96, 0.13, 0.1, 1.2)
);

intAnimation = IntTween(begin: 5, end: 98)
    .animate(curveTween.animate(controller))// 使用 curveTween 再加一层 buff
        ..addListener(() {
            renderNum(_star, intAnimation.value);
        }
);
```

四参用起来很麻烦，Flutter 中的 Curves 类中定义了很多静态的 Cubic 对象以便使用：

```
class Curves {
  Curves._();
  static const Curve linear = _Linear._();
  static const Curve decelerate = _DecelerateCurve._();
  static const Cubic easeInToLinear = Cubic(0.67, 0.03, 0.65, 0.09);
  static const Cubic easeInSine = Cubic(0.47, 0.0, 0.745, 0.715);
  // 很多其他曲线...
}
```

TweenSequence 动画辅助器

最后是 TweenSequence，也就是序列动画。现在想让一个文字持续执行左右摆动的动画效果，比如向左旋转 15°，再转到-13°，再转到 13°，渐渐停止。这样的连续动画序列可以用 TweenSequence 实现：

捷　捷　捷　捷　捷捷

```
---->[day06/anim/09/flutter_text.dart]----
class FlutterText extends StatefulWidget {
    final String str;
    final TextStyle style;
    FlutterText({this.str, this.style});
        _FlutterTextState createState() => _FlutterTextState();
    }
```

```
class _FlutterTextState extends State<FlutterText>
    with SingleTickerProviderStateMixin {
Animation<double> animation;
AnimationController controller;

@override
initState() {
    controller = AnimationController(
        duration: const Duration(milliseconds: 1000), vsync: this);

    animation = TweenSequence<double>([// 使用 TweenSequence 进行多组补间动画
        TweenSequenceItem<double>(tween: Tween(begin: 0, end: 15), weight: 1),
        TweenSequenceItem<double>(tween: Tween(begin: 13, end: -13), weight: 2),
        TweenSequenceItem<double>(tween: Tween(begin: -11, end: 11), weight: 3),
        TweenSequenceItem<double>(tween: Tween(begin: 9, end: -9), weight: 4),
        TweenSequenceItem<double>(tween: Tween(begin: -7, end: 7), weight: 5),
        TweenSequenceItem<double>(tween: Tween(begin: 5, end: -5), weight: 6),
        TweenSequenceItem<double>(tween: Tween(begin: 3, end: -0), weight: 7),
    ]).animate(controller);

    animation=Tween(begin: 0.0,end: pi/180).animate(animation)// 加 buff，将参数转化为弧度
        ..addListener(() {
            setState(() {});
        });
    super.initState();
}

@override
Widget build(BuildContext context) {
    var result = Transform(// 使用 Transform 进行选择变化
        transform: Matrix4.rotationZ(animation.value),
        alignment: Alignment.center,
        child: Text(widget.str, style: widget.style,), );
    return InkWell(child: result,
        onTap: () {
            controller.forward(); // 点击时执行动画
        },
        onDoubleTap: () {
            controller.stop(canceled: true);// 双击时暂停动画
        },);
}

@override
dispose() {
    controller.dispose();
    super.dispose();
}
}
```

6.2.2 动画状态监听和 Animation 方法

　　动画的监听函数有两个，一个是当动画器数值变化时，回调的无参函数 addListener，还有一个是监听状态的 addStatusListener：

```
abstract class Animation<T> extends Listenable implements ValueListenable<T> {
    const Animation();
```

```
@override
void addListener(VoidCallback listener);
@override
void removeListener(VoidCallback listener);
void addStatusListener(AnimationStatusListener listener);
void removeStatusListener(AnimationStatusListener listener);
```

来看一下 AnimationStatus 这个枚举，感觉动画就像一个人在跑道上跑步时分别对应的几种状态。这样在五角星角数变化里加上状态监听也很简单：

```
enum AnimationStatus {
  dismissed,//在正在开始时停止了——跌倒在起跑线上
  forward,//开始运动
  reverse,//跑到终点，再跑回来的时候
  completed,//跑到终点时
}
---->[day06/anim/10/anim_tween.dart]---
intAnimation = IntTween(begin: 5, end: 98).animate(curveTween.animate(controller))
  ..addListener(() {
    renderNum(_star, intAnimation.value);
  })..addStatusListener((status) {
    switch(status){
      case AnimationStatus.completed:print("completed"); break;//动画完成时回调
      case AnimationStatus.forward:print("forward"); break;//动画执行时回调
      case AnimationStatus.reverse:print("reverse"); break;//动画翻转时回调
      case AnimationStatus.dismissed: print("dismissed"); break;
    }}
);
```

forward 是执行动画，stop 是停止动画，dispose 是释放动画，除此之外还有其他的方法。repeat 方法可以让动画重复执行，这时角的个数在 5 到 98 间变化，默认情况下会永远从 5 到 98 重复变化，也可以指定参数进行修改：

```
controller.repeat(); //默认情况下 5->98　5->98 5->98...
controller.repeat(  //反转后: 5->98  98->5  5->98  98->5 ...
  reverse: true,  //反转
  period: Duration(seconds: 3));//每次动画周期
```

fling 也可以执行动画，但一般比较短暂，就像猛冲一样，能指定一个速度，速度越快，冲得越快。reverse 方法可以在动画完成后再反向执行，并且会触发 reverse 的状态回调：

```
controller.fling(velocity:0.1);//猛冲执行
switch (status) {
  case AnimationStatus.completed: //动画完成时回调
  controller.reverse(); //反向再执行一遍
```

forward 默认只会执行一次，执行完后再调用 forward 则不会动。因为动画器的数值已经达到了边界值，可以用 controller.reset 方法重设动画，再调用 forward，数字就会重新运动。

6.2.3　动画简化和封装

动画简化（AnimatedWidget）与动画封装（AnimatedBuilder）组件用于简化和封装动画。使用 AnimatedBuilder 需要传入一个动画器，并通过 builder 来创建 Child。当动画器改变时，

会自动更新构造器中的 Widget，就无须对动画进行监听，也无须用 setState 刷新界面：

```
---->[day06/evn/01/flutter_text.dart]----
@override
Widget build(BuildContext context) {
  return AnimatedBuilder(
    animation: animation,
    builder: (BuildContext context, Widget child)俄=>
        Transform(
            transform: Matrix4.rotationZ(animation.value),
            alignment: Alignment.center,
            child: Text(widget.str, style: widget.style)));
}
```

像之前这样写动画代码，复用性很差，如果还有一个组件需要旋转动画，构建组件的逻辑就要再写一遍，AnimatedWidget 就是为了避免动画冗余而生的。

将动画效果的创建逻辑单独封装在一个类中，需要自定义组件继承自 AnimatedWidget，外界传入则需要用到动画的组件 child。将 animation 的入参传给父类构造的 listenable 属性，然后就可以使用 listenable 在该类中使用动画。也不需要调用 setState 方法来更新界面：

```
---->[day06/evn/02/flutter_text.dart]----
class AnimRotate extends AnimatedWidget {
  AnimRotate ({Key key,
    Animation<double> animation,
    this.child})
      : super(key: key, listenable: animation);
  final Widget child; //Child 组件
  @override
  Widget build(BuildContext context) {
    final Animation animation = listenable;//获取动画器
    return Transform(//根据动画器数值对 Child 进行旋转
      child:child,
      alignment: Alignment.center,
      transform: Matrix4.rotationZ(animation.value));}
}
```

```
---->[使用]----
@override
Widget build(BuildContext context) {
  return AnimRotate(
    animation: animation,
    child: Text(widget.str,
style: widget.style,));
}
```

这样，动画组件就从刚才一大段代码中解放出来，可以很好地去复用。使用时将动画器和子组件传进 AnimRotate 即可。这样,在_FlutterTextState 里就可以专注于动画器的设计，而且代码看上去明确了很多，AnimateWidget 专门负责 Widget 的动画的处理，FlutterText 只注重 Animation 构成，分工明确，并且可以传入任意 Widget，不限定于 Text。

提示：如果你说，这不就是 RotationTransition 吗?那我要夸夸你，你看得很认真。也许你说："既然有，那直接用吧，何必自己写。"动画纷繁复杂，源码不可能提供所有动画，能用和会用是两种境界。现在是在学习，只有知其然，知其所以然，才能以不变应万变。

6.2.4　封装强化版 FlutterContainer

为什么非要对 Text 进行摇摆？完全可以针对任何包含其内的组件制作动画。只要传入一个 Widget 类型的 child 即可，这样无论图片、文字、按钮都可以传进去，这才能体现封装的价值。而且只能左右摆未免太枯燥了，能选择上下、左右摆动的类型该多好，摆动的幅度也可以自定义，还有对动画完成状态的监听……

首先定义一下颤动模式枚举和描述类：

```
--->[day06/evn/03/flutter_container.dart]---
enum FlutterMode {//颤动的模式

    random,//随机模式
    up_down, //上下
    left_right, //左右
    swing //倾斜

}
```

```
class AnimConfig {//动画配置信息
    final int duration;//时长
    final double offset;//偏移大小
    final FlutterMode mode;//摇晃模式
    final Curve curve;//运动曲线
const AnimConfig({this.duration=1000,
        this.offset=15,
        this.mode=FlutterMode.swing,
        this.curve=Curves.bounceIn});
}
```

```
class FlutterContainer extends StatefulWidget {
    final Widget child;
    final AnimConfig config;
    final VoidCallback onFinish;
    FlutterContainer({Key key,//child
        @required this.child,//child
        this.config = const AnimConfig(),//配置
        this.onFinish} //动画结束回调
    ):super(key:key);

    _FlutterContainerState createState() => _FlutterContainerState();
}
```

动画序列通过下面的方式优化一下，根据 offset 值慢慢减小：

```
var offset = widget.config.offset;//偏移量
var offsets=<Offset>[];//起止值的列表盛放在 offsets 里
offsets.add(Offset(0, offset));//添加第一个 offsets
var temp=offset;//临时变量
for(var i=1;i<=offset;i++){
    temp--;//临时变量减小
    offsets.add(i.isOdd?Offset(temp, -temp):Offset(-temp, temp));//动态添加
}
    print(offsets);
animation = TweenSequence<double>(offsets.map((e)=>
    TweenSequenceItem<double>(
    tween: Tween(begin: e.dx, end: e.dy),weight: 1))
    .toList()).animate(controller);
```

```
---->[打印结果]----
    [Offset(0.0, 15.0), Offset(14.0, -14.0), Offset(-13.0, 13.0), Offset(12.0, -12.0), Offset(-11.0, 11.0),
Offset(10.0, -10.0), Offset(-9.0, 9.0), Offset(8.0, -8.0), Offset(-7.0, 7.0), Offset(6.0, -6.0), Offset(-5.0, 5.0),
Offset(4.0, -4.0), Offset(-3.0, 3.0), Offset(2.0, -2.0), Offset(-1.0, 1.0), Offset(0.0, -0.0)]
```

然后将三种动画组件分别抽离，以便复用。对于随机效果，只需要根据配置随机生成即可。这些动画具有可复用性，以后可能还会用到，可以放在工具类中：

```
//左右动画
class AnimLeftRight extends AnimatedWidget {
  AnimLeftRight({Key key,
    Animation<double> animation,
    this.child})
      : super(key: key, listenable: animation);
  final Widget child;

  @override
  Widget build(BuildContext context) {
    final Animation animation = listenable;
    return Transform(
      transform: Matrix4.
      translationValues(animation.value, 0, 0),
      alignment: Alignment.center,
      child: child,
    );
  }
}
```

```
//上下效果
class AnimUpDown extends AnimatedWidget {
  AnimUpDown ({Key key,
    Animation<double> animation,
    this.child})
      : super(key: key, listenable: animation);
  final Widget child;

  @override
  Widget build(BuildContext context) {
    final Animation animation = listenable;
    return Transform(
      alignment: Alignment.center,
      child: child,
      transform: Matrix4.translationValues
                 (0, animation.value, 0),
    );
  }
}
```

　　再写一个根据抖动模式返回相应动画的方法，这里主要使用了多个 Animation 对象，但它们都源于一个 AnimationController，所以使用 SingleTickerProviderStateMixin 是可以的，如果是多个数字源变化，就需要多个 AnimationController 的对象，这时就必须用 TickerProviderStateMixin：

```
//根据类型创建组件
_buildWidgetByMode(FlutterMode mode) {
  switch (widget.config.mode) {
    case FlutterMode.up_down://上下效果
      return AnimUpDown(
        animation: animation,
        child: widget.child,
      );

    case FlutterMode.left_right://左右效果
      return AnimLeftRight(
        animation: animation,
        child: widget.child,
      );

    case FlutterMode.swing://摇摆效果
      animation = Tween(begin: 0.0, end: pi / 180).animate(animation); //将参数转化为弧度
      return AnimRotate(
        animation: animationRotate,
        child: widget.child,
      );

    case FlutterMode.random://随机效果
      var config = AnimConfig(
        mode: FlutterMode.values[random.nextInt(FlutterMode.values.length)],
        duration :widget.config.duration,
        offset :widget.config.offset,
        curve : widget.config.curve
      );
      return FlutterContainer(
        onFinish: widget.onFinish,
```

```
        child: widget.child,
        config: config,
      );
      break;
  }
}
```

　　下面是动画器的 buff 叠加，首先通过 TweenSequence 添加摆动序列 buff，再通过 CurveTween 自定义曲线效果，可以监听动画器的状态，在完成时回调。这样就很容易让组件产生抖动的效果，使用方法如下：

```
//主要来看一下构造器的创建和完成回调，其他代码省略...
animation = TweenSequence<double>(offsets.map((e)=>
    TweenSequenceItem<double>(
    tween: Tween(begin: e.dx, end: e.dy),weight: 1)).toList()).
    animate(CurveTween(curve: widget.config.curve).animate(controller));
    ..addStatusListener((s) {
  if (s == AnimationStatus.completed) {
    if(widget.onFinish!=null) widget.onFinish();

  }
});
```

```
---->[使用]----
FlutterContainer(
    config: AnimConfig(
        mode: FlutterMode.left_right,
        duration: 1000,
        offset: 8,
        curve: Curves.linear),
    child: Icon(Icons.android,size: 50,color: Colors.green,)
);
```

　　现在来实现这样的效果：如果一篇文章在打开时所有文字都动一下，该是多么震撼。那就来抖一下吧。写一个 FlutterText，传入一段字符后每个字都会抖动。这时只需要基于 FlutterContainer 组件进行简单改造即可，如下所示。有没有嗅到一丝复用的香味？

代码,改变生活　　代码,改变生活

random　　　　　　up_down

代码,改变生活　　代码,改变生活

left_right　　　　　　swing

```
---->[day06/evn/02/flutter_text.dart]----
class FlutterText extends StatelessWidget {
  final String str;
  final TextStyle style;
  final AnimConfig config;
  FlutterText(this.str, {Key key,  this.style, this.config}):super(key:key);

  @override
  Widget build(BuildContext context) =>
```

```
Wrap(children: str.split("").map((e)=>
    FlutterContainer(
        config: config,
        child: Text(e, style: style),)).toList()
    );
---->[使用]----
FlutterText("代码，改变生活",
    config: AnimConfig( mode: FlutterMode.left_right,
    duration: 1000,    offset: 8,    curve: Curves.linear),
    style: TextStyle(fontSize: 40),),
);
```

6.3 路由与导航

在 Android 中通过 Intent 来沟通两个界面，那在 Flutter 中，页面间如何跳转？数据如何传递呢？首先要认识两个名词：Route 和 Navigator。我们曾经称为"屏幕"或"页面"的东西在 Flutter 中被称为路由（Route），而这些 Route 的管理器便是 Navigator。管理的方式也是通过堆栈规则管理，Navigator 提供了相应的进出栈方法。

6.3.1 打开路由

认识路由当然要从如何打开路由说起，打开的方式有很多，下面介绍三种主要方式。笔者精心制作了一个界面，用下面的布局进行演示。这里主要是介绍路由和导航，布局可参考源码：day06/router/goods_widget.dart。

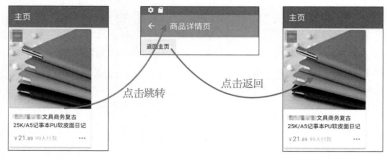

准备界面

先把展示页面的舞台搭建好，显示一个 HomePage，代码如下：

```
---->[day06/router/01/main.dart]----
void main() => runApp(App());
class App extends StatelessWidget {
    App({Key key}) :super(key: key);
    @override
    Widget build(BuildContext context) {
        return MaterialApp(
            title: 'Flutter Demo',
            theme: ThemeData(
```

```
        primarySwatch: Colors.blue,
      ),
      home: Scaffold(
        appBar: AppBar( title: Text('主页') ),
        body: HomePage())
    );
  }
}
```

接下来准备主页面和商品详情页，经历了前面的历练，相信布局对大家来说已经不是
什么难事。主页使用自定义的 GoodsWidget，该组件用条目信息 GoodsBean 填充。可以触
发点击事件，在点击时跳转到详情页。在详情页点击按钮返回主页：

```
---->[day06/router/01/home_page.dart]----
class HomePage extends StatelessWidget {
  HomePage({Key key}) : super(key: key);
  @override
  Widget build(BuildContext context) {
    var goods = GoodsWidget(
        onTap: (goods)=> _toDetailPager(context,goods),//跳转到详情页
        width: 200,
        goods: GoodBean(
            price: 21.89, saleCount: 99,
            title: "XXXXX 文具商务复古 25K/A5 记事本 PU 软皮面日记本子定制可印 logo 简约工作笔记本会议记录本
                小清新大学生用",
            image: AssetImage("images/note_cover.jpg")));
    return goods;
  }
    void _toDetailPager(BuildContext context,GoodBean goods) {
      //TODO 到详情页...
    }
}
---->[day06/router/01/goods_detail_page.dart]----
class GoodsDetailPager extends StatelessWidget {
  @override
  Widget build(BuildContext context) {
    return Scaffold(    appBar: AppBar(
        title: Text('商品详情页'),
        backgroundColor: Colors.deepOrangeAccent,    ),
      body: RaisedButton(
        onPressed: ()=> _toHome(context),
        child: Text('返回主页'),    ),    );
  }
  void _toHome(BuildContext context) {
    //TODO 到主页...
  }
}
```

使用 Navigator+MaterialPageRoute

跳转通过 Navigator 对象实现，它也是一个 Widget，可以直接构造 Navigator 对象。不
过在 WidgetsApp 或者 MaterialApp 中可以通过 Navigator.of 来获取 Navigator 的对象。这时
MaterialApp 的 home 属性对应的组件就在路由栈中的最底层，也就是这里的 Scaffold。

使用 Navigator 可以将 Route 对象推送进去，MaterialPageRoute 继承自 Route，其中的

builder 会创建目标 Widget，这样该路由就在栈顶显示出来。返回主页时只需使用 Navigator 的 pop 方法将栈顶弹出即可。

　　这比 Android 中的界面跳转要简单一些。另外，Flutter 可以说是非常贴心的，当跳转到的路由有 Scaffold 时，头部会自动产生返回图标来结束本页面：

```
//跳转到详情页
void _toDetailPager(BuildContext context,GoodBean goods) {
  Navigator.push(context,
    MaterialPageRoute(builder: (context) => GoodsDetailPager()),
  );
}

//跳转到主页
void _toHome(BuildContext context) {
  Navigator.pop(context);
}
```

通过命名访问路由

　　Flutter 路由还可以指定路由名称，通过路由的名字打开。这和前端的路由思想很相似，当有大批量的界面时，这样做非常方便。

　　按照路由的惯例，名称通常使用类似路径的结构（例如，/detail）。另外，应用程序的主页路径默认为 "/"。MaterialApp 下的 routes 的属性对应一个 String 和 WidgetBuilder 的映射关系列表，一个映射便对应一个路由：

```
---->[day06/router/02/main.dart]----
    var app = MaterialApp( //此处省略...
    routes: <String, WidgetBuilder>{
      "/detail": (BuildContext context) => GoodsDetailPager(),//详情页路由
      "/logo": (BuildContext context) => FlutterLogo(),});//logo 路由
```

　　每个字符串映射着一个构造器，这样就可以通过字符串来开启路由。上面的两个路由通过/detail 访问详情组件，通过/logo 访问图标组件。打开详情页的方法可以写成：

```
---->[day06/router/02/home_page.dart]----
_toDetailPager(BuildContext context, GoodBean goods) {
  Navigator.of(context).pushNamed("/detail"); }
```

其他关于路由的方法

　　当你想要在打开一个路由的同时将前一个路由销毁，可以用替代的方法。比如下面的两个方法，在打开详情页后，主页就被关闭了：

```
---->[day06/router/03/home_page.dart]----
//通过名字打开详情页并关闭自己
_toDetailPagerCloseMe(BuildContext context, GoodBean goods) {
  Navigator.of(context).pushReplacementNamed("/detail"); }
```

看下面的情况，在详情页打开自己四次，这时想回到主页，并且把四次详情页都关掉，这时可以使用 popUntil 进行弹栈直到到达指定的路由，之前的路由都会被销毁：

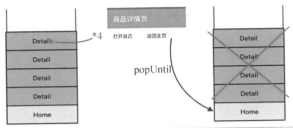

```
---->[day06/router/04/home_page.dart]----
void _toHome(BuildContext context) {
    Navigator.of(context).popUntil(ModalRoute.withName('/'));
}
```

另外还有 pushNamedAndRemoveUntil 方法可以让路由进栈并且移除到指定路由。Flutter 路由的使用非常灵活，常用的就是这些，还有其他方法，读者可以自行了解一下。

6.3.2　路由的传参

页面跳转通常会伴随着数据传递，在页面关闭时也可能返回数据。现在想要在从主页跳转到详情页时将商品数据传递过去，效果如下图：

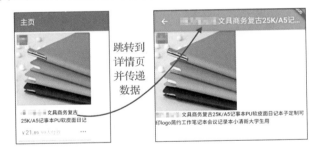

通过构造传参

最简单的方法是将详情页的代码稍做更改，在构造函数中接受一个 GoodsBean 的对象，主页面通过 push 方法打开详情页时将参数对象传入：

```
---->[day06/router/05/goods_detail_page.dart]----
class GoodsDetailPager extends StatelessWidget {

    GoodsDetailPager({Key key, @required this.goods}) : super(key: key);
    final GoodBean goods;

    @override
    Widget build(BuildContext context) {
        var btn= RaisedButton(
            onPressed: () {
```

```
        Navigator.pop(context);
      },
      child:   Text('返回主页'),
    );
    return   Scaffold(
      appBar:   AppBar(
        title:   Text(goods.title),
        backgroundColor: Colors.deepOrangeAccent,
      ),
        body:Wrap(children: <Widget>[
          Image(image: goods.image),
          Text(goods.title),btn],) ,
    );
  }
}
```

```
---->[day06/router/05/home_page.dart]----
_toDetailPagerWithDataPush(BuildContext context, GoodBean goods){
  Navigator.push( context,
    MaterialPageRoute(builder: (context) => GoodsDetailPager(goods: goods)),
  );
}
```

这样传参似乎是理所当然的，不过通过名称跳转的路由没有机会在创建详情页对象时直接传参，那该怎么办呢？

通过路由传参

这时查看一下源码，发现两个要点：其一，pushNamed 是一个异步方法；其二，它的第二入参是传递的参数。现在知道怎么传值了，那问题在于详情页如何接收呢？

```
---->[flutter/lib/src/widgets/navigator.dart:1659]----
Future<T> pushNamed<T extends Object>(
  String routeName, {
  Object arguments,
}) {
  return push<T>(_routeNamed<T>(routeName, arguments: arguments));
}
```

```
---->[day06/router/06/home_page.dart]----
_toDetail(BuildContext context, GoodBean goods) {
  Navigator.of(context).pushNamed("/detail",arguments: goods);
}
```

可以通过 RouteSettings 对象获取 arguments，用 ModalRoute.of(context)的 setting 属性获取这个对象。这样一来，命名方法就可以无后顾之忧，页面间的耦合度大大降低：

```
---->[day06/router/06/main.dart]----
return MaterialApp(
  //省略代码...
  routes: <String, WidgetBuilder>{
    "/detail": (BuildContext ctx) => GoodsDetailPager(
        goods: ModalRoute.of(ctx).settings.arguments,//<---- 获取参数
      ), //详情页路由
    "/logo": (BuildContext context) => FlutterLogo(), //logo 路由
  });
```

主页面获取结果

很多时候我们打开一个页面是为了获取结果,这个结果如何传递给上一页面是个问题。刚才看到 pushNamed 方法中返回 Future 对象,以及 pop 方法中的可选参数 result,它们已经说明了一切:

```
---->[flutter/lib/src/widgets/navigator.dart]----
static bool pop<T extends Object>(BuildContext context, [ T result ]) {

}
```

通过异步获取 pushNamed 方法的返回值可以获取数据。这里在详情页中返回字符串,主页通过 async 和 await 关键字进行异步处理,获取异步方法 pushNamed 的返回结果:

```
 ---->[day06/router/07/goods_detail_pager.dart]----
//跳转到主页
void _toHome(BuildContext context) {
  Navigator.of(context).pop("已阅");
}
```

```
 ---->[day06/router/07/home_page.dart]----
//通过名字打开详情页传参并接收返回参数
_toDetail(BuildContext context, GoodBean goods) async{
  var result= await Navigator.of(context).pushNamed("/detail",arguments: goods);
  print(result);
}
```

onGenerateRoute 路由管理

对于路由,还有一种比较好的管理方式,使用 MaterialApp 下的 onGenerateRoute 属性可以对路由进行统一管理,并通过 initialRoute 属性制定初始路由:

```
 ---->[day06/router/08/main.dart]----
class MyApp extends StatelessWidget {
  MyApp({Key key}) :super(key: key);

  @override
  Widget build(BuildContext context) {
    return MaterialApp(
        title: 'Flutter Demo',
        theme: ThemeData(
            primarySwatch: Colors.blue,
        ),
        onGenerateRoute: Router.generateRoute,//路由生成器
        initialRoute: Router.home,//初始路由
    );
  }
}
```

这里新建一个 Router 的类来管理路由,其中,定义路由名称以及根据 settings 对象来指定路由跳转,可以指定默认的错误路由页。方法入参中有 RouteSettings 对象,就能获取 arguments 的值,路由传参也比较友好。这样路由统一在 router 类中进行管理,当需要添加或修改路由时非常方便:

```
---->[day06/router/08/router.dart]----
class Router {
  static const String detail = 'detail';
  static const String home = '/';
  static const String logo = 'logo';

  static Route<dynamic> generateRoute(RouteSettings settings) {
    print(settings.name);
    switch (settings.name) {//根据名称跳转到相应页面
      case Router.detail:
        return MaterialPageRoute(
          builder: (_) => GoodsDetailPager(
            goods: settings.arguments,//获取页面传参
          ));

      case Router.home:
        return MaterialPageRoute(builder: (_) => HomePage());

      case Router.logo:
        return MaterialPageRoute(builder: (_) => FlutterLogo());

      default:
        return MaterialPageRoute(
          builder: (_) => Scaffold(
            body: Center(
              child: Text('没发现路由: ${settings.name}'),
            ),
          ));
    }
  }
}
```

```
---->[day06/router/08/home_page.dart]----
//通过名字打开详情页，传递数据，并接收返回数据
_toDetail(BuildContext context, GoodBean goods) async{
  var result= await Navigator.of(context).pushNamed(Router.detail,arguments: goods);
  print(result);
}
```

6.3.3　路由的跳转动画

　　默认情况下，路由跳转动画是后面的动画透明度增加，并且从下向上出现。有时我们需要自定义跳转的方式，比如左右切换、上下切换等。PageRouteBuilder 是 Router 的后代，可以通过它来让跳转富有动画效果。可以直接使用它，不过为了可复用和整洁，这里创建一个路由工具 router_utils 盛放路由动画类。

　　先看左右切换的动画，主要涉及两个参数 pageBuilder 和 transitionsBuilder，回调两个从 0 到 1 的 Animation<double>，源码中提到的第二个 Animation 并不常用。在 transitionsBuilder 中根据动画器来构建动画：SlideTransition 是一个 AnimatedWidget，也就是 Flutter 为我们封装好的一个动画组件，position 属性接受 Animation<Offset> 的动画器。这里通过 Tween<Offset> 为 a1 动画器加 buff，成为 Animation<Offset>。

```
---->[day06/router/09/router_utils.dart]----
class Right2LeftRouter<T> extends PageRouteBuilder<T> {
```

```
final Widget child;
final int durationMs;
final Curve curve;
Right2LeftRouter({this.child,this.durationMs=500,this.curve=Curves.fastOutSlowIn})
    :super(
    transitionDuration:Duration(milliseconds: durationMs),
    pageBuilder:(ctx,a1,a2)=>child,
    transitionsBuilder:(ctx,a1,a2,child,) =>
        SlideTransition(
          child: child,
            position:
                Tween<Offset>( begin: Offset(1.0, 0.0), end: Offset(0.0, 0.0))
                  .animate(a1)
            );
}
---->[day06/router/09/router.dart]----
switch (settings.name) {// 根据名称跳转到相应页面
  case Router.detail:
    return Right2LeftRouter(//<--- 使用动画
        child: GoodsDetailPager(goods: settings.arguments));// 获取页面传参
```

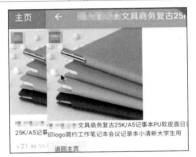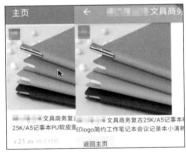

如果想要给动画加上曲线效果，也很简单。除了给 CurveTween 加 buff 之外，还可以使用自带光环的 CurvedAnimation 动画器将 parent 指向 a1，通过 curve 属性设置曲线效果：

```
---->[day06/router/09/router_utils.dart]----
transitionsBuilder:(ctx,a1,a2, child,) =>
    SlideTransition(
      child: child,
        position: Tween<Offset>(
          begin: Offset(1.0, 0.0), end: Offset(0.0, 0.0),).animate(
            CurvedAnimation(parent: a1, curve: Curves.fastOutSlowIn)),
    ));
```

既然有 Animation，那一切都好办，想做什么动画都可以。这里再做一个旋转缩放透明动画的路由，来体会一下多动画如何集成：用 RotationTransition 实现旋转组件动画，用 ScaleTransition 实现缩放组件动画，用 FadeTransition 实现透明度组件动画。要认清这三者的本质，它们都是 AnimatedWidget，是 Widget 家族具有动画效果的组件，而非动画本身。

```
class ScaleFadeRotateRouter<T> extends PageRouteBuilder<T> {
  final Widget child;
  final int durationMs;
```

```
ScaleFadeRotateRouter(
        {this.child, this.durationMs = 1000}) : super(
            transitionDuration: Duration(milliseconds: duration_ms),
            pageBuilder: (ctx, a1, a2) => child,//页面
            transitionsBuilder: (ctx, a1, a2, child,) =>//构建动画
                RotationTransition(//旋转动画
                    turns: Tween(begin: 0.0, end: 1.0)
                        .animate(CurvedAnimation(
                            parent: a1,
                            curve: Curves.fastLinearToSlowEaseIn,)
                    ),
                    child: ScaleTransition(//缩放动画
                        scale: Tween(begin: 0.0, end: 1.0)
                        .animate( CurvedAnimation(
                            parent: a1,
                            curve: Curves.fastLinearToSlowEaseIn)
                    ),
                    child: FadeTransition(opacity://透明度动画
                        Tween(begin: 0.5, end: 1.0).animate(a1),
                        child: child)),
                )
        );
}
```

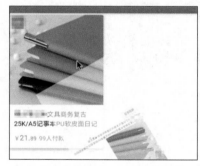

使用方法非常简单，由此也能看出路由统一管理的好处，想要改变路由动画，只需要改一下类就行了，如以下代码所示。如果是散落在各处，你就必须一个个找出来进行修改。其他一些常用的跳转动画效果可详见源码 day06/router/09/router_utils.dart。

```
---->[day06/router/09/router.dart]----
switch (settings.name) {//根据名称跳转到相应页面
    case Router.detail:
        return ScaleFadeRotateRouter(
            child: GoodsDetailPager(goods: settings.arguments));//获取页面传参
```

6.3.4 Hero 跳转动画

你有没有想过这样的效果：在从 A 跳转到 B 时，A 组件的某个部位逐渐过渡到 B，实现界面间元素共享的效果。Flutter 中的 Hero 组件就可以怎么炫酷。将两个页面间需要共享的元素通过 Hero 嵌套，并添加相同的 tag，这样在跳转时，两个组件就会产生过渡效果。注意，一个界面中不能有两个具有相同 tag 的 Hero，否则会出现运行错误。

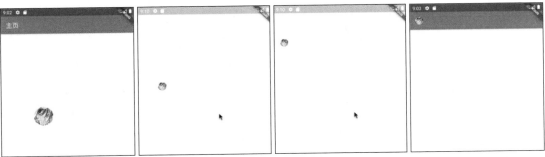

```
---->[day06/router/10/home_page.dart]----
class HomePage extends StatelessWidget {
  @override
  Widget build(BuildContext context) {
    var hero = Hero(
      //定义 Hero，添加 tag 标签，其中组件共享
      tag: 'user-head',
      child:  Image.asset(
          "assets/images/icon_head.png",
          width: 60,
          height: 60,
          fit: BoxFit.cover,
      ),
    );

    return Scaffold(
        body: Center(//点击跳转
          child: GestureDetector(
            child: Container(
                color:
                    Colors.orange.withAlpha(11),
                alignment: Alignment(-0.8, -0.8),
                child: hero,
                width: 250,
                height: 250 * 0.618),
            onTap: ()=> Navigator.of(context)
                .pushNamed(Router.detail),
          ),
        ),
    );
  }
}
```

```
---->[day06/router/10/detail_pager.dart]----
class DetailPager extends StatelessWidget {
  @override
  Widget build(BuildContext context) {
    var hero = Hero(
      //定义 Hero，添加标签，两个标签相同，则可以共享
      tag: 'user-head',
      child: Padding(
        padding: EdgeInsets.all(16.0),
        child: Image.asset(
            "assets/images/icon_head.png",
            width: 60,
            height: 60,
            fit: BoxFit.cover,
        ),
      ),
    );

    return Scaffold(
        appBar: AppBar(
          leading: InkWell(
            onTap: () =>
                Navigator.of(context).pop(),
            child: hero,
          ),
        ),
        body: Container(
          color: Colors.cyan.withAlpha(11),
        ),
    );
  }
}
```

　　本章详细介绍了 Flutter 中的动画，通过动画可以完成很多有意思的交互和视觉效果。你需要记住和领悟动画的本质：一切动画都是基于数字变化驱动视图的思想。

　　另外还介绍了如何通过 AnimatedWidget 封装动画，让动画更容易复用。通过对路由和导航的介绍，知道了页面间的跳转、传参、回值的操作，这样你便可以丰富应用的内容。再通过路由动画和 Hero 动画为路由跳转增加光彩，到这里，你就更稳健地迈过了 Flutter 的门槛。

　　在 Day 7 中，我们将认识一下手势操作，然后进入创意时间，进行自定义组件的 DIY 之旅。通过我们自己的双手，完全可以创作出不输于 Flutter 的原生组件。

07

Day 7

手势组件与自定义组件

俗话说："不要重复造轮子。"不过笔者认为这更适合于实际生产时，在学习阶段应注重自我能力的提升，了解轮子的构造并没有坏处，知其然，才能知其所以然。并非所有的轮子都恰好满足你的需求，所以会拆轮子、改轮子，甚至造轮子，这都是非常必要的。本章将先讲述手势组件的使用，并基于此实现简单的手写板；接着使用 Flutter 原生组件拼合自定义的新组件；最后通过绘制来实现酷炫的自定义组件。相信通过本章的学习，你会对 Flutter 组件有一个更深的理解，毕竟你已经会亲手制作组件了。

7.1 手势组件与使用

手势的交互是非常常用的，比如点击、长按、滑动、拖曳等。我们可以让组件对不同手势进行响应，比如手画板就是将触点的信息记录下来，使用 Canvas 进行绘制。Flutter 中手势也被组件化，这代表你可以轻松地让任何组件响应事件。

7.1.1 InkWell 水波纹的使用

InkWell 可以实现点击时的水波纹效果，如下图所示。它将一个组件作为子组件包裹其中，并使用 onTap 等方法回调事件。这样的设计很巧妙，将事件的处理也变成 Widget 的组装，这样会非常灵活，而不像 Android 中那样需要对 view 设置监听来回调操作。

　　InkWell 中定义了很多监听事件，如当用户给出按下手势时回调 onTapDown，它有一个回调对象，可以通过该对象获取触点信息。其 globalPosition 属性是触点相对于屏幕左上角的偏移值，localPosition 是触点相对于内部区域左上角的偏移。单击时回调 onTap，双击时回调 onDoubleTap，长按时回调 onLongPress，高亮变化前后回调 onHighlightChanged。实现代码如下所示：

```
---->[day07/01/ink_well_page.dart]----
InkWell( child: Container(  alignment: Alignment.center,
    width: 120, height: 120 * 0.681, child: Text("点我") ),
  splashColor: Colors.grey, //水波纹色
  highlightColor: Colors.blue, //长按时会显示该色
  borderRadius: BorderRadius.all(Radius.elliptical(10, 10)),//圆角半径
  onTapDown: (detail)=>//按下事件
      print('全局坐标:${detail.globalPosition}--相对坐标:${detail.localPosition}'),
  onTap: () => print("onTap in InkWell"),//单击事件
  onDoubleTap: ()=>print("onDoubleTap in InkWell"),//双击事件
  onLongPress: ()=>print("onLongPress in InkWell"),//长按事件
  onHighlightChanged: (bool value)=>print("onHighlightChanged :$value"))  //高亮变化事件
---->[按一下时，控制台输出]----
I/flutter (26712): 全局坐标:Offset(220.2, 385.1)--相对坐标:Offset(74.5, 44.3)
I/flutter (26712): onHighlightChanged :true
I/flutter (26712): onHighlightChanged :false
I/flutter (26712): onTap in InkWell
```

7.1.2　GestureDetector 的使用

　　InkWell 只是用于点击操作，并没有实现对滑动手势的监听。想要处理手写板这样的移动触点监听，需要使用监控粒度更细致的 GestureDetector。它也是一个组件，其中定义了非常多的回调方法，包括七个基础事件和若干拖动事件。下表中给出了七个基础事件及相关说明：

事件名	操作	回调对象	简介
onTap	单击	无	无
onTapDown	按下	TapDownDetails	按下时的触点信息
onTapUp	抬起	TapUpDetails	抬起时的触点信息
onTapCancel	取消按下	无	无
onDoubleTap	双击	无	无
onLongPress	长按	无	无
onLongPressUp	长按抬起	无	无

```
---->[day07/02/gesture_detector_page.dart]----
class GestureDetectorTest extends StatelessWidget {

  @override
  Widget build(BuildContext context) {
    var show = GestureDetector(
        child: Container( color: Colors.cyanAccent, width: 100, height: 100,),
        onTap: () =>print("onTap in my box"),  //点击回调
```

```
        onTapDown: (detail) =>//按下回调
          print('onTapDown:全局坐标:${detail.globalPosition}'--相对坐标:${detail.localPosition}'),
        onTapUp: (detail) =>//抬起回调
            print('onTapUp: 全局坐标:${detail.globalPosition}'--相对坐标:${detail.localPosition}'),
        onTapCancel: () =>print("onTapCancel in my box"), //取消回调
        onDoubleTap: () => print("onDoubleTap in my box"),//双击回调
        onLongPress: () => print("onLongPress in my box"),//长按回调
        onLongPressUp: () => print("onLongPressUp in my box")//长按抬起回调
    );
    return Center(child: show);
  }
}
```

测试打印日志如下，onTapCancel 在上滑、长按、双击时会被触发：

```
---->[情景 1：上滑]----
I/flutter (28139): onTapDown：全局坐标：Offset(196.2, 403.8)--相对坐标：Offset(40.5, 72.1)
I/flutter (28139): onTapCancel in my box

---->[情景 2：长按]----
I/flutter (28139): onTapDown：全局坐标：Offset(208.0, 374.5)--相对坐标：Offset(52.3, 42.8)
I/flutter (28139): onTapCancel in my box
I/flutter (28139): onLongPress in my box
I/flutter (28139): onLongPressUp in my box

---->[情景 3：双击]----
I/flutter (30049): onTapDown：全局坐标：Offset(212.2, 386.7)--相对坐标：Offset(56.5, 54.9)
I/flutter (30049): onTapCancel in my box
I/flutter (30049): onDoubleTap in my box
```

相比于 InkWell，GestureDetector 的优势在于可以处理移动事件。常用的移动回调事件有以下 5 个，通过回调的对象可以获取点位信息：

事件名	简介	回调对象	简介
onPanDown	拖动按下	DragDownDetails	触点信息
onPanStart	拖动开始	DragStartDetails	触点信息
onPanUpdate	拖动更新	DragUpdateDetails	触点信息
onPanEnd	拖动结束	DragEndDetails	速度信息
onPanCancel	拖动取消	无	无

```
---->[day07/03/gesture_detector_page.dart]----
class GestureDetectorTest extends StatefulWidget {
  @override
  _GestureDetectorTestState createState() => _GestureDetectorTestState();
}

class _GestureDetectorTestState extends State<GestureDetectorTest> {
  @override
  Widget build(BuildContext context) {
    var show = GestureDetector(
        child: Container( color: Colors.cyanAccent, width: 300, height: 100,),
      onPanDown: (detail) => print("拖动按下：全局${detail.globalPosition})" "--相对:${detail.localPosition})"),
```

```
      onPanStart: (detail) => print("开始拖动：全局${detail.globalPosition})" "--相对:${detail.localPosition})"),
      onPanUpdate:(detail) => print("拖动更新：全局${detail.globalPosition})" "--相对:${detail.localPosition})"),
      onPanEnd: (detail) => print("拖动结束速度：${detail.velocity})"),
      onPanCancel: () => print("onPanCancel in my box"),
    );
    return Center(child: show);
  }
}
```

除此之外，还有 10 个粒度更细的拖曳事件，水平和竖直方向各 5 个，使用方法是一致的，当仅需要监听水平或竖直方向拖曳时可以使用它们：

事件名	简介	回调对象	信息类型
onVerticalDragDown	竖直拖动按下	DragDownDetails	触点信息
onVerticalDragStart	竖直拖动开始	DragStartDetails	触点信息
onVerticalDragUpdate	竖直拖动更新	DragUpdateDetails	触点信息
onVerticalDragEnd	竖直拖动结束	DragEndDetails	速度信息
onVerticalDragCancel	竖直拖动取消	无	无
onHorizontalDragDown	水平拖动按下	DragDownDetails	触点信息
onHorizontalDragStart	水平拖动开始	DragStartDetails	触点信息
onHorizontalDragUpdate	水平拖动更新	DragUpdateDetails	触点信息
onHorizontalDragEnd	水平拖动结束	DragEndDetails	速度信息
onHorizontalDragCancel	水平拖动取消	无	无

7.1.3　手写板的实现

实现手写板的要点是记录触点的信息。由于线是连续绘制的，所以需要一个列表_lines。线由点的列表构成，点由画笔绘制，这样以少聚多就可以实现手写板的效果。点可以用小圆来绘制，下面定义小圆信息类：

```
---->[day07/04/paper.dart]----

class Circle {
  final double radius;//大小
  final Color color;//颜色
  final Offset pos;//位置
  Circle({Color color, Offset pos,this.radius=1});
}
```

由于要动态更新界面上的信息，所以自定义一个有状态的组件 PaperWidget。在状态类中，将线集_lines 作为状态量，通过 PaperPainter 绘制线集。在 GestureDetector 组件中对触点进行监控，来不断改变状态量。

按下时新添加一条线，并记录上一点的位置；移动中，将点添加到点集中并刷新，为了避免绘制太多线，根据新旧两个点的距离大小控制触点是否加入列表；抬起后，将旧线复制到线集中，这样就能保证旧线不被清空。最后将线集传给 PaperPainter，让 Canvas 去绘制即可：

```dart
class PaperWidget extends StatefulWidget{
  @override
  State<StatefulWidget> createState() =>
    _PaperWidgetState();
}

class _PaperWidgetState extends State<PaperWidget> {
  var _positions=<Circle>[];//点集
  var _lines=<List<Circle>>[];//线集
  Offset _oldPos;//记录上一点

  @override
  Widget build(BuildContext context) {
    var body = Container(//容器默认全屏
      width: MediaQuery.of(context).size.width,
      height: MediaQuery.of(context).size.height,
      child: CustomPaint(
        painter:PaperPainter(lines: _lines)),
    );
    return GestureDetector(//手势监听器
      child: body,
      onPanDown: _panDown,//按下处理
      onPanUpdate: _panUpdate,//移动处理
      onPanEnd: _panEnd,//结束处理
      onDoubleTap: (){//双击清空
        _lines.clear();
        _render();
      },
    );
  }
//渲染方法，将重新渲染组件
  void _render(){
    setState(() {});
  }
}
```

```dart
// 按下时表示新添加一条线，并记录上一点的位置
void _panDown(DragDownDetails details) {
  _lines.add(_positions);
  var x = details.localPosition.dx;
  var y = details.localPosition.dy;
  _oldPos= Offset(x, y);
}

// 抬起后，将旧线复制到线集中
void _panEnd(DragEndDetails details) {
  var oldBall = <Circle>[];
  for (int i = 0; i < _positions.length; i++) {
    oldBall.add(_positions[i]);
  }
  _lines.add(oldBall);
  _positions.clear();
}

//移动中，将点添加到点集中
void _panUpdate(DragUpdateDetails details) {
  var x = details.localPosition.dx;
  var y = details.localPosition.dy;
  var curPos = Offset(x, y);
  if ((curPos-_oldPos).distance>3) {
    //距离小于 3 时不处理，避免渲染过多
    var circle = Circle(color:Colors.blue,
                        pos:curPos,radius:6);
    _positions.add(circle);
    _oldPos=curPos;
    _render(); }}
}
```

现在，所有的触点都保存在 _lines 中，自定义画板，在 paint 方法里通过 Canvas 对象绘制线段，将数据展现出来即可：

```dart
class PaperPainter extends CustomPainter{

  PaperPainter({@required this.lines,}) {
    _paint = Paint()..style=PaintingStyle.stroke
      ..strokeCap = StrokeCap.round;
  }

  Paint _paint;//画笔
  final List<List<Circle>> lines;//记录线的所有点位

  @override
  void paint(Canvas canvas, Size size) {
    for (int i = 0; i < lines.length; i++) {
```

```dart
  @override
  bool shouldRepaint(CustomPainter oldDelegate) {
    return true;
  }

  //根据点位绘制线
  void drawLine(Canvas canvas,List<Circle> positions) {
    for (int i = 0; i < positions.length - 1; i++) {
      if (positions[i] != null && positions[i + 1] != null)
        canvas.drawLine(positions[i].pos,
positions[i + 1].pos,
_paint..strokeWidth=positions[i].radius);
    }
```

```
        drawLine(canvas,lines[i]);//绘制线                 }
    }                                                    }
}
```

不过这样看上去有点平淡无奇，可以再添加一点笔触效果。我们根据前后两点的距离对线宽进行动态控制，于是完成下面的效果，虽然并不太流畅，但有了一点笔触效果，有待完善。关于手势组件的基础用法就介绍到这里。

```
---->[day07/05/paper.dart]----
//移动中，将点添加到点集中
void _panUpdate(DragUpdateDetails details) {//略同...
    if ((curPos-_oldPos).distance>3) {//距离小于 3 时不处理，避免渲染过多
        var len = (curPos-_oldPos).distance;
        var width =150* pow(len+6.5,-1.2);//TODO 处理不够顺滑，待处理
        var circle = Circle(color:Colors.blue, pos:curPos,radius:width);
//略同...
```

7.2　根据现有组件实现自定义组件

知道如何处理事件，我们就可以尽情定义自己的组件了。下面我们来看一看如何根据 Flutter 内置的组件拼合出更有价值的自定义组件。

7.2.1　切换 Widget 组件

现在有一组 Widget，点击时缩小并展示下一个 Widget。比如音乐播放器中的几种形式的图标，页面中只显示一个，点击之后可以进行轮循切换。

这就是 ToggleWidget——在点击时可以不断切换其中的组件，并且还有带透明度的缩放动画，可以指定动画时长，在点击时回调出当前组件的索引，并支持用户自定义动画。使用的代码如下：

```
var icons = [Icons.skip_next, Icons.stop, Icons.skip_previous, Icons.youtube_searched_for];
var show = ToggleWidget(durationMs: 150,//动画时长
    children: icons.map((e) => Icon(e, size: 100, color: Colors.deepOrangeAccent)).toList(),
    onToggleCallback: (index) => print(index), //切换时回调
);
```

实现上述功能的核心组件是名不见经传的 IndexStack，它可以根据索引位进行逻辑判断、回调监听，可以对动画进行处理、暴露自定义动画接口，"麻雀虽小，五脏俱全"，用来做自定义组件的示例再好不过。在路由跳转时可以自定义动画，这里活学活用，参考路由源码中的实现形式，暴露出 transitionsBuilder，以便用户自定义动画：

```
---->[day07/06/toggle_widget.dart]----
class ToggleWidget extends StatefulWidget {
  final List<Widget> children; //子组件列表
  final OnToggleCallback onToggleCallback; //回调监听
  final int durationMs; //动画时间
  final TransitionsBuilder transitionsBuilder; //动画构造器
  ToggleWidget({Key key,@required this.children, @required this.onToggleCallback,
    this.transitionsBuilder= _defaultTransitionsBuilder,
    this.durationMs = 150}) : super(key: key);
  @override
  _ToggleWidgetState createState() => _ToggleWidgetState();
}
typedef OnToggleCallback = void Function(int index);//点击切换监听
//动画构造器
typedef TransitionsBuilder = Widget Function(BuildContext context,
                            Animation<double> animation,    Widget child);
```

```
///默认动画构造器，缩放+透明度动画
Widget _defaultTransitionsBuilder(BuildContext context, Animation<double> animation, Widget child) {
  var tween= TweenSequence<double>([
    TweenSequenceItem<double>(tween: Tween(begin: 1.0, end: 0.5),weight: 1),
    TweenSequenceItem<double>(tween: Tween(begin: 0.5, end: 1.0),weight: 2)]);
  return FadeTransition(
    opacity: tween.animate(CurvedAnimation(parent: animation, curve:Curves.linear)),
  child: ScaleTransition(
    scale: tween.animate(CurvedAnimation(parent: animation, curve: Curves.linear)),
    child: child));
}
```

在状态类中创建动画控制器，点击时先重置动画器，再执行。每次执行完毕，让当前显示组件的位置自加，并触发回调方法，暴露给外界使用。build 函数中使用 transitionsBuilder 来让 IndexedStack 执行动画：

```
class _ToggleWidgetState extends State<ToggleWidget> with SingleTickerProviderStateMixin {
  int _position = 0; //当前位置
  int childCount = 0; //孩子的数量
  AnimationController _controller; //动画控制器
  @override
  void initState() {
    childCount = widget.children.length;
    _controller = //创建 AnimationController 对象
      AnimationController(
          duration: Duration(milliseconds: widget.durationMs), vsync: this)
        ..addStatusListener((s) {
          if (s == AnimationStatus.completed) {//动画结束，进入下一个
            _position++;
            _position %= childCount; //这里实现循环点击
            if (widget.onToggleCallback != null) {
              widget.onToggleCallback(_position);
            }
            setState(() {});
          }
        });
    super.initState();
  }
  @override
  void dispose() {
```

```
      _controller.dispose();
      super.dispose();
  }
  @override
  Widget build(BuildContext context) {
      var child = IndexedStack(//使用 IndexStack 实现叠合单显
          alignment: Alignment.center,
          index: _position,
          children: widget.children,
      );
      return GestureDetector(
          onTap: _toggle, //检测点击手势
          child: widget.transitionsBuilder(context,_controller,child));
  }
  void _toggle() {
      _controller.reset();
      _controller.forward();
  }
}
```

如果使用时想要改变动画的形式，只需要构建 TransitionsBuilder 即可。如下所示是缩放、旋转和透明度动画的实现代码：

```
Widget rotateTransitionsBuilder(BuildContext context, Animation<double> animation, Widget child) {
  var tween= TweenSequence<double>([
      TweenSequenceItem<double>(tween: Tween(begin: 1.0, end: 0.5),weight: 1),
      TweenSequenceItem<double>(tween: Tween(begin: 0.5, end: 1.0),weight: 2)]);

  return ScaleTransition(
      scale: tween.animate(CurvedAnimation(parent: animation, curve:Curves.linear,)),
      child: FadeTransition(
          opacity: tween.animate(CurvedAnimation(parent: animation, curve: Curves.linear)),
          child: RotationTransition(turns: Tween(begin: 1.0, end: 0.0)
              .animate(CurvedAnimation(parent: animation, curve: Curves.linear)),child: child,),
      ),
  );
}
```

7.2.2　颜色选择圆钮组件 ColorChooser

有时我们需要切换颜色，需要一排颜色选钮，本组件所要具备的功能如下：1）传入一个颜色数组，显示出圆形颜色块；2）可指定轴向水平或竖直，排满后自动换行；3）点击一个颜色时，周围有可自定义颜色的外圈；4）只能有一个被选中，即点击一个，其他的变成未选中；5）可定义小圆半径、条目横纵间距；6）每次点击可以触发回调；7）点击时有缩放加透明度效果；8）可指定默认激活的索引。

使用的代码如下：

```
ColorChooser(//使用
  direction: Axis.horizontal,//水平排放
  radius: 20,//半径
  shadowColor: Colors.red,//阴影颜色
  runSpacing: 10,//非主轴向条目间距
  spacing: 10,//主轴向条目间距
  colors: List<Color>.generate(10,(e)=>ColorUtils.randomColor()),//颜色数组
  onChecked: (c)=>print(c.toString()),//点击回调
);
```

该组件的核心在于如何实现只选一个的效果。首先分析一下：每个条目承载的要点较多，可以单独抽离一个条目组件 ShapeColor 以便复用。

其实可变状态和不变状态的关系非常微妙，这里可以让该组件在被点击时主动更改自身状态，不用麻烦使用方，这时需要定义成 Stateful 组件；也可以只是拥有这些状态值，并不主动改变，将它的状态决定权交给使用方，这时可以定义成 Stateless 组件。两者最核心的区别在于，是否希望主动更改自身状态。这里选择时只关心 ShapeColor 的表现，可以选用 Stateless Widget：

```
---->[day07/07/color_chooser.dart]----
class ShapeColor extends StatelessWidget {
  ShapeColor({Key key, this.radius = 20, this.checked = true,
      this.color = Colors.red,this.shadowColor= Colors.red}): super(key: key);
  final double radius; //半径
  final bool checked; //标记是否被选中
  final Color color; //颜色
  final Color shadowColor; //颜色
  @override
  Widget build(BuildContext context) =>
      Container(width: radius, height: radius,
        decoration: BoxDecoration(color: color, shape: BoxShape.circle,
          boxShadow: [if (checked)
            BoxShadow(color: shadowColor,offset: Offset(0.0, 0.0), spreadRadius:radius/10)],
      ));
}
```

```
class ColorChooser extends StatefulWidget {
  ColorChooser(
      {Key key,
      this.radius = 20,
      this.initialIndex = 0,
      this.runSpacing = 10,
      this.spacing = 10,
      this.direction = Axis.horizontal,
      this.shadowColor = Colors.red,
      @required this.colors,
      @required this.onChecked})
      : super(key: key);
      final double radius; //半径
      final List<Color> colors; //颜色
      final CheckCallback onChecked; //点击回调
      final int initialIndex; //初始索引
      final Color shadowColor; //颜色
      final double spacing;
      final double runSpacing;
      final Axis direction;
      @override
      _ColorChooserState createState() =>
      _ColorChooserState();
}
```

接下来的要点在于确定激活位置及构建组件，_perPosition 用于记录激活态的组件索引，在初始化状态时将其设为 initialIndex，并根据激活与否创建两种样式的 Widget。激活位的

动画构造器同上，使用透明和缩放效果。通过 Wrap 实现包裹效果，direction、spacing、runSpacing 直接使用 Wrap 组件的属性：

```
class _ColorChooserState extends State<ColorChooser> with SingleTickerProviderStateMixin {
  int _perPosition = 0; //点击的位置
  AnimationController _controller; //控制器

  @override
  void initState() {
    _perPosition = widget.initialIndex; //初始位
    _controller = AnimationController(vsync: this, duration: Duration(milliseconds: 200));
    super.initState();
  }
  @override
  void dispose() {
    _controller.dispose(); //释放控制器
    super.dispose();
  }
  //通过 Wrap 实现包裹效果，direction、spacing、runSpacing 直接使用 Wrap 特性
  @override
  Widget build(BuildContext context) => Wrap(
      direction: widget.direction,
      spacing: widget.spacing,
      runSpacing: widget.runSpacing,
      children: widget.colors //使用颜色数组映射出需要的组件列表
          .map((color) => GestureDetector(
              onTap: () => _onTapItem(color),
              child: widget.colors.indexOf(color) == _perPosition //是否是当前索引位
                  ? _buildActiveWidget(context, color) //是当前索引位，构建激活条目
                  : ShapeColor(color: color, radius: widget.radius,
                      checked: false, shadowColor: widget.shadowColor),
          )).toList());
  //构建激活条目
  Widget _buildActiveWidget(BuildContext context, Color color) =>
      _transitionsBuilder(context, _controller,
          ShapeColor( shadowColor: widget.shadowColor,
              color: color,
              radius: widget.radius,
              checked: true));
  //点击时的处理方法
  void _onTapItem(Color color) {
    _controller.reset();
    _controller.forward();
    if (widget.onChecked != null) widget.onChecked(color); //回调
    setState(() { //刷新
      _perPosition = widget.colors.indexOf(color); //更新点位
    });
  }
}
//动画构造器，缩放+透明度动画
Widget _transitionsBuilder(
    BuildContext context, Animation<double> animation, Widget child) {
  var tween = TweenSequence<double>([
    TweenSequenceItem<double>(tween: Tween(begin: 1.0, end: 0.7), weight: 1),
    TweenSequenceItem<double>(tween: Tween(begin: 0.7, end: 1.0), weight: 2) ]);
  return FadeTransition(
```

```
  opacity: tween.animate(CurvedAnimation(parent: animation, curve: Curves.linear, )),
  child: ScaleTransition(scale: tween.animate(CurvedAnimation(parent: animation, curve: Curves.linear)
  ),
     child: child,
  ),
);
}
```

7.2.3　函数运动组件 MathRunner

　　如果想让某个组件按照给定的数学函数运动或排布，可以使用 MathRunner 组件。

　　这个组件可以化腐朽为神奇，有没有使用场景暂且不说，就其本身而言还是非常有意思的，值得思考、拓展。该组件通过 Align 实现，可以说是非常简单和不起眼的组件。简单来看，Align 就是将一个组件放置在父组件的九个方位实现对齐，但实际上，Align 还有更多用法。

　　对齐方式是通过 Alignment 对象来进行设置的，它是一个类，有九个值的枚举，接受两个属性，分别是宽、高的占比。将父容器看作一个坐标系，如下图所示，Alignment(0,0) 相当于将子组件放在中心，Alignment(1, −1)相当于将子组件放在右上角，这样通过参数方程动态改变横纵坐标，就可以达到 Flutter 和数学曲线的结合，使用时指定曲线的参数方程即可。

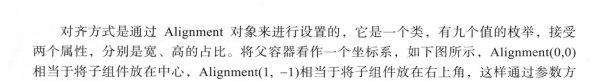

```
---->[day07/08/math runner.dart]----
typedef FunNum1 = Function(double t);
class MathRunner extends StatefulWidget {
  MathRunner({Key key, this.child, this.x, this.y, this.reverse = true}) : super(key: key);
  final Widget child;//组件
  final FunNum1 x;//x 参数方程
  final FunNum1 y;//y 参数方程
  final bool reverse;//是否翻转运动
  @override
  _MathRunnerState createState() => _MathRunnerState();
}
```

```
class _MathRunnerState extends State<MathRunner>              @override
    with SingleTickerProviderStateMixin {                    void dispose() {
  AnimationController _controller; //控制器                      _controller.dispose(); //缩放动画器
```

```
Animation animationX; //x 方向动画器                    super.dispose();
double _x = -1.0; //x 坐标                          }
double _y = 0; //y 坐标
@override                                           @override
void initState() {                                 Widget build(BuildContext context) =>
  _controller = AnimationController(vsync: this,        GestureDetector(
      duration: Duration(seconds: 3));                 onTap: () => _controller.repeat(
  animationX = Tween(begin: -1.0, end: 1.0)                reverse: widget.reverse
      .animate(_controller)                            ), //运行
    ..addListener(()=>                                 child: Container(
      setState(() { //使用动画器改变坐标                      child: Align(
        _x = widget.x(animationX.value);                   alignment: Alignment(_x, _y),
        _y = widget.y(animationX.value);                   child: widget.child,
      }));                                               ),
  super.initState();                                   ),
}                                                    );
---->[使用]----
Container(width: 250, height: 150,
    color: Colors.grey.withAlpha(11),
    child: MathRunner(
        x: (t) => t,
        y: (t) => sin(t * pi),
```

7.3　绘制自定义组件

　　本节将深入介绍绘画技巧。下面的几个组件图是入门 Canvas 绘制的很好的样例，你将会了解在 Flutter 中如何绘制文字和图片、如何分层绘制，如何使用旋转和循环样式绘制密集元素，如何在绘图中运用数学知识进行动态计算。这对于爱动手的你来说会特别有趣。

7.3.1　能力分析组件 AbilityWidget

　　该组件所要实现的功能如下：

　　1）给定若干组映射数据，以蛛网图的效果展现；2）可自定义背景图；3）可自定义内部分割线的数量；4）在入场时执行旋转和缩放动画，内外圈反方向旋转。

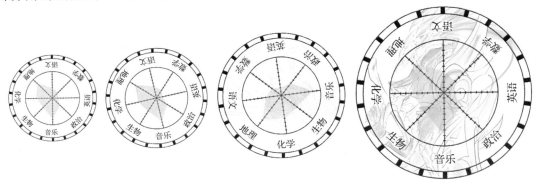

```
---->[day07/09/main.dart--使用]----
AbilityWidget(
        data: {//数据
            "语文": 40.0, "数学": 30.0, "英语": 20.0, "政治": 40.0,
            "音乐": 80.0, "生物": 50.0, "化学": 60.0, "地理": 80.0,},
        config: AbilityConfig(
            duration: 1500,//动画时长
            div:10,//内部分割线数
            image: AssetImage("assets/images/canvas.jpg"),//背景图
            radius: 150, color: Colors.black,));
```

由于需要内外圈反向旋转，这里将外圈和内圈视为两个组件，再加上中间的图片，一共三个部分，通过 Stack 中心对齐叠放。下面将配置信息分离成一个类，并定义 AbilityWidget 组件：

```
---->[day07/09/ability_widget.dart]----
class AbilityConfig {
    final double radius; //圆的半径
    final int duration; //动画持续时长
    final ImageProvider image; //图片
    final Color color; //颜色
    final int div; //分段数
    const AbilityConfig(
        {this.radius = 100,
        this.duration = 2000,
        this.div = 10,
        this.image,
        this.color = Colors.black});
}
```

```
class AbilityWidget extends StatefulWidget {
    AbilityWidget(
        {Key key,
            @required this.data,
            this.config = const AbilityConfig()})
        : super(key: key);

    final AbilityConfig config;//配置
    final Map<String, double> data; //数据

    @override
    _AbilityWidgetState createState() =>
                _AbilityWidgetState();
}
```

提示：由于 AbilityWidget 中 config 属性是 final 修饰的，想要使用默认配置 AbilityConfig，必须用 const 关键字修饰，但使用 const 关键字修饰 AbilityConfig 的前提是 AbilityConfig 的构造函数是 const 修饰的，但 const 修饰构造函数的前提是类中所有字段都是 final 修饰的，所以将配置信息类属性设为 final 是非常常见的。

外圈的绘制相对简单，先看一下，这里 canvas.save() 和 canvas.restore() 分别表示保存状态和恢复状态。执行 canvas.save() 之后，对画布的旋转、缩放等操作不会影响到前后的内容。如下左图所示，如果在未保存状态，外圈的黑块每次旋转都会影响到其他内容；右图中，在旋转前保存状态，操作之后恢复状态，就不会影响其他内容：

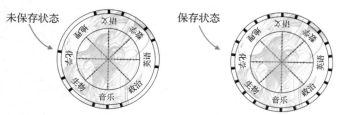

```
class OutlinePainter extends CustomPainter {
    double _radius; //外圆半径
    Color _color; //外圆颜色
    Paint _linePaint; //线画笔
    Paint _fillPaint; //填充画笔
```

```
OutlinePainter(this._radius, this._color) {
  _linePaint = Paint()
    ..color = _color
    ..style = PaintingStyle.stroke //线画笔
    ..strokeWidth = 0.008 * _radius
    ..isAntiAlias = true;
  _fillPaint = Paint()
    ..strokeWidth = 0.05 * _radius //填充画笔
    ..color = _color
    ..isAntiAlias = true;
}
@override
void paint(Canvas canvas, Size size) => drawOutCircle(canvas);
@override
bool shouldRepaint(CustomPainter oldDelegate) => true;
//绘制外圈
void drawOutCircle(Canvas canvas) {
  canvas.drawCircle(Offset(0, 0), _radius, _linePaint); //圆形的绘制
  double r2 = _radius - 0.08 * _radius; //下圆半径
  canvas.drawCircle(Offset(0, 0), r2, _linePaint);
  for (var i = 0.0; i < 22; i++) { //循环画出小黑条
    canvas.save(); //保存状态
    canvas.rotate(360 / 22 * i / 180 * pi); //旋转，注意传入的是弧度（与Android中不同）
    canvas.drawLine(Offset(0, -_radius), Offset(0, -r2), _fillPaint); //线的绘制
    canvas.restore(); //恢复状态
  }
}
```

下面看 AbilityPainter。默认画布是整个页面，可以使用画布的 clipRect 方法裁切区域。绘制时将坐标系原点设在中心比较方便，可以用 translate 将画布原点移到中心。对变量的初始化如下：

```
class AbilityPainter extends CustomPainter {
  Map<String, double> _data;//数据
  double _r;//外圆半径
  int _div;//分割数
  Paint _linePaint= Paint(); //线画笔
  Paint _abilityPaint= Paint(); //区域画笔
  Paint _fillPaint= Paint(); //填充画笔
  Path _linePath= Path(); //短直线路径
  Path _abilityPath= Path(); //范围路径

  AbilityPainter(this._r, this._div,this._data) {
    _linePaint..color = Colors.black
      ..style = PaintingStyle.stroke
      ..strokeWidth = 0.008 * _r
      ..isAntiAlias = true;
    _fillPaint..strokeWidth = 0.05 * _r
      ..color = Colors.black
      ..isAntiAlias = true;
    _abilityPaint..color = Color(0x8897C5FE)
      ..isAntiAlias = true;}

  void paint(Canvas canvas, Size size) {
    canvas.clipRect(Offset.zero & size); //剪切画布
    canvas.translate(_r, _r); //移动坐标系
    drawInnerCircle(canvas);
    drawInfoText(canvas);
    drawAbility(canvas, _data.values.toList());}
```

绘制过程主要分为三个步骤：绘制内圆、绘制文字和绘制区域。

先来看内圆的绘制：通过数据的条数来决定绘制线的条数，在一个 for 循环中进行线路径的收录及绘制，每次绘制线的同时在其上绘制若干格点。这看起来比较复杂，但实际上用一个方法就能实现。另外，为了不让线条在放大、缩小时出现违和感，这里的尺寸数据

都以半径为参照，当半径变化时，所有元素的尺寸都会等比例变化。

绘制文字时使用 TextPainter，注意必须先调用 layout 才能调用 paint。绘制区域则是一道数学题，核心是根据份数来获得长度，再由角度确定横纵轴分量，让路径移动。最后在 paint 函数中绘制三个部分即可。

| 绘制内圆 | 绘制文字 | 绘制区域 |

```
//绘制内圆
drawInnerCircle(Canvas canvas) {
  double innerRadius = 0.618 * _r; //内圆半径
  canvas.drawCircle(Offset(0, 0), innerRadius, _linePaint);
  for (var i = 0; i < _data.length; i++) {//遍历线条
    var rotateDeg = 2 * pi / _data.length * i.toDouble(); //每次旋转的角度
    canvas.save();
    canvas.rotate(rotateDeg);
    _linePath.moveTo(0, -innerRadius);
    _linePath.relativeLineTo(0, innerRadius); //线的路径
    for (int j = 1; j < _div; j++) {//加[_div]条小线分割线
      _linePath.moveTo(-_r * 0.015, -innerRadius / _div * j);
      _linePath.relativeLineTo(_r * 0.015 * 2, 0);
    }
    canvas.drawPath(_linePath, _linePaint); //绘制线
    canvas.restore();
  }
}
```

```
//绘制文字
void drawInfoText(Canvas canvas) {
  double r2 = _r - 0.08 * _r; //下圆半径
  for (int i = 0; i < _data.length; i++) {
    canvas.save();
    canvas.rotate(360 / _data.length * i / 180 * pi + pi);
    var text = _data.keys.toList()[i];
    var fontSize= _r * 0.1;
    TextPainter(text: TextSpan(text: text,//使用 TextPainter 绘制文字
            style: TextStyle(  fontWeight: FontWeight.bold,
                fontSize:fontSize, color: Colors.black)),
        textAlign: TextAlign.left,
        textDirection: TextDirection.ltr)
      ..layout(maxWidth: 100)//必须执行 layout，可指定最大宽度
      ..paint(canvas, Offset(-fontSize, r2 - 0.22 * _r));
    canvas.restore();
  }
}
```

```
//绘制区域
drawAbility(Canvas canvas, List<double> value) {
  _abilityPath.moveTo(0, -_r * 0.618 * value[0] / 100); //起点
  for (int i = 1; i < _data.length; i++) {
```

```
    double mark = _r * 0.618 * value[i] / 100; //一共有多长
    var deg = 2 * pi / _data.length * i - pi/2;
    _abilityPath.lineTo(mark * cos(deg), mark * sin(deg));
  }
  _abilityPath.close();
  canvas.drawPath(_abilityPath, _abilityPaint);
}
```

7.3.2　图片放大组件 BiggerView

前面说了文字绘制、图片绘制对于新手玩家并不友好，所以这里专门自定义一个图片放大器来让你了解图片的绘制。使用的时候指定 ImageProvider、放大比例以及区域是否为圆形。

该组件有两种放大模式，第一种模式是在圆形区域中的触点处放大。如下图，距触点上面一定距离处，会有圆形区域显示放大后的效果，当贴近圆形区域上部时会和触点重合，放手则还原：

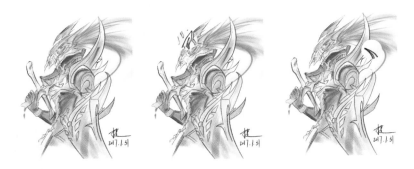

第二种模式是全图区域放大，触点部位会被放大，填充整个区域，放手则还原：

```
BiggerView(
    image: AssetImage("assets/images/sabar.jpg"),//图片
    config: BiggerConfig(
        rate: 3, //放大比例
        isClip: true//是否为圆形
    ),
)
```

定义配置类和组件类，必须在组件中传入一个图片提供器：

```
---->[day07/10/bigger_view.dart]----
class BiggerConfig {
  final double rate;//放大比
    final double radius;//半径
  final Color outlineColor;//圆形区域外框色
  final bool isClip;//是否圆形区域
  const BiggerConfig(
          {this.rate = 3,
          this.isClip = true,
          this.radius = 30,
          this.outlineColor = Colors.white});
}
```

```
class BiggerView extends StatefulWidget {
  BiggerView(
      {Key key,
        this.config = const BiggerConfig(),
        @required this.image})
      : super(key: key);
  final BiggerConfig config;
  final ImageProvider image; //图片提供器
  @override
  _BiggerViewState createState() =>
      _BiggerViewState();
```

绘制图片时需要注意，Canvas 中绘制的图片对象是 ui 包里的 Image，而不是组件 Image。所以如何从图片提供器中获取 ui.Image 非常重要。封装方法如下，主要通过在 ImageProvider 加载图片流时监听获取 ui.Image 对象：

```
//异步加载图片成为 ui.Image
Future<ui.Image> loadImage(ImageProvider provider) {
  Completer<ui.Image> completer = Completer<ui.Image>();
  ImageStreamListener listener;
  ImageStream stream = provider.resolve(ImageConfiguration());
  listener = ImageStreamListener((info, syno) {
    final ui.Image image = info.image;//监听图片流，获取图片
    completer.complete(image);
    stream.removeListener(listener);
    });
  stream.addListener(listener);
  return completer.future;
}
```

在 initState 中使用异步方法 loadImage 加载图片，加载完成后刷新界面。对触点区域进行判断来更新大图的位置信息，当手指抬起时，将 canDraw 标识设置为 false 就不会绘制大图。剩下的就是在 BiggerPainter 中绘制放大的图片：

```
class _BiggerViewState extends State<BiggerView> {
  var posX = 0.0; //触点点位 X
  var posY = 0.0; //触点点位 Y
  bool canDraw = false; //是否绘制放大图
  var width = 0.0; //容器的宽度
  var height = 0.0; //容器的高度
  ui.Image _image;//图片

  @override
  void initState() {
    super.initState();
    //加载 ui.Image 完成后刷新界面
    loadImage(widget.image)
            .then((img)=> setState(() => _image=img));
  }
  @override
  Widget build(BuildContext context) => GestureDetector(
          onPanDown: (detail) { //点击回调，更新点位，可以画大图
            posX = detail.localPosition.dx;
            posY = detail.localPosition.dy;
```

```
        setState(() => canDraw = true);
      },

      onPanUpdate: (detail) { //手指移动，更新点位，并判断所在区域是否在图中，不在则不更新
        posX = detail.localPosition.dx;
        posY = detail.localPosition.dy;
        if (judgeRectArea(posX, posY, width + 2, height + 2)) {
          setState(() {});
        }
      },
      onPanEnd: (detail) => setState(() => canDraw = false), //抬起手，不绘制放大图
      child: _image!=null?_buildImage(_image):Center(child: CircularProgressIndicator()) ,
  );
  //判断落点是否在矩形区域内
  bool judgeRectArea(double dstX, double dstY, double w, double h) =>
    (dstX - w / 2).abs() < w / 2 && (dstY - h / 2).abs() < h / 2;

Widget _buildImage(ui.Image image) {
  width = image.width / widget.config.rate;
  height = image.height / widget.config.rate;
  return Container(
    width: width,
    height: height,
    child: CustomPaint( //使用 CustomPaint 承载 BiggerPainter
        painter: BiggerPainter(image, posX, posY, canDraw, widget.config)));
}
```

通过 BiggerPainter 进行绘制，是本组件的精华之处。首先要解决的是图片的缩放问题。Canvas 中有一个 drawImageRect 方法，可以传入一个矩形区域，这样就可以将 src 源中的图片填充到 dst 目标矩形中，将图片缩小，比例为 rate，并显示出来。如下所示，只显示红色区域，当点击时绘制裁剪的大图，并将大图目标点移至触点：

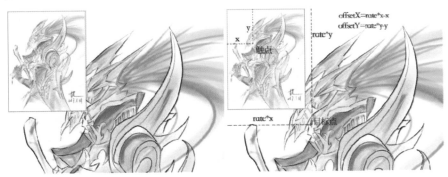

```
class BiggerPainter extends CustomPainter {

  final ui.Image _img; //图片
  Paint _paint= Paint(); //主画笔
  Path circlePath = Path(); //圆路径
  double _x; //触点 x
  double _y; //触点 y
  double _radius; //圆形放大区域
  BiggerConfig _config; //放大倍率
  bool _canDraw; //是否绘制放大图
```

```
BiggerPainter(this._img, this._x, this._y, this._canDraw, this._config) {
  _paint..color = Colors.white
    ..style = PaintingStyle.stroke
    ..strokeWidth = 1;
  _radius = _config.radius;
}

@override
void paint(Canvas canvas, Size size) {
  Rect rect = Offset.zero & size;
  canvas.clipRect(rect); //裁剪区域
  if (_img != null) {
    Rect src = Rect.fromLTRB(0, 0, _img.width.toDouble(), _img.height.toDouble());
    canvas.drawImageRect(_img, src, rect, _paint);//绘制原图像
    if (_canDraw) {
      //当圆形区域超出顶部时进行校正
      var offSetY= _y > 3 * _radius ?  - 2 * _radius :  2 * _radius;
      print(_y);
      circlePath.addOval(
          Rect.fromCircle(center: Offset(_x, _y + offSetY), radius: _radius));
      if (_config.isClip) {//根据是否需要圆形裁剪进行绘制
        canvas.clipPath(circlePath);
        canvas.drawImage(_img,
            Offset(-_x * (_config.rate - 1), -_y * (_config.rate - 1)+ offSetY), _paint);
        canvas.drawPath(circlePath, _paint);
      } else {
        canvas.drawImage(_img,
            Offset(-_x * (_config.rate - 1), -_y * (_config.rate - 1)), _paint);
      }
    }
  }
}

@override
bool shouldRepaint(CustomPainter oldDelegate) => true;
}
```

7.3.3   波纹线 RhythmView

RhythmView 这个组件可以让你领略绘制的魅力，比如可以在录音时监听音量大小，让线条跃动，这也算是代码和数学的一次亲密接触吧。本例将涉及绘制渐变色和生成函数曲线的路径、动画操作。

```
---->[day07/11/main.dart--使用]----
var show = RhythmView(
  config: RhythmConfig(maxA: _maxA),
  onChange: () => setState(()=>_maxA = 60 * Random().nextDouble() + 30));
```

在状态类中使用动画器改变振动方程中的初相和振幅大小。Container 使用传入的配置宽高，其中核心的绘制方法在 RhythmPainter 中：

```
class RhythmConfig {
  final double width;//宽
  final double height;//高
  final int duration;//动画时长
  final double lineWidth;//线粗
  final double maxA;//最大振幅
  const RhythmConfig(
      {this.width = 400,
      this.height = 200,
      this.duration = 1000,
      this.lineWidth = 3,
      this.maxA = 200});}
```

```
---->[day07/11/rhythm_view.dart]----
class RhythmView extends StatefulWidget {
  RhythmView({Key key,
    this.onChange,
    this.config=const RhythmConfig()
}) : super(key: key);

  final RhythmConfig config;
  final VoidCallback onChange;

  @override
  _RhythmViewState createState() =>
      _RhythmViewState();
}
```

```
class _RhythmViewState extends State<RhythmView> with SingleTickerProviderStateMixin {
  AnimationController _controller; //动画控制器
  Animation<double> animation; //动画
  double fie = 0; //初相
  double A = 0; //振幅
  @override
  void initState() {
    _controller = AnimationController(//创建 Animation 对象
        duration: Duration(milliseconds: widget.config.duration), vsync: this);
    animation = Tween(begin: 0.0, end: rad(360)).animate(controller)
      ..addListener(()=> setState(() {
        fie = animation.value;
        A = widget.config.maxA * (1 - animation.value / (2 * pi));}));
    super.initState();
  }
  @override
  Widget build(BuildContext context) {
    return GestureDetector(
      child: Container(width: widget.config.width,height: widget.config.height,
        child: CustomPaint( painter: RhythmPainter(fie, A, widget.config) )),
      onTap: () {
        _controller.reset();// 重置动画器
        _controller.forward(); //执行动画器
        widget??widget.onChange();
      },
    );
  }
  @override
  void dispose() {
    _controller.dispose();
    super.dispose();
  }
}
```

RhythmPainter 中有三个要点：1）根据函数图像如何生成路径；2）如何设计衰减函数；3）如何生成渐变画笔。

根据 x 值的逐渐增加，获取函数图像的映射值 y，再将路径不断移动即可，x 每次增加得越小，曲线越精细，相应的消耗也就越多，反之就会出现折线。所以寻求平衡很重要，

这里的 x 增量取线宽的两倍，曲线可以比较光滑。注意，画笔的渐变线必须用 ui 包下的
Gradient 来进行生成，所以导入 import 'dart:ui' as ui;。使用水平渐变 linner，用七种颜色和
七个分隔点实现彩虹色渐变。

```dart
class RhythmPainter extends CustomPainter {
  double min; //最小 x
  double max; //最大 x
  double fie; //初相
  double A; //振幅
  double omg; //角频率
  Paint mPaint; //主画笔
  Path mPath; //主路径
  Path mReflexPath; //镜像路径
  RhythmConfig config; //镜像路径
  RhythmPainter(this.fie, this.A, this.config) {
    var colors = [
      Color(0xFFF60C0C),
      Color(0xFFF3B913),
      Color(0xFFE7F716),
      Color(0xFF3DF30B),
      Color(0xFF0DF6EF),
      Color(0xFF0829FB),
      Color(0xFFB709F4),
    ];

    var pos = [1.0  / 7, 2.0  / 7, 3.0  / 7,
               4.0  / 7, 5.0  / 7, 6.0  / 7, 1.0];

    //渐变着色器
    var shader = ui.Gradient.linear(
        Offset(-config.width / 2, 0),
        Offset(config.width / 2, 0),
        colors,   pos, TileMode.repeated);

    //初始化主画笔
    mPaint = Paint()
      ..isAntiAlias = true
      ..color = Colors.blue
      ..style = PaintingStyle.stroke
      ..strokeWidth = config.lineWidth;
    mPaint.shader = shader; //设置填色器
    mPath = Path(); //初始化主路径
    mReflexPath = Path();
    max = config.width / 2;
    min = -config.width / 2;
    formPath(); //形成路径
  }

  @override
  void paint(Canvas canvas, Size size) {
    Rect rect = Offset.zero & size;
    canvas.clipRect(rect); //裁剪区域
    canvas.translate(rect.width / 2,
                     rect.height / 2);
    canvas.drawPath(mPath, mPaint);
    canvas.drawPath(mReflexPath, mPaint);
  }

  //根据衰减函数进行路径的生成
  void formPath() {
    mPath.moveTo(min, f(min));
    mReflexPath.moveTo(min, f(min));
    for (double x = min; x <= max;
                    x += config.lineWidth * 2) {
      double y = f(x);
      mPath.lineTo(x, y);
      mReflexPath.lineTo(x, -y); //x 轴对称路径
    }
  }

  double f(double x) {//衰减函数
    double len = max - min;
    double a = 4 / (4 + pow(rad(x / pi * 800 / len), 4));

    double buff = pow(a, 2.5);//衰减函数
    omg = 2 * pi / (rad(len) / 2);
    double y = //振动方程+衰减函数
        buff * A * sin(omg * rad(x) - fie);
    return y;
  }

  @override
  bool shouldRepaint
      (CustomPainter oldDelegate) => true;
}

double rad(double deg) => deg / 180 * pi;
```

　　到这里，对自定义组件的介绍就告一段落了，相信经过上面的学习，你对 Flutter 的组
件有了更深的了解，毕竟已经学会如何亲手制作组件，源码中的众多组件无非也就是用已
有组件拼合，或者自己绘制的。

　　制作出这些组件后先别骄傲，下面将带你进入 Flutter 的核心——从框架层看 Flutter 的
渲染机制，这才算真正入门 Flutter。你可以先休息一下，等到有一个好的状态时，再随我
一起前进，接下来将是最精彩的地方。

08

Day 8

Flutter 渲染机制

也许各位都听过 Flutter 的三棵树——Widget 树、RenderObject 树、Element 树，但是这三棵树的根部结点分别是什么？分别在何时被初始化？Element 是如何挂载元素树的？StatelessWidget 和 State 类中的 build 方法是何时回调的？State 状态类是如何控制组件状态的？State 的 setState 到底做了什么？

其实这些问题答不上来并不会影响你搭建一个应用，你只要看别人如何做，依葫芦画瓢就可以了，但是遇到问题时就会比较麻烦。我们的角色并非仅是一个"驾驶员"，当轮子坏掉时我们还要能变身为"修理工"。

下面将带你见识 Flutter 框架内部源码的风采——从根结点的初始化，到元素的加载方式，再到 State 类的作用。

8.1　认识三棵树

现在，再回头看看我们的初始项目，怎么样，是不是很亲切？现在我们来揭开它的面纱，让你看到它的另一面。先从 Center 开始，来看一下局部界面的 Widget 树，并分析一下它们的继承关系：

```
Center(
    child: Column(    mainAxisAlignment: MainAxisAlignment.center,
      children: <Widget>[
        Text('You have pushed the button this many times:'),
        Text('$_counter',
          style: Theme.of(context).textTheme.display1,)])),
    floatingActionButton: FloatingActionButton(
      onPressed: _incrementCounter, tooltip: 'Increment',
      child: Icon(Icons.add),)
  );
}
```

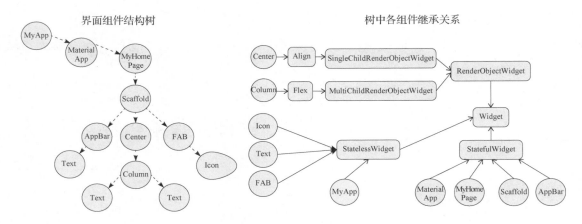

8.1.1　漫谈 Widget、Element、RenderObject

现在再来看一下 Widget：每个 Widget 都携带着不可变更（final）的信息，能描述一个界面元素的构成情况。它是一个抽象类，只有一个 createElement 的抽象方法，该方法可以返回一个 Element。所有 Widget 的子类都必须实现这个方法：

Widget 类中最核心的任务是创建 Element 对象，但我们平时并不创建什么 Element 啊？那是因为各大 Widget 都在框架内部完成 Element 创建逻辑，从下图可以看出，Widget 都有与之对应的 Element 类来生成 Element。

虽然 Element 被关入了框架的小黑屋，但 Widget 向外界暴露出特定的抽象方法。如 StatelessWidget 的 build()方法、StatefulWidget 的 createState()方法、RenderObjectWidget 的 createRenderObject()方法。这样就既可以避免外界和 Element 打交道，又能让框架回调这些函数来进行 Element 的构建。

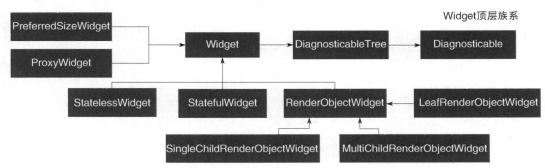

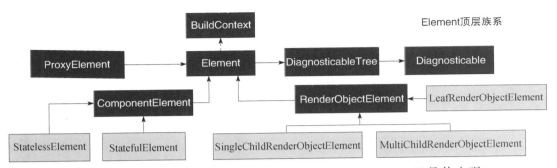

Element顶层族系

话说 Widget 和 Element 相亲相爱，形影不离，而 RenderObject 又是什么呢？

我们都知道，一个 Widget 通常是依赖于其他 Widget 构建的。初始项目中的 MyApp 是一个 Widget，它依赖于内部一批组件进行拼组。你有没有想过，Flutter 世界原生提供的 Widget，如 Text、Column、Center 是如何构建的？看一下源码会发现，它们最终都会使用 RenderObject 实现，而 RenderObject 又依赖 RenderObject 对象进行构建：

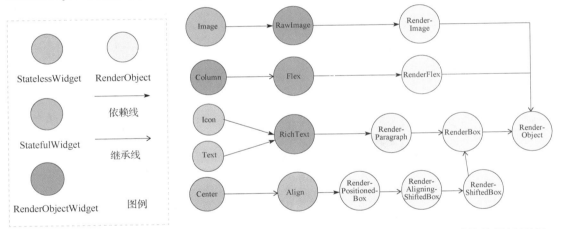

那 Widget 是什么呢？我们曾经认为的万物仿佛只是一堆配置，就像下面零件的设计图纸，但一个图纸会对应一种实际的零件。

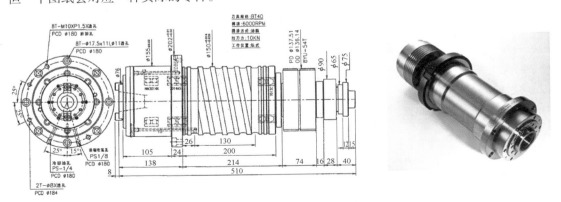

Widget 和界面部件也是如此，Widget 并非真正可视的界面部件，而是一份界面部件的图纸。拿 Text 组件来说，该 Widget 只是负责规定文字的内容、大小、颜色、字体等信息。而且每个属性都必须是 final，这也很好理解，零件的设计图一旦完成，也是不容修改的。将上页的零件图和下图进行对比，你能想到什么？

完成从"图纸"到"零件"的加工生产，这便是 Flutter 架构层的任务。从某种程度上看，我们也是一个设计师，在用代码勾画页面的 Widget 蓝图，通过 Flutter 框架进行处理，结果将蓝图转化成实打实的界面。下面我们将从 Flutter 框架层来看一下 Widget 是如何被转化的。

8.1.2   认识 RenderObject 和 Element

RenderObject 也是一个庞大的族系，下面是 RenderObject 的家族示意图，其中 RenderBox 有着非常多的衍生类，无论图片、文字还是 Wrap、Stack、Flex 等布局都是依赖 RenderBox 的衍生类。RenderSliver 主要和 Sliver 家族的组件相关。RenderView 作为渲染树的最顶层由框架内部使用，另外还有一些继承自 RenderObject 的 mixin 类这里没有画出。

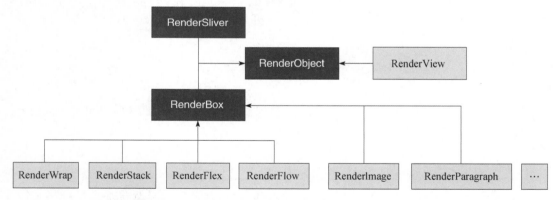

我们先看 RenderObject 中至关重要的三个方法：layout、paint、handleEvent，分别是排布、绘画和处理事件。Text 归根结底是由 RenderParagraph 实现的，RenderParagraph 作为 RenderObject 的 child，可以重写 paint 方法，进行文字的绘制：

```
---->[RenderObject]----
void layout(Constraints constraints, { bool parentUsesSize = false })
void paint(PaintingContext context, Offset offset) { }
@override
void handleEvent(PointerEvent event, covariant HitTestEntry entry) { }
```

现在来到 RenderParagraph 类，其中确实重写了 paint 方法。映入眼帘的是_textPainter 进行的绘制，前面自定义组件时曾用 TextPainter 绘制文字，TextPainter 使用 Canvas 的 drawParagraph 来绘制段落：

```
---->[RenderParagraph#paint]----
@override
void paint(PaintingContext context,
                Offset offset) {
  _layoutTextWithConstraints(constraints); //略
  _textPainter
      .paint(context.canvas, offset); //略
}
```

```
---->[TextPainter#paint]----
ui.Paragraph _paragraph;
void paint(Canvas canvas,
                Offset offset) {
  assert(() { //略
  canvas
      .drawParagraph(_paragraph, offset);
}
```

图片组件 Image 是有状态组件，在状态类的 build 方法中使用 RawImage 组件，RawImage 是 LeafRenderObjectWidget，在 createRenderObject 中使用 RenderImage 实现。而 RenderImage 也是一个 RenderObject，在 RenderImage 中也重写了 paint 方法，我们发现，它是依靠 Canvas 进行图片绘制的。

可以看出图片和文字都是基于 RenderObject 进行绘制的。除此之外，很多布局组件，如 Wrap、Flex 等，没有显示的效果，它们重点针对 layout 方法进行操作。有些单子布局的裁剪效果，比如 ClipOval 组件，是依赖 RenderClipOval 实现的，在 RenderClipOval#paint 方法中去追溯，你也可以发现 canvas.clipPath 的身影。

所以 RenderObject 可绘制、可排布，却深藏功与名。既然它能绘制、能排布，为什么还要有 Widget 和 Element？下面先认识一下 Element。

Element 是渲染树中特定位置的 Widget 实例。首先要明确一点，它实现了 BuildContext 接口，所以它具有创建组件的上下文环境，是组件在组件树中位置的句柄。

为了更好地认识 Element，先介绍一下它非常重要的几个成员和 Element 生命周期。

_widget 成员：Widget 类型，Element 的构造函数中需要传入一个 Widget，持有其引用。

_dirty 成员：bool 类型，_dirty 初始值为 true，该变量决定是否更新渲染元。

_parent 成员：Element 类型，该元素的父结点，说明 Element 对象天生的树状结构。

_owner 成员：BuildOwner 类型，管理该元素的生命周期的对象，如下所示。

```
Element(Widget widget)
    : assert(widget != null),
      _widget = widget;
bool _dirty = true;
BuildOwner _owner;
Element _parent;
```

```
enum _ElementLifecycle {
  initial,// 初始态
  active,// 激活态
  inactive,// 未激活态
  defunct,// 死亡态
}
```

源码中共定义了四种生命周期：其中框架通过 Widget 的 createElement 方法创建元素，此时元素为初始态 initial；当系统调用了元素的 mount 方法，便会成为激活态，即 active，表示元素已被加载，如果元素是激活态并且关联到了渲染树上，那么你就可以在屏幕上看到对应的渲染元。

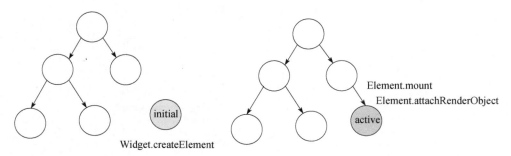

Element 类中有一个 _parent 的 Element 私有成员，说明 Element 在设计时就是一个树状结构。这样方便遍历操作，可以很容易地通过 deactivateChild 将某个下层元素从树上剔除，这样元素会处于非激活态，即 inactive，不会出现在屏幕上。一个元素未能在最后一帧被重组到树上，框架会调用它的 unmount，则视为死亡态，即 defunct，将来也不会被合成到树中：

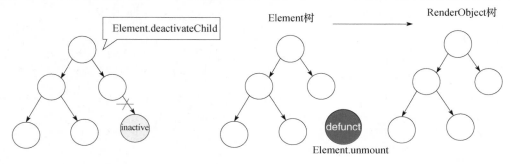

8.1.3　三棵树结构

也许你认为的三棵树是长这样的：

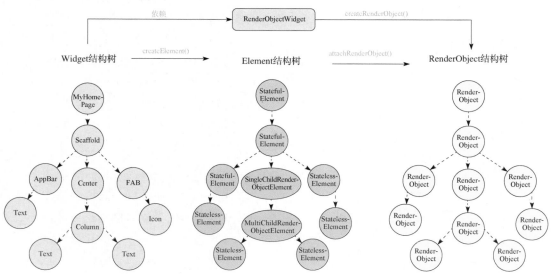

但它们实际是长这样的：

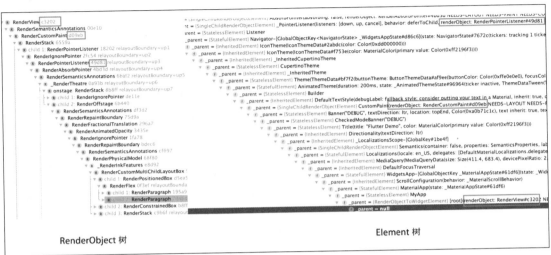

RenderObject 树　　　　　　　　　　　　　　　　　Element 树

由于太长了，这里只能截取一部分，如果有兴趣可以用 Debug 来查看 Element 树，使用 AS 侧边栏中 Flutter Inspector 的 Render Tree 查看渲染树。从这部分可以看出如下几点：

1）渲染树的根结点是 RenderView。

2）元素树的根结点是 RenderObjectToWidgetElement。

3）通过 Debug 查看元素树的根结点持有的组件为 RenderObjectToWidgetAdapter 对象。

4）Element 和 Widget 一一对应，元素树中对应持有的 Widget 引用构成组件树。

5）元素树上只有 RenderObjectElement（单子、多子、叶元素）与渲染树结点对应。

既然知道这三棵树的根结点，那来看一下 RenderObjectToWidgetAdapter、RenderObject-ToWidgetElement 和 RenderView 三个对象是何时初始化的。

8.1.4　三个根结点的初始化

既然要看根结点的初始化，自然要从 main 函数开始说起。runApp 中需要传入 Widget 对象，并且有个 WidgetsFullterBinding 通过 ensureInstanced 方法获取 WidgetsBinding 对象。如下所示，两点表示级联，如果左边的写法看着比较吃力，也可以看右侧的，二者等价：

---->[binding.dart#runApp]----
void runApp(Widget app) {
　WidgetsFlutterBinding.*ensureInitialized*()
　　..scheduleAttachRootWidget(app)
　　..scheduleWarmUpFrame();
}
	void runApp(Widget app) {
	　WidgetsBinding binding=
	　　WidgetsFlutterBinding.*ensureInitialized*();
	　binding.scheduleAttachRootWidget(app);
	　binding.scheduleWarmUpFrame();
	}

WidgetsFullterBinding 是 Flutter Widget 和 Flutter engine 联系的纽带。它混入了很多功

能块，比如 GestureBinding 可以绑定手势系统，SchedulerBinding 可以绑定调度系统，ServicesBinding 可以绑定平台消息通道，PaintingBinding 可以绑定绘制库，WidgetsBinding 连接组件和引擎：

```
class WidgetsFlutterBinding extends BindingBase with
    GestureBinding, ServicesBinding, SchedulerBinding,
    PaintingBinding, SemanticsBinding, RendererBinding, WidgetsBinding {
  static WidgetsBinding ensureInitialized() {
    if (WidgetsBinding.instance == null)  WidgetsFlutterBinding();
    return WidgetsBinding.instance;//初始化 WidgetBinding
  }
}
```

七个 XXXBinding 在执行 initInstances 之前都会先调用父类的 initInstances。经过 Debug 进行追踪，程序开始会先到 WidgetsBinding.initInstances，之后七个 initInstances 方法入栈 的顺序为 WidgetsBinding -> RendererBinding -> SemanticsBinding -> PaintingBinding -> SchedulerBinding -> ServicesBinding -> GestureBinding。

接下来调用 WidgetsBinding 对象的 scheduleAttachRootWidget 方法，通过 Timer 执行 attachRootWidget 方法，这就是连接根结点的核心方法。

```
@protected
void scheduleAttachRootWidget(Widget rootWidget) {
  Timer.run(() {
    attachRootWidget(rootWidget);
  });
}
```

这里的入参就是我们的 MyApp。其中，构建 RenderObjectToWidgetAdapter 对象（根组件）并通过其 attachToRenderTree 方法初始化_renderViewElement（根元素）。

创建 RenderObjectToWidgetAdapter 对象时以 renderView（根渲染对象）作为容器，以 rootWidget（入参 MyApp）作为 child。这便是根组件的创建时机：

```
---->[WidgetsBinding#attachRootWidget]----
Element _renderViewElement;
void attachRootWidget(Widget rootWidget) {
  _renderViewElement = RenderObjectToWidgetAdapter<RenderBox>(
    container: renderView,
    debugShortDescription: '[root]',
    child: rootWidget,//我们传入的 Widget
  ).attachToRenderTree(buildOwner, renderViewElement);
}
```

renderView 是 RenderView 对象，继承自 RenderObject。它在 RenderBinding#initRenderView 方法中以 window 对象作为入参进行初始化。而 initRenderView 方法在 RenderBinding 初始 化时被调用，这便是根渲染对象的创建时机：

```
---->[RenderView]----
class RenderView extends RenderObject with RenderObjectWithChildMixin<RenderBox> {
  ...
}
```

```
-->[RendererBinding#initRenderView]--
void initInstances() {
  super.initInstances();
  //略
  initRenderView();
```

在看根元素的创建过程之前，先了解一下 RenderObjectToWidgetAdapter 组件，它直接继承自 RenderObjectWidget，需要实现其抽象方法 createRenderObject，此处返回的是 container，也就是传入的根渲染对象 renderView。createElement 方法基于 RenderObjectToWidgetElement 创建元素，也就是根元素：

```
class RenderObjectToWidgetAdapter<T extends RenderObject> extends RenderObjectWidget {
  RenderObjectToWidgetAdapter({
    this.child, this.container, this.debugShortDescription,
  }) : super(key: GlobalObjectKey(container));

  final Widget child;
  final RenderObjectWithChildMixin<T> container;
  final String debugShortDescription;

  @override
  RenderObjectToWidgetElement<T> createElement() => RenderObjectToWidgetElement<T>(this);

  @override
  RenderObjectWithChildMixin<T> createRenderObject(BuildContext context) => container;

  @override
  void updateRenderObject(BuildContext context, RenderObject renderObject) { }
```

在 attachToRenderTree 方法中可以看出：如果元素为空，则会通过 createElement 创建一个 Element 对象，即 RenderObjectToWidgetElement。这也就是根元素的创建时机。

另外注意，这里将 owner 设置给根元素。owner 会执行 buildScope 方法，并在回调中执行元素的 mount 方法。此处为重点，这是根元素的装配时机：

```
RenderObjectToWidgetElement<T> attachToRenderTree(BuildOwner owner,
                [ RenderObjectToWidgetElement<T> element ]) {

  if (element == null) {
    owner.lockState(() {
      element = createElement();//创建元素
      assert(element != null);
      element.assignOwner(owner); });
    owner.buildScope(element, () {
      element.mount(null, null);//元素挂载: mount
    });
    SchedulerBinding.instance.ensureVisualUpdate();
  } else {
    element._newWidget = this;
    element.markNeedsBuild();
  }
  return element;
}
```

8.2　Element 的装配

　　看下面的顶层局部的 Element 树，RenderObjectToWidgetElement 作为根结点没有父结点，直系 child 是我们传入的 MyApp 组件对应的 StatelessElement。现在有个比较有意思的问题，MyApp 对应的元素是何时被创建的？又是如何把别的结点当作父结点的？带着这个问题，一起来走进 Flutter 的框架层，见识一下元素根结点如何招兵买马，来构建自己的军团。

```
▼  f  _parent = {InheritedElement} _LocalizationsScope-[GlobalKey#14c09]
  ▼  f  _parent = {SingleChildRenderObjectElement} Semantics(container: false, properties: SemanticsProperties, label: null, value: null, hint: null,
    ▼  f  _parent = {StatefulElement} Localizations(locale: en_US, delegates: [DefaultMaterialLocalizations.delegate(en_US), DefaultCupertinoLoca
      ▼  f  _parent = {InheritedElement} MediaQuery(MediaQueryData(size: Size(411.4, 683.4), devicePixelRatio: 2.6, textScaleFactor: 1.0, platfor
        ▼  f  _parent = {InheritedElement} DefaultFocusTraversal
          ▼  f  _parent = {StatefulElement} WidgetsApp-[GlobalObjectKey _MaterialAppState#8c9b6](state: _WidgetsAppState#c936c)
            ▼  f  _parent = {InheritedElement} ScrollConfiguration(behavior: _MaterialScrollBehavior)
              ▼  f  _parent = {StatefulElement} MaterialApp(state: _MaterialAppState#8c9b6)
                ▼  ⓘ  _parent = {StatelessElement} MyApp
                  ▼  f  _parent = {RenderObjectToWidgetElement} [root](renderObject: RenderView#792e3 NEEDS-LAYOUT NEEDS-PAINT N
                      f  _parent = null
```

8.2.1　RenderObjectToWidgetElement 的装配

　　既然是元素的装配，自然要先看一下超类的 Element#mount。其中几处 assert（断言）说明想要能够执行 mount，需要 widget 成员非空，_parent 成员为空。其中的逻辑处理比较简单，将第一入参设置为父结点，并维护树深，_owner 成员使用父结点的 owner：

```
-->[Element#mount]--
void mount(Element parent, dynamic newSlot) {
  assert(_debugLifecycleState == _ElementLifecycle.initial);
  assert(widget != null);
  assert(_parent == null);
  assert(parent == null || parent._debugLifecycleState == _ElementLifecycle.active);
  assert(slot == null);
  assert(depth == null);
  assert(!_active);
  _parent = parent;//认父
  _slot = newSlot;
  _depth = _parent != null ? _parent.depth + 1 : 1;//维护树深
  _active = true;//已激活
  if (parent != null) // Only assign ownership if the parent is non-null
    _owner = parent.owner;//传递 owner
  if (widget.key is GlobalKey) {
    final GlobalKey key = widget.key;
    key._register(this);
  }
  _updateInheritance();
  assert(() { _debugLifecycleState = _ElementLifecycle.active; return true; }());
}
```

　　上面说到在 runApp 中，根组件调用 attachToRenderTree 方法时，根元素结点触发 mount 方法。如下所示，会有一种调用父类的 mount 方法，Element 作为顶级父类，最终会在 Element 的 mount 方法中将第一入参作为父结点：

```
---->[RenderObjectToWidgetElement#mount]----
void mount(Element parent, dynamic newSlot) {
  assert(parent == null);//断言父结点非空
  super.mount(parent, newSlot);
```

```
  _rebuild();
}
```

下面是根结点执行 mount 时主要方法的出入栈示意图，由于第一入参为空，Element#mount 并没起到太大作用。值得一提的是，执行 RenderObjectElement#mount 之后会触发 widget 的 createRenderObject 方法初始化_renderobject 成员：

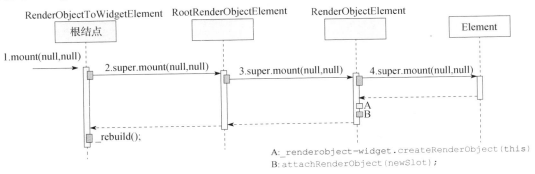

还记得这里的 widget 是什么吗？createRenderObject 做了什么？

这里的 Widget 是根元素持有的组件 RenderObjectToWidgetAdapter，而它的 createRenderObject 方法中返回的是构造函数中传入的 renderView。所以根元素将渲染对象和组件对象双双纳入了自己的势力范围：

```
---->[RenderObjectToWidgetElement#mount]----
@override
void mount(Element parent, dynamic newSlot) {
  super.mount(parent, newSlot);
  _renderObject = widget.createRenderObject(this);
  assert(() {
    _debugUpdateRenderObjectOwner(); return true; }()
  );
  assert(_slot == newSlot);
  attachRenderObject(newSlot);
  _dirty = false;
}
```

之后伴随着方法的出栈，根元素会执行 RenderObjectToWidgetElement#_rebuild()方法，新世界的大门即将打开。_rebuild()方法出入栈情况如下：

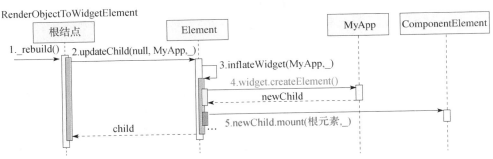

_rebuild()方法主要作用是执行 updateChild()方法，为元素的_child 成员赋值。

在调用 updateChild 时，第二个入参便是我们的 MyApp 对象，通过 inflateWidget 方法将 Widget 加载为 Element 并返回。在 inflateWidget 方法中可以发现 Widget 调用 createElement 方法的契机（重点），并且生成的元素 newChild 会立刻调用 mount 方法进行装载。

8.2.2 StatelessElement 和 StatefulElement 的装配

这里来分析一下：此处的 Widget 是我们的 MyApp，继承自 StatelessWidget。前面说过很多次 StatelessWidget 创建的元素是 StatelessElement，调用 createElement 方法时使用当前组件会实例化 StatelessElement。这也就是 StatelessElement 将组件纳入的契机：

```
StatelessElement createElement() => StatelessElement(this);
class StatelessElement extends ComponentElement {
  StatelessElement(StatelessWidget widget) : super(widget);
```

接下来进入 StatelessElement 的 mount 方法，但 StatelessElement 类中未定义 mount，所以会执行其父类的 ComponentElement#mount。这里的 mount 逻辑比较简单，就是持有 MyApp 的元素将根元素作为将领。根元素也就成功招纳一名部下：

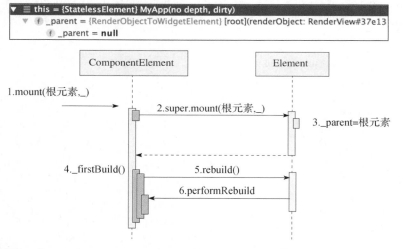

这时根元素一想："不对啊，这才只是招了一个兵，我的元素大军何在？"

持有 MyApp 的元素说："将军，这不用你来操心，放着我来。"

这时该元素调用_firstBuild 方法，此方法只有执行 Element#rebuild，rebuild 方法执行 ComponentElement#performRebuild。这个方法非常重要，值得单独讲讲。

performRebuild 方法中执行 build()方法，该方法执行 widget.build(this)，那 build(this) 方法是什么？仔细看一下，我们每天重写的 build 方法你难道不认识了吗？没错，就是那个 build 方法。build 的入参是 this，说明 build 回调中的 BuildContext 便是持有该组件的元素。总结两个重要信息：

1）StatelessWidget 的 build 方法调用契机在 ComponentElement#performRebuild 中。

2）StatelessWidget 的 build 方法中的回调参数 BuildContext 是持有该组件的元素。

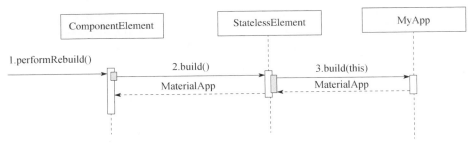

此时应有恍然大悟的感觉，其实 StatelessElement 一直都以 BuildContext 接口的形式在默默守候 Widget。

继续看持有 MyApp 的元素是如何招兵买马的，由于上面的 build 方法创建了一个组件，持有 MyApp 的元素接下来也是使用 Element#updateChild 来更新自己的 child。该方法和上面根元素招揽 child 时使用的是同一个。不同的是，持有 MyApp 的元素招揽的 built 组件是 MyApp#build 方法创建的 MaterialApp：

```
void performRebuild() {
    Widget built;//...
    built = build();//...
    _child = updateChild(_child, built, slot);
```

接下来就是将 MaterialApp 通过 inflateWidget 加载成元素，在其中 MaterialApp 会调用 createElement 方法生成持有 MaterialApp 的元素，并接着调用其 mount 方法：

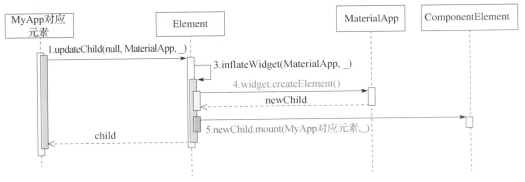

其中 MaterialApp 是 StatefulWidget，会实例化持有 MaterialApp 引用的 StatefulElement。而 StatefulElement 内同样未定义 mount 方法，所以会走父类 ComponentElement#mount。然后该元素顺理成章地找到了所属阵营（如下图）。这样元素大军中就多了一个成员：

```
▼ ≡ this = {StatefulElement} MaterialApp(no depth, dirty, state: _MaterialAppState#11c63(lifec
    ▼ ⓕ _parent = {StatelessElement} MyApp
        ▼ ⓘ _parent = {RenderObjectToWidgetElement} [root](renderObject: RenderView#37e13
            ⓕ _parent = null
```

然后持有 MyApp 的元素说："我的使命完成了，你去招兵买马吧。"

持有 MaterialApp 引用的元素说："没问题，交给我吧。"

在 performRebuild 时，该元素通过 build 方法获取子 Widget，由于它是 StatefulElement，在调用 build 方法时，回调 state 类的 build 方法，并将 this 传递进去。这也就是 State 类中 build 方法回调的契机。

现在有个问题，MaterialApp 的 State#build 返回什么?看一下源码，是 ScrollConfiguration，然后 ScrollConfiguration 被加载成元素，它的元素再进行 mount。这样后辈元素不断用 Widget 创建元素，并一层层挂载，就形成了一棵 Element 树:

```
---->[StatefulElement#build]----
Widget build() => state.build(this);
---->[_MaterialAppState#build]----
return ScrollConfiguration(
  behavior: _MaterialScrollBehavior(),
  child: result );
```

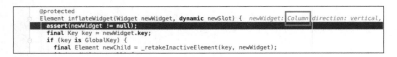

8.2.3 多子元素挂载

现在一路放行，走到 Column 组件被 inflateWidget 调用的时候:

此时 newWidget 是 Column，即 MultiChildRenderObjectWidget，它在调用 createElement 时会创建 MultiChildRenderObjectElement 对象，inflateWidget 方法中的元素一旦创建，就会马上执行 mount 方法:

```
---->[MultiChildRenderObjectElement#createElement]----
MultiChildRenderObjectElement createElement() => MultiChildRenderObjectElement(this);
```

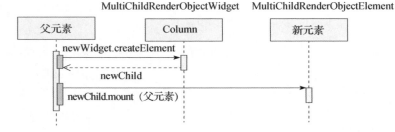

多子元素会先调用 super#mount，最终在 Element#mount 中，该元素会寻找父元素，如

下 Column 在 Center 之下，所以它们的元素树也是对应的：

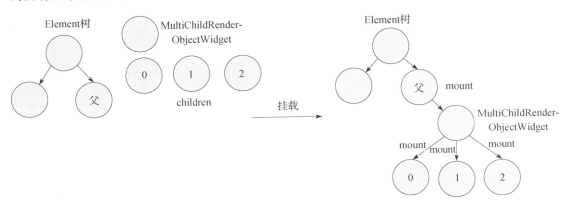

多子元素的父类是 RenderObjectElement，在 8.2.1 节介绍根元素挂载时也说过，执行 mount 时会使用 widge#createRenderObject 来创建渲染对象结点。RenderObjectElement 同时持有 Widget 和 RenderObject 的引用，而 StatelessElement 和 StatefulElemet 继承自 Component-Element，它们只持有 Widget 对象，所以如果仔细看渲染树和元素树，会发现只有 RenderObjectElement 才会有对应的渲染对象结点：

```
---->[MultiChildRenderObjectElement#mount]----
@override
void mount(Element parent, dynamic newSlot) {
  super.mount(parent, newSlot);
  _children = List<Element>(widget.children.length);
  Element previousChild;
  for (int i = 0; i < _children.length; i += 1) {
    final Element newChild =
      inflateWidget(widget.children[i], previousChild);
    _children[i] = newChild;
    previousChild = newChild;
  }
}
```

```
---->[RenderObjectElement#mount]----
@override
void mount(Element parent, dynamic newSlot) {
  super.mount(parent, newSlot);
  _renderObject =
            widget.createRenderObject(this);
  assert(() {
    _debugUpdateRenderObjectOwner();
    return true; }());
  assert(_slot == newSlot);
  attachRenderObject(newSlot);
  _dirty = false;
}
```

另外，MultiChildRenderObjectElement 中有 List<Element> _children 的成员，表示可以容纳多个子元素。通过超类中的 mount 方法将自己挂载好之后，在自己的 mount 中会将它的所有元素依次挂载：

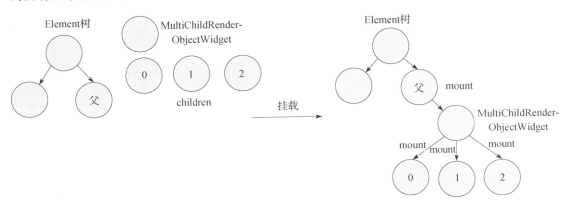

现在再看一下初始项目，你应该能看到经过从 MyApp 开始的一个个元素的创建和挂载，最后形成一棵元素树的过程。

下面着重看一下 Flutter 框架中的灵魂——核心方法 Element#updateChild。这个方法的作用是返回一个 Element 对象作为调用者的 child。入参是当前 child 和需要更新成的组件

newWidget，两者空或非空有下列四种情况。

—	newWidget == null	newWidget != null
child == null	返回 null	返回 inflateWidget 新元素
child != null	移除原来 child，返回 null	返回 child 或 inflateWidget 新元素

右下角的情况是当两者都非空时，如果 child 持有的引用是当前需要更新的组件，就会返回当前的 child。如果不是，通过 Widget 的 canUpdate 方法判断是否可更新，新旧组件的 runtime 和 key 都一致时，canUpdate 返回 true。可以更新的话，就会返回当前的 child，否则移除 child，重新通过 inflateWidget 加载：

```
@protected
Element updateChild(Element child, Widget newWidget, dynamic newSlot) {
  //略断言...
  if (newWidget == null) {//如果 Widget 为 null
    if (child != null)//该元素的孩子不为 null
      deactivateChild(child);//就把这个孩子移除
    return null;
  }
  if (child != null) {//该元素的孩子不为 null
    if (child.widget == newWidget) {//创建出的 Widget 和我的孩子是一样的
        if (child.slot != newSlot)
        updateSlotForChild(child, newSlot);
      return child;//返回我的孩子
    }
    if (Widget.canUpdate(child.widget, newWidget)) {//canUpdate 调用时机（重点，要考的）
      if (child.slot != newSlot)
        updateSlotForChild(child, newSlot);
      child.update(newWidget);
      //省略断言...
      return child;
    }
    deactivateChild(child);//除此之外，会移除这个孩子
    assert(child._parent == null);
  }
  return inflateWidget(newWidget, newSlot);
}
```

8.3　State 类全解析

通过上面的讲述，你应该对 Flutter 有了更深的认识了。现在就来仔细看一看 State 类的作用。在 Day 1 中我问了一个问题：State 中的_widget 成员是何时被赋值的？

首先来看 State、StatefulWidget、StatefulElement 之间的关系，如下图所示：

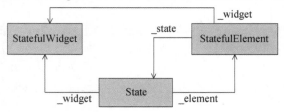

StatefulElement 持有_widget 成员和_state 成员，和 State 有关联关系。State 持有_widget 成员和_element 成员，和 StatefulWidget、StatefulElement 有关联关系。

先看 StatefulElement 中的两个成员如何初始化的。StatefulElement 的构造方法需要传入 StatefulWidget，由父类进行接收并对成员_widget 进行赋值。StatefulWidget#createElement() 是 StatefulElement 对象创建的契机，组件将自身作为入参构建元素。构造 StatefulElement 时通过内部的 widget#createState 为成员_state 赋值。之后_state 的_element 赋值为当前元素，_state 的_widget 被赋值为元素中的 widget：

```
---->[StatefulWidget]----
abstract class StatefulWidget extends Widget {
  const StatefulWidget({ Key key }) : super(key: key);
  @override
  StatefulElement createElement() => StatefulElement(this);
  @protected
  State createState();
}
---->[StatefulElement#构造方法]----
class StatefulElement extends ComponentElement {
  StatefulElement(StatefulWidget widget) : _state = widget.createState(),
        super(widget) {
      _state._element = this;
    _state._widget = widget;
  }
```

拿初始项目中的 MyHomePage 来说，它是一个 StatefulWidget。当父元素执行到 inflateWidget 方法时，MyHomePage 会通过 createElement 实例化 StatefulElement，此时 MyHomePage 组件会将自身传入对应元素的构造方法中，来实例化元素中的 widget 变量。接着元素的_state 成员通过 MyHomePage#createState 初始化，即_MyHomePageState。随后对_MyHomePageState 对象的_element 和_widget 进行赋值。这也是_MyHomePageState 中可以使用 widget 属性的原因。

提示：类成员的初始化可以通过如下表达式进行，多个表达式通过逗号隔开。顺序为先使用构造函数传入的参数对成员变量进行初始化，然后依次执行冒号后的表达式对成员变量进行初始化，最后调用构造器。

8.3.1　State 的生命周期回调

Flutter 框架中为 State 类暴露了七个生命周期回调函数，方便我们对不同生命周期进行相应处理。回调函数如下。

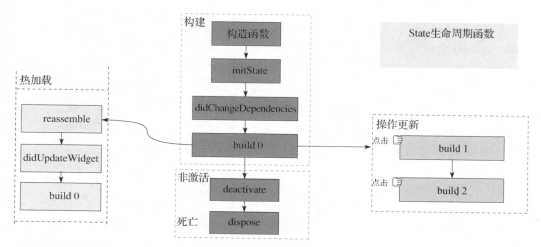

在介绍生命周期之前，先了解一下生命状态，它们定义在枚举_StateLifecycle 中。当 State 类调用 initState 时为 created（创建），在 initState 和 build 之间时称为 initialzed（初始化），didChangeDependencie 会在此之间被调用。当 build 完成，未被 dispose 时称为 ready（就绪）。当被 dispose 而且不再具有 build 能力后称为 defunct（死亡）。

下面是初始项目中的_MyHomePageState，能显示各个回调方法的触发情况：

```
---->[day08/02/main.dart]----
class _MyHomePageState extends State<MyHomePage> {//初始项目，略

  _MyHomePageState() { print("_MyHomePageState--构造函数");   }

  @override
  void initState() {super.initState();   print("MyHomePage--initState"); }

  @override
  void didChangeDependencies() {
    super.didChangeDependencies(); print("MyHomePage--didChangeDependencies");}

  @override
  void didUpdateWidget(MyHomePage oldWidget) {
    super.didUpdateWidget(oldWidget); print("MyHomePage--didUpdateWidget"); }

  @override
  void reassemble() {
    super.reassemble();   print("MyHomePage--reassemble"); }

  @override
  Widget build(BuildContext context) {
    print("MyHomePage--build $_counter");//略 }

  @override
  void deactivate() { print("MyHomePage--deactivate");   super.deactivate();   }

  @override
  void dispose() { print("MyHomePage--dispose");   super.dispose();   }
}
```

下面进入源码，看一下各个生命周期是何时回调的。_firstBuild()方法大家应该有印象，在 StatefulElement#mount 中会执行该方法。其中 initState 在开始时会被回调，紧接着 didChangeDependencies 被回调。由于_firstBuild 方法只是在执行 mount 时被调用，所以只会被调用一次，另外，在元素调用 didChangeDependencies 时也会回调 State 的 didChangeDependencies 方法：

```
---->[StatefulElement]----
@override
void _firstBuild() {
  assert(_state._debugLifecycleState == _StateLifecycle.created);
  try {
    _debugSetAllowIgnoredCallsToMarkNeedsBuild(true);
    final dynamic debugCheckForReturnedFuture = _state.initState() as dynamic;//<--回调 initState
  //略断言...
  } finally {
    _debugSetAllowIgnoredCallsToMarkNeedsBuild(false);
  }
  assert(() { _state._debugLifecycleState = _StateLifecycle.initialized; return true; }());
  _state.didChangeDependencies();//<--回调 initState
  assert(() { _state._debugLifecycleState = _StateLifecycle.ready; return true; }());
  super._firstBuild();
}
@override
void didChangeDependencies() {
  super.didChangeDependencies();
  _state.didChangeDependencies();//回调 didChangeDependencies
}
```

build 方法的调用契机在上面已经说过，_firstBuild()最后会调用 super._firstBuild()，进入如下过程：

ComponentElement#_firstBuild->

ComponentElement#rebuild->

ComponentElement#performRebuild->

StatefulElement#performRebuild-> State#build

这样就寻找到了 build、initState、didChangeDependencies 三个方法在源码中回调的契机。另外，reassemble、deactivate 和 dispose 分别在元素相应的生命周期下被回调。最后是 didUpdateWidget 方法在 update 中被回调。还记得那个核心方法 Element#updateChild 吗？8.2.3 节中提及在 Element#updateChild 方法中，当 widget#canUpdate 返回 true 时，允许更新。这时 child 元素会执行 update 方法，这便是 State 对象执行 didUpdateWidget 方法的契机。

```
@override
void reassemble() {
  state.reassemble();
  super.reassemble();
}
@override
void deactivate() {
  _state.deactivate();//<--回调 deactivate
  super.deactivate();
}
```

```
@override
void unmount() {
  super.unmount();
  _state.dispose();//<--回调 dispose
  //略...
```

```
@override
void update(StatefulWidget newWidget) {
  super.update(newWidget);//父类方法中将本元素中的 widget 赋值为 newWidget
  assert(widget == newWidget);
  final StatefulWidget oldWidget = _state._widget;
  _dirty = true;//更新前，先标脏
  _state._widget = widget;//更新状态中的 widget
  try {
    _debugSetAllowIgnoredCallsToMarkNeedsBuild(true);
    //回调 didUpdateWidget
    final dynamic debugCheckForReturnedFuture = _state.didUpdateWidget(oldWidget) as dynamic;
    //略断言...
  } finally {
    _debugSetAllowIgnoredCallsToMarkNeedsBuild(false);
  }
  rebuild();//重新构建
}
```

下面来简单介绍一下这几个回调方法：

- initState：当状态对象所在的元素挂载到树上之后被调用，只会调用一次。
- didChangeDependencies：当此状态对象的依赖项更改时调用，而且会在 initState 之后调用一次。子类很少覆盖此方法，因为框架总是在依赖项更改后调用 build 方法。
- build 在构建组件时回调；deactivate 在元素从树中移除时回调；dispose 在元素销毁时回调。
- reassemble：只有热启动及热重载时调用，方便开发调试，在 release 包中不会调用。
- didUpdateWidget：当 Widget 的配置发生变化时回调。在父 Widget 重新构建（setState）时，一般会触发子 Widget 的 didUpdateWidget 方法，并将旧的子 Widget 作为回调参数。

不知你是否有这样的疑问，为什么这里点击重建时不会调用 didUpdateWidget，内部组件确实更新了啊？这个问题一开始很困扰我。于是调试了一下，当点击时，状态更新，MyHomePage 组件发生变化，其元素被重建。但更新的是它的 child，也就是说持有 MyHomePage 组件的元素本身并没有机会执行 update：

```
    @protected
*   Element updateChild(Element child, Widget newWidget, dynamic newSlot) { child: Scaffold(dependencies: [MediaQuery, _LocalizationsSc
      assert((() {
        if (newWidget != null && newWidget.key is GlobalKey) {
          final GlobalKey key = newWidget.key;
          key._debugReserveFor(this);
        }
        return true;
      }());
      if (newWidget == null) {
        if (child != null)
          deactivateChild(child);
        return null;
      }
      if (child != null) {
        if (child.widget == newWidget) {
          if (child.slot != newSlot)
            updateSlotForChild(child, newSlot);
          return child;
        }
        if (Widget.canUpdate(child.widget, newWidget)) {
          if (child.slot != newSlot)
            updateSlotForChild(child, newSlot);
          child.update(newWidget);
          assert(child.widget == newWidget);
```

如果在 MyHomePage 内部嵌入一个 StatefulWidget 组件会怎么样呢？为了测试两个有状态组件的 State 生命周期是如何执行的，这里将数字组件抽离成有状态的 CounterWidget，并重写 State 的相关生命周期方法，代码和上面类似，详见 day08/03/main.dart。

可以发现创建 State 时，先构建父组件，然后构建 child。在热加载时父子按顺序触发方法，在点击更新时，父组件会先触发 build 方法，子组件会触发 didUpdateWidget，最后子组件触发 build 来重建。可以结合上面源码中 State 生命周期回调的时机好好思考一下：

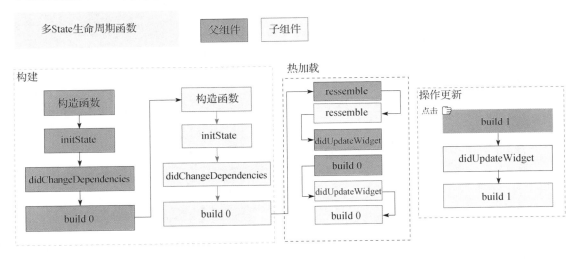

8.3.2 State 切换和跳转时生命周期测试

下面来看一下切换和跳转时对应的 State 生命周期回调。首先来实现两个标签页，这样的标签页在 Day 3 已经介绍过了。红黄两页分别是 RedPage 和 YellowPage，在点击时会触发事件让计数器加 1。通过切换时的日志来观察 State 生命周期：

```
---->[day08/04/main.dart]----
class LifePage extends StatelessWidget {
  LifePage({Key key}) : super(key: key);
  final TABS = ["红色", "黄色"];

  @override
  Widget build(BuildContext context) {
    var tabBar = TabBar(//标签
```

```
      isScrollable: true,
      labelStyle: TextStyle(fontSize: 14),
      labelColor: Color(0xffffffff),
      unselectedLabelColor: Color(0xffeeeeee),
      tabs: TABS.map((tab) {
        return Container(
          alignment: AlignmentDirectional.center,
          child: Text(tab), height: 40,); }).toList(),
      );
  var tabBarView = TabBarView(//页面
    children: TABS.map((text) {
      return _buildCenter(TABS.indexOf(text));
    }).toList(),
  );
  var scaffold = Scaffold(//脚手架
    appBar: AppBar(
      title: Text('State 生命周期'),
      bottom: tabBar),
    body: tabBarView;

  var homePage = MaterialApp(
    title: 'Flutter Unit',
    theme: ThemeData(   primarySwatch: Colors.blue,   ),
    home: DefaultTabController(//头部标签容器
        child: scaffold,
        length: TABS.length),
      );
  return homePage;
}
//标签跳转
Widget _buildCenter(int index) {
  switch (index) {
    case 0:   return RedPage();
    case 1:   return YellowPage();
  }
}
}
```

现在切换两个标签页，观察日志的输出，总结如下图。颜色代表相应的界面，Tab 切换时会销毁原界面，并创建新界面。可见标签页在切换时会将前一个组件销毁并新建当前组件：

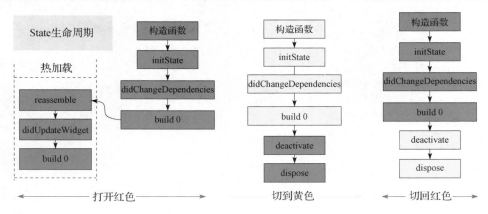

然后进行页面跳转的测试，当数字增加到 3，就跳转到别的界面，接着返回原界面。跳转时会触发 deactivate 方法和 build 方法，并不会销毁当前页。[○]在返回时也会对原界面进行重建并保留刚才的状态：

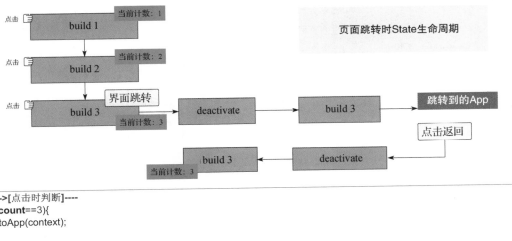

```
---->[点击时判断]----
if(count==3){
  toApp(context);
}

//跳转页
toApp(BuildContext context) {
  var app = MaterialApp(
    title: 'Flutter Demo',
    theme: ThemeData(    primarySwatch: Colors.blue,    ),
    home: Scaffold(
      appBar: AppBar(title: Text("跳转到的 App"),),
      body:Container(), ), );
  Navigator.push(
    context,
    MaterialPageRoute(builder: (context) => app),
  );
}
```

8.3.3　setState 做了什么

了解 State 的生命周期后，你是不是更好奇 setState 做了什么？来，跟我一起去源码里走一遭。setState 是 State 类的方法，传入一个无参回调函数，所以先看这个函数是何时执行的。源码中 setState 方法比较简洁，只是对传入的函数进行校验，以及将元素标记为需要创建：

```
@protected
void setState(VoidCallback fn) {//略...
  final dynamic result = fn() as dynamic; //<-----在这里执行回调
  assert(() {
    if (result is Future) {//说明该回调不允许是 Future
```

　　○　Flutter 1.17.0 中已移除跳转前后 deactive 和 build 的上一界面，由于本书基于 Flutter 1.12 版本，故此处仍保留，请大家注意一下。——编者著

```
        throw FlutterError.fromParts(<DiagnosticsNode>[//略...}return true; }());
    _element.markNeedsBuild();//<---- 标记为需要创建
}
```

跟进到 markNeedsBuild 方法，属于 Element 类。如果元素已经是 dirty（脏）的，就不需要向下执行，否则就将元素标脏，这时 owner 会执行 scheduleBuildFor 方法。

继续跟进，owner 是一个 BuilderOwner 对象。scheduleBuildFor 中主要执行了 onBuildScheduled 回调，并将元素加入脏表中：

```
BuildOwner get owner => _owner;              void scheduleBuildFor(Element element) {
BuildOwner _owner;                               assert(element != null);
void markNeedsBuild() {                           assert(element.owner == this); //略...
    assert(_debugLifecycleState                   if (!_scheduledFlushDirtyElements
       != _ElementLifecycle.defunct);//略...          && onBuildScheduled != null) {
    if (dirty)                                        _scheduledFlushDirtyElements = true;
        return;                                       onBuildScheduled();//<---- 执行回调
    _dirty = true;                                }
    owner.scheduleBuildFor(this);                 _dirtyElements.add(element);
}                                             element._inDirtyList = true;}
```

问题来了，onBuildScheduled 回调是什么？通过 Debug 发现它是 WidgetsBinding 中的 _handleBuildScheduled 方法。在其中执行 SchedulerBinding 的 ensureVisualUpdate 方法，接着执行 scheduleFrame 方法，在其中调用 window.scheduleFrame()，会通过 native 方法发送一个渲染帧的调度任务：

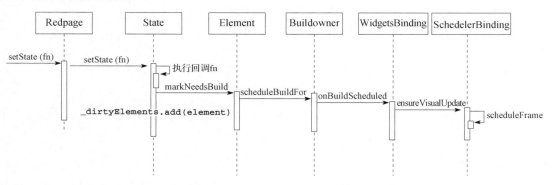

```
-->[WidgetsBinding#_handleBuildScheduled]---    -->[SchedulerBinding#ensureVisualUpdate]--
void _handleBuildScheduled() {// 略...           void ensureVisualUpdate() {
    ensureVisualUpdate();                            switch (schedulerPhase) {
}                                                    case SchedulerPhase.idle:
                                                     case SchedulerPhase.postFrameCallbacks:
                                                        scheduleFrame(); return;
```

另外，从 scheduleBuildFor 方法的注释中可以了解到，脏元素表在 WidgetsBinding 调用 drawFrame 方法执行 buildScope 时被重建。buildScope 中会对脏元素进行重建，重建会触发 rebuild 方法，而 rebuild 逻辑来自其父类 ComponentElement，刚才已经看到，最终会导致 build 方法被触发。

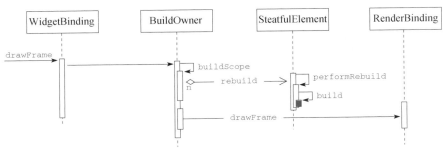

```
---->[WidgetBinding#drawFrame]----
@override
void drawFrame() {
  try {
    if (renderViewElement != null)
    //核心构建范围
    buildOwner.buildScope(
              renderViewElement);
    //核心：调用渲染器中的 drawFrame
    super.drawFrame();
---->[RendererBinding#drawFrame]----
@protected
void drawFrame() {
  assert(renderView != null);
  pipelineOwner.flushLayout();
  pipelineOwner.flushCompositingBits();
  pipelineOwner.flushPaint();
  renderView.compositeFrame();
  pipelineOwner.flushSemantics();
}
```

```
---->[BuildOwner#buildScope]----
void buildScope(Element context,
  [ VoidCallback callback ]) {// 略...
    _dirtyElements.sort(Element._sort);
    _dirtyElementsNeedsResorting = false;
    int dirtyCount = _dirtyElements.length;
    int index = 0;
    while (index < dirtyCount) {//遍历脏元素表
      try {// 核心：元素重建
        _dirtyElements[index].rebuild();
      } catch (e, stack) { // 略...  }
      index += 1;
    }
  } finally {
    for (Element element in _dirtyElements) {
      assert(element._inDirtyList);
      element._inDirtyList = false;
    }
    _dirtyElements.clear(); // 清空脏元素表
```

WidgetBinding 的 drawFrame 最后调用 super.drawFrame()，会使用 RenderBinding 的 drawFrame 对当前界面帧进行绘制，其中会调用 pipelineOwner 的几个方法，在 pipelineOwner 进行 flushPainte 时会将所有的渲染元进行绘制，顺便找到了 RenderObject 被绘制的时机，这样整条线就贯通了：

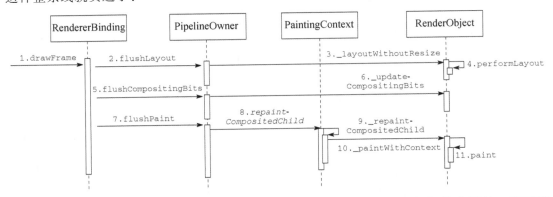

现在，你对 Flutter 应该有一个更深的认识了，但不要骄傲，这仅仅是个开始。下面我们将进入 Flutter 中更为重要的一个领域：异步流、数据、状态。

09

Day 9

异步与资源

学了前面 Flutter 视图相关的知识，你是否感觉到了 Flutter 界面非常强大？但 Flutter 的价值还远不止于此。强大的异步机制、文件操作体系、网络和数据库的插件支持，以及便捷的状态管理机制都是 Flutter 的闪光点。这些让它不仅是一个 UI 框架，也可以对数据资源进行获取与加工。UI 是 App 的外在表现，数据则是 App 的血肉填充，在 Flutter 中做好这两点，App 就可以是一个鲜活的"生命"。所以到这里，我们的 Flutter 旅程才走到一半，接下来将开启另一半。

9.1 认识异步与流

异步和流是 Flutter 中重要的一环。只要遇到网络请求、文件读写、延迟操作，都可以看到异步和流的身影。掌握这两者是非常重要的，然而如果只是讲概念，可能会非常枯燥，所以下面举个通俗的例子来讲解异步的价值。

9.1.1 Dart 中的异步任务

小明想要买零食，问妈妈要钱。妈妈说："我没零钱，我现在出去买菜，回来再给你钱。"如果程序是同步执行的，由于小明不知道妈妈什么时候能回来，想要得到钱就只能让程序阻塞，等妈妈回来。那么小明之后的任务，比如写作业、做家务等，暂时就无法进行，这就是同步处理：

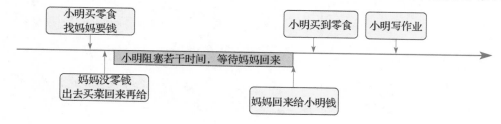

```
---->[day09/01/money_future_sync.dart]----
main(){
  print("小明想要 10 元买零食：${DateTime.now()}");
  Money money=Mom.getMoney(10.0);
  XiaoMing.buyFood(money);
  print("小明写作业：${DateTime.now()}");
}
class Mom{//妈妈
  static Money getMoney(value) {
    print("妈妈现在没有零钱，我先去买菜，回来给你：
                        ${DateTime.now().toString()}");
    sleep(Duration(seconds: 5));//模拟耗时——买菜
    print("妈妈回来了，给你零钱：${DateTime.now()}");
    return Money(value);
}}
```

```
class XiaoMing{// 小明
  static buyFood(Money money){
    if(money.value==10.0){
      print("小明买到了零食："
          "${DateTime.now()}");
    }
  }
}

class Money{// 钱
  double value;
  Money(this.value);
}
```

```
↓   小明想要10元买零食：2020-03-16 16:13:10.807699
    妈妈现在没有零钱，我先去买菜，回来给你：2020-03-16 16:13:10.812259
⇥   妈妈回来了，给你零钱：2020-03-16 16:13:15.815910
    小明买到了零食：2020-03-16 16:13:15.816691
↓↑  小明写作业：2020-03-16 16:13:15.816735
```

这样显然并不科学，小明完全可以先写作业，等妈妈回来再去买零食。这就像一个组件在初始化时需要加载网络数据，耗时两三秒是很正常的。如果是同步，会直接将程序阻塞，那么就是一个白屏，这显然是不可以接受的。异步就是为了解决这样的问题，小明向妈妈要钱时，暂时还获取不到，这个钱属于一个未来的对象，它到来的时间不确定。Dart 中用 Future 来描述，我们可以通过 Future 将这件事变成异步处理：

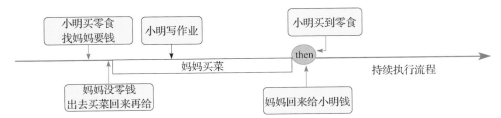

可以看出，这样妈妈先去买菜，小明只需要等着拿钱就行了，所以能继续做他的事，比如写作业。等妈妈回来，小明拿到钱后再去买零食，这才是正常的逻辑：

```
↓   小明想要10元买零食：2020-03-16 16:16:06.760820
    妈妈现在没有零钱，我先去买菜，回来给你：2020-03-16 16:16:06.765692
⇥   小明写作业：2020-03-16 16:16:06.770227
    妈妈回来了，给你零钱：2020-03-16 16:16:11.775228
↓↑  小明买到了零食：2020-03-16 16:16:11.778644
```

```
---->[day09/01/money_future_async.dart]----
main(){
  print("小明想要 10 元买零食：${DateTime.now()}");
  Mom.getMoney(10.0).then((money){//<---3.在异步的 then
    XiaoMing.buyFood(money);
  });
  print("小明写作业：${DateTime.now()}");
}

//XiaoMing、Money 类同上，省略
class Mom{//妈妈
```

```
  static Future<Money>  getMoney(value) {//<---1.通过返回 Future<Money> 对象表示钱是未来的值
    print("妈妈现在没有零钱，我先去买菜，回来给你：${DateTime.now()}");
    return Future((){//<---2.创建 Future 对象来完成耗时任务
      sleep(Duration(seconds: 5));//模拟耗时——买菜
      print("妈妈回来了，给你零钱：${DateTime.now()}");
      return Money(value);
    }); }
}
```

不过既然这笔钱是未来的对象，未来就存在不确定性，如果出现异常该怎么办？比如
妈妈的钱包被偷了。这时可以使用 Future 对象的 catchError 来捕捉异常，比如在 getMoney
处理过程中抛一个异常：

```
小明想要10元买零食: 2020-03-16 16:17:46.701772
妈妈现在没有零钱，我先去买菜，回来给你: 2020-03-16 16:17:46.706189
小明写作业: 2020-03-16 16:17:46.710817
妈妈回来了，给你零钱: 2020-03-16 16:17:51.716764
Exception: 妈妈的钱包被偷了
好吧，我不吃零食了
```

```
---->[day09/01/money_future_async_error.dart]----
main(){
  print("小明想要 10 元买零食：${DateTime.now()}");
  Mom.getMoney(10.0).then((money){//<---3.在异步的 then
    XiaoMing.buyFood(money);
  }).catchError((e){//<---通过 catchError 来捕捉未来可能出现的异常
    print(e);
    print("好吧，我不吃零食了");
  });
  print("小明写作业：${DateTime.now()}");
}
class Mom{//妈妈
  static Future<Money>  getMoney(value) {
    print("妈妈现在没有零钱，我先去买菜，回来给你：${DateTime.now()}");
    return Future((){
      sleep(Duration(seconds: 5));//模拟耗时——买菜
      print("妈妈回来了，给你零钱：${DateTime.now()}");
      throw Exception("妈妈的钱包被偷了");//<---在此抛出一个异常
      return Money(value);
    }); }
}
```

除此之外，还可以通过 Future.delay(时间，操作函数)来让该函数延迟操作：

```
---->[day09/01/money_future_async_delay.dart]----
class Mom{//妈妈
  static Future<Money>  getMoney(value) {
    print("妈妈现在没有零钱，我先去买菜，回来给你：${DateTime.now().toString()}");
    return Future.delayed(Duration(seconds: 5),(){//<--- 使用 delay 发送延迟任务
      print("妈妈回来了，给你零钱：${DateTime.now().toString()}");
      return Money(value);
    });
  }
}
```

Day 2 中也提到过 async、await 关键字也能达到异步处理的效果，从而简化异步程序的
书写。

```
小明想要10元买零食: 2019-11-07 11:40:02.950604
妈妈现在没有零钱, 我先去买菜, 回来给你: 2019-11-07 11:40:02.956938
小明写作业: 2019-11-07 11:40:02.959968
妈妈回来了, 给你零钱: 2019-11-07 11:40:07.963764
小明买到了零食:2019-11-07 11:40:07.967983

Process finished with exit code 0
```

```dart
---->[day09/01/money_future_async_await.dart]----
main() {
  print("小明想要 10 元买零食：${DateTime.now().toString()}");
  buy();
  print("小明写作业：${DateTime.now().toString()}");
}
buy() async{//异步执行购买方法
  var money = await Mom.getMoney(10.0); //使用 await 标识等待这个未来的对象，让程序继续向下执行
  XiaoMing.buyFood(money);
}
```

Dart 是一个单线程编程模型，默认程序块间串行执行。异步操作是 Dart 向外界暴露的程序块并行方式。像请求网络、连接数据库、读取文件这些耗时操作，都需要进行异步处理。

9.1.2 Dart 中的流

对流（Stream）是否有清晰的认识会影响你对 Flutter 的认知，很多人不明白 Stream 的意义。Stream 中可以存在多个元素，可以对元素进行遍历，添加 map、take、skip、any、expand 等操作，乍一看好像列表也能盛放元素及进行操作管理，我们就先来看看这两者的区别。

Stream 和 List 的区别

可以通过 Stream.fromIterable 传入一个 List 构建出 Stream 对象。来看看下面两个对象的 forEach 方法打印结果说明了什么。

```dart
---->[day09/02/stream_simple.dart]----
void listFish() {
  var fishes = ["A 鱼", "B 鱼", "C 鱼"];
  fishes.forEach((e){
    print(e);
  });
  print("====");
}
---->[打印结果]----
A 鱼
B 鱼
C 鱼
====
```

```dart
void streamFish() {
  var fishes = ["A 鱼", "B 鱼", "C 鱼"];
  var stream =Stream.fromIterable(fishes);
  stream.forEach((e){
    print(e);
  });
  print("====");
}
   ---->[打印结果]----
   ====
A 鱼
B 鱼
C 鱼
```

很明显, List 的遍历方法是同步放入, 而 Stream 中的遍历方法是异步操作。这就是 Stream 和 List 最大的不同, List 在遍历的那一刻, 就已经知道里面是什么, 有多少元素, 可以怎么操作它。List 就像鱼缸里面的鱼可以随时捞出来。而 Stream 像一条小溪, 你只是知道里面有鱼, 但不能捞出它们, 小鱼什么时候游到你这里也未知, 可能发生异常, 能不能游到你这里也是未知的。

这样一说，虽然你可能仍不知道该怎样用，但没关系，这才刚刚开始，跟着我的脚步，到后面就会懂了。

List像鱼缸

Stream像小溪

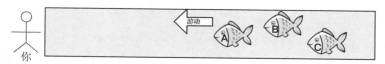

Stream 的订阅与取消

在 Stream 中怎么获取这些未来的鱼呢？可以对这条小溪进行订阅（或监听），如果风平浪静，没人捣乱，那这三条鱼是一定会游到你这里的，只是时机未定，但是可以监听到。看下面如何对小溪里的三条鱼进行监听，onDone 在全部结束时触发，onError 在异常时触发。既然有订阅，那也可以取消订阅。比如拿到 B 鱼之后，你就不监听了，可以通过 cancel 方法实现：

---->[day09/02/stream_listen.dart]----	---->[打印结果]----
```void listenFish() { var fishes = ["A 鱼", "B 鱼", "C 鱼"]; var stream = Stream.fromIterable(fishes); stream.listen((fish)=>print("拿到了: $fish"), onDone: () => print("已完成"), //完成回调 onError: (error) => print("异常$error"), //错误回调 cancelOnError: false); //错误时是否取消订阅 }```	拿到了：A 鱼 拿到了：B 鱼 拿到了：C 鱼 已完成
```void cancelListen(){ var fishes = ["A 鱼", "B 鱼", "C 鱼"]; var stream = Stream.fromIterable(fishes); var you = stream.listen(null);//你订阅了这条小溪 you.onData((fish){//声明鱼到达你那里时你的行为 print("拿到了 $fish"); if(fish=="B 鱼"){//拿到 B 后，你就取消订阅，走人 you.cancel(); } }); you.onError((e)=>print("产生错误$e")); you.onDone(()=>print('已全部拿到')); }```	拿到了 A 鱼 拿到了 B 鱼

Stream 流中的元素管理

不仅如此，还可以通过 StreamController 动态向 Stream 流中添加元素。比如，里面只有三条鱼，你感觉很不开心，这时善良的管理员说："我现在就给你加一些鱼。"由于监听是异步的，管理员可以不断地添加鱼，鱼都会向你游过来，而鱼一旦到达，就可以被监听到。

StreamController 中也有四个回调的方法：

```
---->[day09/02/stream_controller.dart]----
void pushFish(){
  StreamController controller = StreamController(
      onListen:()=>print("onListen"),// 流被监听时回调
      onPause:()=>print("onPause"),// 流被暂停时回调
      onResume:()=>print("onResume"),// 流被恢复时回调
      onCancel:()=>print("onCancel"),// 流被取消时回调
  );// 管理员
  controller.add("A 鱼");//首先加一批
  controller.add("B 鱼");
  controller.add("C 鱼");
  print("第一波已加完");
  controller.stream.listen((fish) => print("拿到了$fish"));//监听
  controller.add("D 鱼");//再加一批
  controller.add("E 鱼");
  controller.add("F 鱼");
  controller.close();//管理员走人
}
```

```
---->[打印结果]----
第一波已加完
onListen
拿到了 A 鱼
拿到了 B 鱼
拿到了 C 鱼
拿到了 D 鱼
拿到了 E 鱼
拿到了 F 鱼
onCancel
```

另外，StreamController 流默认只能有一个监听者，出现多个监听者会报出下面的异常，这时就需要使用 broadcast 来生成 StreamController 对象：

```
Unhandled exception:
Bad state: Stream has already been listened to.
#0   _StreamController._subscribe (dart:async/stream_controller.dart:668:7)
#1   _ControllerStream._createSubscription (dart:async/stream_controller.dart:818:19)
#2   _StreamImpl.listen (dart:async/stream_impl.dart:472:9)
#3   broadcastStream (package:flutter_journey/day6/stream.dart:78:52)
#4   main (package:flutter_journey/day6/stream.dart:9:3)
#5   _startIsolate.<anonymous closure> (dart:isolate-patch/isolate_patch.dart:301:19)
#6   _RawReceivePortImpl._handleMessage (dart:isolate-patch/isolate_patch.dart:172:12)
```

```
---->[day09/02/stream_controller_more.dart]----
StreamController<String> controller =
StreamController<String>.broadcast(
   onListen: () => print("onListen"),
   onCancel: () => print("onCancel"), );
StreamSubscription you =
   controller.stream.listen((value) =>
      print('监听到 $value 游到你身边'));
controller.sink.add("A 鱼");
controller.sink.add("B 鱼");
StreamSubscription youFriend =
   controller.stream.listen((value) =>
      print('监听到 $value 游到你朋友身边'));
controller.sink.add("C 鱼");   controller.sink.add("D 鱼");
controller.close();
```

```
---->[打印结果]----
onListen
监听到 A 鱼游到你身边
监听到 C 鱼游到你朋友身边
监听到 B 鱼游到你身边
监听到 D 鱼游到你朋友身边
监听到 C 鱼游到你身边
监听到 D 鱼游到你身边
onCancel
```

Stream 中的元素操作

在 Stream 中可以对元素进行 map、take、skip、any、expand 等操作。例如，鱼在向你游动的过程中，可以先进行额外的处理。

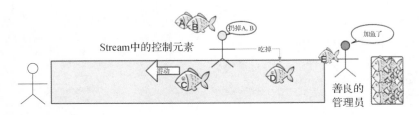

```
---->[day09/02/stream_op.dart]----
StreamController controller = StreamController();
controller.add("A 鱼"); controller.add("B 鱼"); controller.add("C 鱼");
controller.stream
    .map((fish) {
      if (fish == "D 鱼") {
        print("D 鱼已经被我吃完了");
        return "D 鱼的骨头";
      }
      return fish;
    })
    .skip(2) //扔掉前两个
    .take(3) //最终只能拿两个
    .listen((fish) => print("你拿到了$fish"));
controller.add("D 鱼"); controller.add("E 鱼"); controller.add("F 鱼");
controller.close();
```

```
---->[打印结果]----
    你拿到了 C 鱼
    D 鱼已经被我吃完了
    你拿到了 D 鱼的骨头
    你拿到了 E 鱼
```

到这里，相信你已经对 Stream 有了基本的认识，下面我们将会通过文件操作来看异步与流是如何运用的，也借此看一下文件操作的相关方法。

9.2   文件中的异步与流

Dart 有一套完整的文件操作接口，通过练习文件操作，你一定可以对异步和流有一个更深刻的理解。

9.2.1   文件的简单操作

在介绍文件操作之前，先介绍一下资源定位。一般文件资源定位都是使用路径，但不同平台的路径分隔符有差异，所以一般语言都会提供路径的操作。Dart 中的 path 包中有一些常用的路径处理方法，它的本身是字符串的操作，和文件读写没有直接关系。虽然不使用也可以，但使用它可以更加方便地处理路径字符串：

```
---->[day09/03/path.dart]----
import 'dart:io';
import 'package:path/path.dart' as path;
main(){
  var dir = Directory.current.path;// 当前项目路径
  var fileDirPath= path.join(dir,'day09','03',"data","zero.txt");// 使用 path 拼接路径
  print(fileDirPath);
  // /Volumes/coder/Projects/Flutter/flutter_journey/flutter_journey/day09/03/data/zero.txt
```

```
print(path.extension(fileDirPath));//拓展名 .txt
print(path.basename(fileDirPath));//文件名 zero.txt
print(path.basenameWithoutExtension(fileDirPath));//文件名无拓展名 zero
print(path.dirname(fileDirPath));
// /Volumes/coder/Projects/Flutter/flutter_journey/flutter_journey/day09/03/data
print(path.separator);//分隔符 /
}
```

除此之外，统一资源标识符（URI）作为资源定位的宗师级人物，可谓桃李遍天下。最常见的体现形式是网络中运用广泛的统一资源定位符（URL），下图是一个网络 URL 的组成部分：

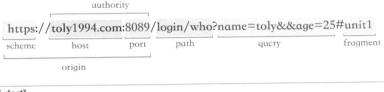

```
---->[day09/03/uri.dart]----
main(){
  var link = 'https://toly1994.com:8089/login/who?name=toly&&age=25#unit1';
  var uri = Uri.parse(link);
  print("scheme=${uri.scheme}"); //scheme=https
  print("origin=${uri.origin}"); //origin=https://toly1994.com:8089
  print("host=${uri.host}"); //host=toly1994.com
  print("port=${uri.port}"); //port=8089
  print("path=${uri.path}"); //path=/login/who
  print("query=${uri.query}"); //query=name=toly&&age=25
  print("fragment=${uri.fragment}"); //fragment=unit1
  print("queryParameters=${uri.queryParameters}"); //queryParameters={name: toly, age: 25}
  print("pathSegments=${uri.pathSegments}"); //pathSegments=[login, who]
  print("authority=${uri.authority}"); //authority=toly1994.com:8089
}
```

除此之外，通过 file 的 scheme 也可以对文件资源进行定位：

```
Uri uriFile= Uri.file("/Volumes/coder/hello/zero_zone.txt");
print(uriFile);//文件资源定位符　file:///Volumes/coder/hello/zero_zone.txt
```

Dart 中的文件和文件夹类是分离的，它们都继承自 FileSystemEntity 接口，该接口定义了一些文件的公共操作接口方法。下页表是 FileSystemEntity 的常用方法，每个方法都有同步和异步两种。下面还列出了一些常用的异步方法，对应的同步方法都是在方法名末尾加上 Sync。

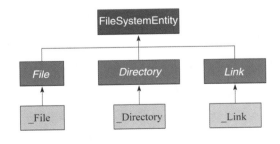

方法名	同步/异步	介绍	返回值
exists	异步	文件是否存在	Future<bool>
rename	异步	重命名文件	Future<FileSystemEntity>
stat	异步	查看文件状态	Future<FileStat>
delete	异步	删除文件	Future<FileSystemEntity>
watch	异步	观察文件变更	Stream<FileSystemEvent>
type	异步	静态-文件类型	Future <FileSystemEntityType>
isFile	异步	静态-是否是文件	Future <bool>
isDirectory	异步	静态-是否是文件夹	Future<bool>

　　下面使用一些常用的方法展示一些基础操作，如递归创建文件、查看文件是否存在、查看文件类型、文件重命名、查看文件状态：

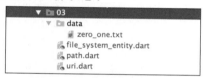

```
---->[day09/03/file_system_entity.dart]----
main() async {
  var dir = Directory.current.path; //当前项目路径
  var filePath = path.join(dir, "lib", 'day09', '03', "data", "zero.txt"); //使用 path 拼接路径
  var file = File(filePath);
  if (!await file.exists()) {//如果文件不存在
    file.create(recursive: true); //就递归创建
  }
  print(await FileSystemEntity.isFile(filePath)); //true
  print(await FileSystemEntity.isDirectory(filePath)); //false
  await file.rename(path.dirname(filePath) + path.separator + "zero_one.txt"); //重命名
  var directory=Directory(path.dirname(filePath));
  var stat= await directory.stat();//文件夹的状态
  print(stat.mode);//16877
  print(stat.type);//directory
  print(stat.changed);//2019-11-07 14:32:54.000
  print(stat.modified);//2019-11-07 14:32:54.000
  print(stat.accessed);//2019-11-07 14:31:51.000
  print(stat.size);//102
}
```

9.2.2 文件读写的异步操作

　　File 类的异步读写的核心方法如下（对应的同步方法未列出）：

open	异步	打开文件	Future <RandomAccessFile>
openRead	异步	打开文件读取	Stream<List<int> >
openWrite	异步	打开文件写入	IOSink
readAsBytes	异步	读取成字节数组	Future<List<int> >
readAsString	异步	读取成字符串	Future<String>
readAsLines	异步	读取成字符行列表	Future<List<String>>
writeAsBytes	异步	以字节数组写入	Future<File>
writeAsString	异步	以字符串写入	Future<File>

文件读写模式通过 FileMode 枚举定义，有以下属性（读写文件时都要求父文件夹必须存在，否则会报错）：

模式	介绍	文件不存在时	是否覆盖原文件
FileMode.read	读取文件	报错	—
FileMode.write	读写文件	创建	是
FileMode.append	在文件尾部读写	创建	否
FileMode.writeOnly	只写文件	创建	是
FileMode.writeOnlyAppend	在文件尾部只写	创建	否

写入的常规操作是写入字符串（writeAsString）和写入字节数组（writeAsBytes），可以指定 mode，默认的读写模式为 write；也可以指定字符集，默认为 utf8。writeAsString 的底层实现是通过 writeAsBytes 完成的，所以两者并没有本质的区别。

```
---->[day09/03/io.dart]----
writePoem() async {
  var dir = Directory.current.path; //当前项目路径
  var filePath =
      path.join(dir, "lib", 'day09', '03', "data", "zero_one.txt"); //使用 path 拼接路径
  var file = File(filePath);
  var content =
"""
《零境》张风捷特烈
飘缥兮飞烟浮定，
渺缈兮皓月风清。
纷纷兮初心复始，
繁繁兮万绪归零。
    2017.11.7 改
""";
  await file.writeAsString(content);
}
```

```
---->[File]----
Future<File> writeAsString(String contents,
    {FileMode mode: FileMode.write,
    Encoding encoding: utf8,
    bool flush: false});
```

```
---->[File]----
Future<File> writeAsBytes(List<int> bytes,
    {FileMode mode: FileMode.write, bool flush:
false});
```

读取的常规操作是 readAsString 读取字符串(左图)和 readAsBytes 读取字节数组(右图)：

```
《零境》张风捷特烈
飘缥兮飞烟浮定，
渺缈兮皓月风清。
纷纷兮初心复始，
繁繁兮万绪归零。
    2017.11.7改
```

```
[32, 32, 227, 128, 138, 233, 155, 182, 229, 162, 131, 227, 128, 139, 229, 188,
188, 165, 229, 133, 174, 233, 163, 158, 231, 131, 159, 230, 181, 174, 229, 17
230, 156, 136, 233, 163, 142, 230, 184, 133, 227, 128, 130, 10, 231, 186, 183
139, 239, 188, 140, 10, 231, 185, 129, 231, 185, 129, 229, 133, 174, 228, 184
50, 48, 49, 55, 46, 49, 49, 46, 55, 230, 148, 185, 10, 32, 32]
```

另外还有 readAsLines 读成行列表（下图）：

```
[    《零境》张风捷特烈，飘缥兮飞烟浮定，，渺缈兮皓月风清。，纷纷兮初心复始，，繁繁兮万绪归零。，    2017.11.7改，    ]
```

```
readStringPoem() async {
  var dir = Directory.current.path;
```

```
    var filePath =
    path.join(dir, "lib", 'day09', '03', "data", "zero_one.txt");
    var file = File(filePath);
    var content = await file.readAsString();
    print(content);
}

readLinesPoem() async {
    var dir = Directory.current.path;
    var filePath =
    path.join(dir, "lib", 'day09', '03', "data", "zero_one.txt");
    var file = File(filePath);
    var content = await file.readAsLines();
    print(content);
}

readBytePoem() async {
    var dir = Directory.current.path;
    var filePath =
    path.join(dir, "lib", 'day09', '03', "data", "zero_one.txt");
    var file = File(filePath);
    var content = await file.readAsBytes();
    print(content);
}
```

9.2.3   文件读写的流操作

上面的操作基本能满足 80%的文件读写需求，操作返回的都是 Future<File>，还有两个比较高级的读写：openRead 和 openWrite，分别返回 Stream 和 IOSink。这两者也将让我们更清楚地认识流的价值：

Stream<List<int>> openRead(　　　　[int start, int end]);	IOSink openWrite({ 　　FileMode mode: FileMode.write, 　　Encoding encoding: utf8});

先看 openRead 文件的读取，两个可选参数控制读取范围。它返回的是一个 Stream 对象，泛型为 List<int>，很显然这是一个字节数组。也就是通过 openRead 方法会有一波一波的字节数组向你游过来，你只要监听这个流，当元素游过来时就可以使用它。

一波一波游过来，这有什么好处呢？如果一个超级大的文件，通过前面的方式读取，会一次载入内存。openRead 则通过 Stream 来"蚕食"它，比如一次读 65 536 个字节，剩下的就交给时间。流在不停地读取添加，使用者监听收取，而且因为是异步的，完全不用担心耗时阻塞。

还有一个好处是可以监听读取的进度，这是前面的方法做不到的。说了这么多，看看案例，下面读的是一张比较大的图片：

---->[day09/03/open_r_w.dart]----	---->[打印结果]----
	65536
openReadPoem() async {	65536
var dir = Directory.current.path;	65536
var filePath = path.join(dir, "lib", 'day09',	65536
'03', "data", "IMG_20170130_161817.jpg");	65536

`var file = File(filePath);`
 	
`Stream fileStream= file.openRead();`*//获取流*
`fileStream.listen(`
    `(bytes)=>print(bytes.length));`*//监听流*
`}`
	65536
	65536
	65536
	65536
	65536
	65536
	65536
	65536
	65536
	8228

下面试着打印一下读取的进度。思路很简单，就是维护一个长度变量，每次接到数据时加上字节数组的长度。再加一点特效，打印效果如下：

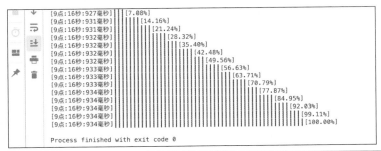

```
openReadPoemProgress() async {
    var dir = Directory.current.path;
    var filePath = path.join(dir, "lib", 'day09', '03', "data", "IMG_20170130_161817.jpg");
    var file = File(filePath);

    int length = await file.length();//文件大小
    var count=0;//当前字节数
    String symbol = " | ";//模拟进度条
    Stream fileStream= file.openRead();//获取流

    fileStream.listen((bytes){//监听流
        count = count + bytes.length;//进度百分比
        double num = (count*100)/length;
        DateTime time =DateTime.now();
        print("[${time.hour}点:${time.second}秒:${time.millisecond}毫秒]"//输出进度
            "${symbol*(num ~/ 2)}[${num.toStringAsFixed(2)}%]");
    });
}
```

openRead 可以读取字节，那字节如何转换成字符串呢？convert 包中的 utf8.decode (bytes)可以将字节解码成 UTF8 字符串。那 GBK 字符怎么办？Dart 中没有 GBK 的转码器，这时可以使用插件 gbk_codec: ^0.3.1+3 进行解码，调用 gbk_bytes.decode(bytes)。

前面说过流的监听和取消。如果想要在文件中找个东西，可以在完成后取消对流的监听，就不必将文件全部加载。这样更加灵活轻便，当符合要求时，会取消监听，如下所示：

```
openReadCancel() async {
    var dir = Directory.current.path;
    var filePath = path.join(dir, "lib", 'day09', '03', "data", "钢铁是怎样炼成的.txt");
    var file = File(filePath);
```

```
    Stream fileStream= file.openRead();//获取流
    var listener= fileStream.listen(null);
    listener.onData((bytes){
        if (gbk_bytes.decode(bytes).contains("保尔付了车钱")) {
            listener.cancel();
        }
        print(gbk_bytes.decode(bytes));
    });
}
```

由于是流，我们可以对流元素进行转化，这样在监听时得到的数据就是我们所预期的。比如下面先通过 transform 对流中的 List<int>类型数据进行变换后，通过 Sink 重新注入流中，这样我们在监听时就可以直接获取处理过的字符串数据：

```
openReadTxt() async {
    var dir = Directory.current.path;
    var filePath = path.join(dir, "lib", 'day09', '03', "data", "钢铁是怎样炼成的.txt");
    var file = File(filePath);
    Stream fileStream= file.openRead(0,200);//获取流
    fileStream.transform( StreamTransformer<List<int>, String>.fromHandlers(
        handleData: (List<int> data, EventSink<String> sink){
            sink.add(gbk_bytes.decode(data));
        }
    )).
    listen((data)=>print(data)); //监听流
}
```

写入文件 openWrite，默认打开模式 FileMode.write，返回一个 IOSink。Sink 有水槽的意思，现在可以把字符资源当成水，文件当成水箱。如果说 Stream 是抽水机进行抽水，将字符读出，那么 IOSink 就相当于往里注水，将字符写入，所以 IOSink 中定义了很多写入方法：

```
openWriteFile() async {
    var dir = Directory.current.path;
    var filePath = path.join(dir, "lib", 'day09', '03', "data", "IOSink.txt");
    var file = File(filePath);
    IOSink fileSink= file.openWrite();//获取 sink
    fileSink.write(Point(3, 4));//写入对象
    fileSink.writeln("Hello World");
    fileSink.writeAll(["Java","Dart","kotlin","Swift"],"~");//写入迭代对象
    fileSink.add([233,155,182]);//写入字节数组
    fileSink.writeCharCode(66);//写入字节
    fileSink.close();//关闭
}
```

IOSink.txt ×
1   Point(3, 4)Hello World
2   Java~Dart~kotlin~Swift零B

既然已经学会文件的读写，那就趁热打铁，小试牛刀，来实践一下。

9.2.4 使用文件打造图标转换工具

虽然 Flutter 为我们提供了丰富的图标（Icon），但是自定义 Icon 还是不可避免的。这是件比较烦琐的事情，耗时不说，还容易出错。我们可以做出一个工具来自动生成相应的内容。毕竟代码也都是字符串而已。字体图标（iconfont）最重要的就是如何从 css 文件中

提取出对应图标的编码。在 iconfont.cn 中下载一批图标并观察它们的样式表：

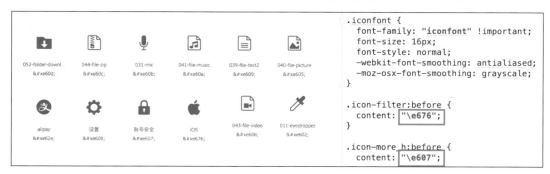

下面的代码主要是读取 css 文件的内容，然后对字符串进行分割来提取相关信息，比如 icon-filter 对应的编码值即 "\e676"。将这些值获取完毕后，再通过字符串将其拼接成一个 dart 文件，使用文件写出：

```
---->[day09/04/icon_by_toly.dart]----
import 'dart:io';
import 'package:path/path.dart' as path;
main() async{
  var resDir="assets/icon_font";//资源文件夹
  var outFile='lib/iconfont.dart';//输出文件地址

  var result = """import 'package:flutter/widgets.dart';
//Power By 张风捷特烈--- Generated file. Do not edit.
class TolyIcon {
    TolyIcon._();
""";

  var fileCss = File(path.join(Directory.current.path,"$resDir/iconfont.css"));
  if (! await fileCss.exists()) return;
  var read = await fileCss.readAsString();
  var split = read.split(".icon-");
  split.forEach((str) {
    if (str.contains("before")) {
      var split = str.split(":");
      result += "static const IconData " +
          split[0].replaceAll("-", "_") +
          " = const IconData(" +
          split[2].replaceAll("\"\\", "0x").split("\"")[0] +
          ", fontFamily: \"TolyIcon\");\n";
    }
  });
  result+="}";
  fileCss.delete();//删除 css 文件
  var fileOut = File(path.join(Directory.current.path,"$outFile"));
  if(! await fileOut.exists()){
    await fileOut.create(recursive: true);
  }

  fileOut.writeAsString(result);//将代码写入 dart 文件
  var config="""
  fonts:
```

```
    - family: TolyIcon
      fonts:
        - asset: """+"$resDir/iconfont.ttf";
  print("build OK:\n $config");
}
```

上面代码的具体用法如下：

1）在 iconfont.cn 网站上搜索需要的图标，最好收藏起来，新建一个项目文件，这样方便管理。然后将它们下载到本地，解压出字体文件。

2）在 assets 目录下新建 icon_font 文件夹（默认），将 iconfont.css 文件和 iconfont.ttf 文件复制到其中，默认生成在 lib 目录下。当然这些文件的位置可以随意设置，但需要在生成器中配置一下图标文件和生成代码的位置：

```
var resDir="assets/icon_font";//资源文件夹
var outFile='lib/TolyIcon.dart';//输出文件地址
```

3）运行 icon_by_toly.dart 文件，会自动生成一个 TolyIcon.dart 文件，该文件中会自动生成所需的 IconData 对象。另外，css 文件会做自动删除处理，控制台会打印出配置信息。在 pubspec.yaml 中手动配置一下即可：

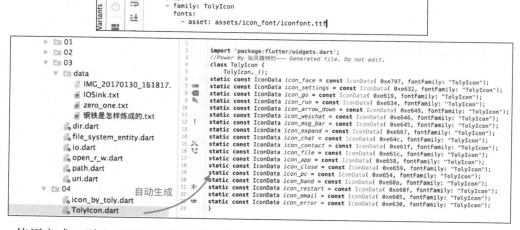

使用方式：引入工程生成的文件，使用 TolyIcon 即可调用其中的图标资源。所以你只需下载、复制、运行、使用，不用再担心图标不够用了。这里只是简单做个文件操作演示，并没有细化，你也可以进行引申和完善。

```
import 'package:flutter_journey/iconfont.dart';
Icon(TolyIcon.alipay,color: Colors.blue,size: 50,)
```

```
Icon(TolyIcon.ios,color: Colors.black,size: 50,)

Icon(TolyIcon.setting,color: Colors.grey,size: 50,)

Icon(TolyIcon.file_mic,color: Colors.green,size: 50,)
```

9.3 网络请求与 json 解析

网络请求是程序界面数据的主要来源，也是 Flutter 的核心环节。这里使用 http 插件进行网络请求，可以在 https://pub.dev/ 上查看最新版本：

9.3.1 使用 GitHub 开放 API 测试网络访问

这里使用 GitHub 的开放 API 来进行网络请求，那里提供了海量的各种请求的 URL，具体可参考 https://developer.github.com/v3/。为了使用上传、修改、更新等功能接口，首先需要用 token 字符串来表明权限。

这个 token 携带在请求中，GitHub 会以此来验证你操作该账号的资格。有了这个 token 可以说无所不能，所以是要保密的，不过它有一定的时效性，最好使用自己的账号。我创建了一个 toly-flutter 的账号，点击右上角小头像之后看到 Settings，选择 Settings→Developer settings→Personal access tokens→Generate new token，如下所示：

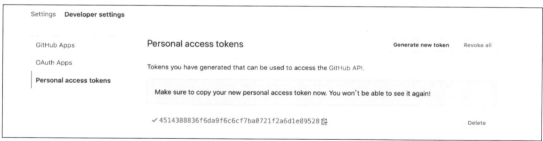

put 请求为指定项目添加文件

为项目添加一个文件的 API 为：https://api.github.com/repos/用户名/项目名/contents/文件路径?access_token=token 值。

其中，请求头需要 Content-Type=application/json，请求体的格式如下，其中 content 的内容需要使用 Base64：

```
{"message": "commit from toly ",//提交信息
```

```
"content": "aGVsbG8="//数据内容
}
```

现在就用 Dart 来发送这个网络请求，出现下面的结果说明请求发送成功。同时，控制台中会打印出服务器发送的相应 json 串，其中包含此次操作后的 sha 值，记录下来，该值在修改或删除时都会用到：

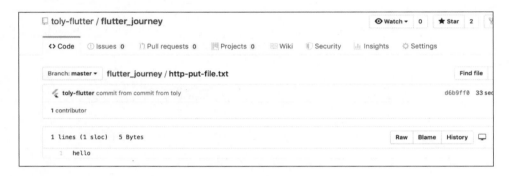

使用时导入 http 包，这里重命名为 client 进行使用。通过 client.put 发送 put 异步请求，第一入参为 URL 路径，可以指定请求头和请求体。put 异步方法会返回 Future<Response> 对象。可以通过 Response 的 body 获取服务端返回的响应体，使用其 statusCode 查看响应码：

```
---->[day09/05/http.dart]----
import 'package:http/http.dart' as client;
void put() async {
  var baseUrl = "https://api.github.com/";
  var operate = "repos/toly-flutter/flutter_journey/contents/";
  var path = "http-put-file.txt";
  var params = "?access_token=4514388836f6da9f6c6cf7ba0721f2a6d1e89528"; //请求参数
  var api = baseUrl + operate + path + params; //URL
  Map<String, String> headers = {"Content-Type": "application/json"}; //请求头
  var reqBody = """
{ "message": "commit from commit from toly",
"content": "aGVsbG8=" }
"""; //请求体
  var rep = await client.put(api, headers: headers, body: reqBody);//发送 put 请求，获取响应
  print(rep.body);//响应体
  print(rep.statusCode);//响应码
}
```

put 请求修改一个文件

修改项目一个文件的 API 为：https://api.github.com/repos/用户名/项目名/contents/文件路径?access_token=token 值。

同样，请求头的 Content-Type 字段需要设为 application/json，请求体的格式为如下，其中 content 的内容也需要使用 Base64 格式，这里的 sha 值是上面添加操作执行后返回

的 sha 字段：

```
{
    "message": "update by toly ",//提交信息
    "content": "aGVsbG8="//数据内容
    "sha":"文件所对应的 sha 值"
}
```

Dart 的 convert 包提供了将字符串转化为 Base64 编码的 API：

```
import 'dart:convert';
void update() async{
  var baseUrl="https://api.github.com/";
  var operate="repos/toly-flutter/flutter_journey/contents/";
  var path="http-put-file.txt";
  var params="?access_token=4514388836f6da9f6c6cf7ba0721f2a6d1e89528";//请求参数
  var api =baseUrl+operate+path+params;//url
  Map<String ,String> headers = {"Content-Type":"application/json"};//请求头
  var reqBody="""
  { "message": "update by toly",
  "content": """+"\""${str2Base64("张风捷特烈")}\""+""",
  "sha":"b6fc4c620b67d95f953a5c1c1230aaab5db5a1b0" }
  """;//请求体

  var rep = await client.put(api, headers: headers, body: reqBody);//发送 put 请求，获取响应
  print(rep.body);//响应体
  print(rep.statusCode);//响应码
}

//将字符串转化为 Base64
String str2Base64(String content){
  var bytes = utf8.encode(content);
  return base64Encode(bytes);
}
```

post 请求添加一个 issue

为项目添加一个 issue 的 API 为：https://api.github.com/repos/用户名/项目名/issues?access_token=token 值。

也是以 json 格式发送请求体，包括 title、body 等字段，使用 post 异步方法发送请求，

参数和上面的 put 一致。结果如下：

```
void post() async{
  var baseUrl="https://api.github.com/";
  var operate="repos/toly-flutter/flutter_journey/issues";
  var params="?access_token=4514388836f6da9f6c6cf7ba0721f2a6d1e89528";//请求参数
  var api =baseUrl+operate+params;//url
  Map<String ,String> headers = {"Content-Type":"application/json"};//请求头
  var reqBody="""{ "title": "一起来 Flutter 之旅吧",
  "body": "Flutter，大家感觉怎么样?应该不难吧!"}
  """;//请求体

  var rep = await client.post(api, headers: headers, body: reqBody);//发送 post 请求，获取响应
  print(rep.body);//响应体
  print(rep.statusCode);//响应码
}
```

get 请求获取一个 issue 和用户基本信息

获取项目一个 issue 的 API 为 : https://api.github.com/repos/用户名/项目名/issues/第几个。这样服务端会将该 issue 的信息发送过来，get 请求不需要使用 token，在浏览器中直接输入该 url 也是可以获取信息的：

200
{"url":"https://api.github.com/repos/toly-flutter/flutter_journey/issues/1","repository_url":"https://api.github
.com/repos/toly-flutter/flutter_journey","labels_url":"https://api.github.com/repos/toly-flutter/flutter_journey/issue
"comments_url":"https://api.github.com/repos/toly-flutter/flutter_journey/issues/1/comments","events_url":"https://api
.com/repos/toly-flutter/flutter_journey/issues/1/events","html_url":"https://github.com/toly-flutter/flutter_journey/i
"node_id":"MDU6SXNzdWU0NzIxMzQyNzc=","number":1,"title":"一起来Flutter之旅吧","user":{"login":"toly-flutter","id":50053
"node_id":"MDQ6VXNlcjUwMDUzNTI0","avatar_url":"https://avatars0.githubusercontent.com/u/50053524?v=4","gravatar_id":""
.com/users/toly-flutter","html_url":"https://github.com/toly-flutter","followers_url":"https://api.github.com/users/to
"following_url":"https://api.github.com/users/toly-flutter/following{/other_user}","gists_url":"https://api.github

```
void get() async{
  var baseUrl="https://api.github.com/";
  var operate="repos/toly-flutter/flutter_journey/issues/2";
  var api =baseUrl+operate;//url
  var rep = await client.get(api);//发送 get 请求，获取响应
  print(rep.body);//响应体
  print(rep.statusCode);//响应码
}
```

获取一个用户基本信息的 API 是 https://api.github.com/user/用户名：

{"login":"toly1994328","id":26687012,"node_id":"MDQ6VXNlcjI2Njg3MDEy","avatar_url":"https://avatars3.githubusercontent
.com/u/26687012?v=4","gravatar_id":"","url":"https://api.github.com/users/toly1994328","html_url":"https://github
.com/toly1994328","followers_url":"https://api.github.com/users/toly1994328/followers","following_url":"https://api.github
.com/users/toly1994328/following{/other_user}","gists_url":"https://api.github.com/users/toly1994328/gists{/gist_id}",
"starred_url":"https://api.github.com/users/toly1994328/starred{/owner}{/repo}","subscriptions_url":"https://api.github
.com/users/toly1994328/subscriptions","organizations_url":"https://api.github.com/users/toly1994328/orgs",
"repos_url":"https://api.github.com/users/toly1994328/repos","events_url":"https://api.github.com
/users/toly1994328/events{/privacy}","received_events_url":"https://api.github.com/users/toly1994328/received_events",
"type":"User","site_admin":false,"name":"张风捷特烈","company":"捷特王国","blog":"http://www.toly1994.com","location":"China",
"email":null,"hireable":null,"bio":"The king of coder.","public_repos":70,"public_gists":0,"followers":271,"following":9,
"created_at":"2017-03-26T09:55:25Z","updated_at":"2019-10-29T06:21:10Z"}
200

```
void getUser({String name='toly1994328'}) async{
  var api ='https://api.github.com/users/$name';//url
  var rep = await client.get(api);//发送 get 请求，获取响应
  print(rep.body);//响应体
  print(rep.statusCode);//响应码
}
```

有了这些数据，接下来就可以在 Dart 中解析 json 数据映射成对象，再将数据填充到界面，例如下面的图：

9.3.2　json 解析

json 作为最常见的网络数据传输格式，对它的解析自然至关重要。不知你是否感觉 json 和 Map 的结构很相似。通过在 convert 中放入 json.decode，可以将 json 字符串转化为 Map 对象。一般我们在实体类中定义命名构造来使用这个 Map 进行字段的初始化，如下所示：

```
---->[day09/06/json.dart]----
class Book {
  String name;
  String author;

  //根据 Map 创建实例
  Book.fromMap(Map<String, dynamic> json) {
    name = json["name"];
    author = json["author"];
  }
}
```

```
import 'dart:convert';
main() {
  String jsonStr = """
{ "name":"Flutter 之旅",
  "author":"张风捷特烈"}
""";
  var book =
  Book.fromMap(json.decode(jsonStr));
  print(book.name);//Flutter 之旅
  print(book.author);//张风捷特烈
}
```

接下来，就可以用网络数据来填充界面了。先通过 json 串来定义出对应实体类，然后定义 GithubUser 类记录用户的以下信息，并提供 fromJson 命名构造通过 Map 初始化对象：

```
---->[day09/06/github_user.dart]----
class GithubUser {

  String reposUrl;//仓库信息页
  String followingUrl;//关注人数的 url
  String bio;//介绍
  String createdAt;//创建日期
  String login;//用户名
  String blog;//博客
```

```
GithubUser({this.reposUrl, this.followingUrl, this.bio,
  this.createdAt, this.login, this.blog, this.updatedAt,
  this.company, this.email, this.followersUrl,
  this.receivedEventsUrl, this.followers, this.avatarUrl,
  this.htmlUrl, this.following, this.name, this.location});

GithubUser.fromJson(Map<String, dynamic> json) {
  var placeholder="秘密";
  reposUrl = json['repos_url'];
```

```
String updatedAt;//最后更新日期              followingUrl = json['following_url'];
String company;//公司                        bio = json['bio']??placeholder;
String email;//邮箱                          createdAt = json['created_at'];
String followersUrl;//被关注人数的url          login = json['login'];
String receivedEventsUrl;                    blog = json['blog']??placeholder;
int followers;//被关注人数                    updatedAt = json['updated_at'];
String avatarUrl;//头像地址                   company = json['company']??placeholder;
String htmlUrl;//github 首页                  email = json['email']??placeholder;
int following;//关注人数                      followersUrl = json['followers_url'];
String name;//昵称                            receivedEventsUrl = json['received_events_url'];
String location;//地点                        followers = json['followers'];
                                              avatarUrl = json['avatar_url'];
}                                             htmlUrl = json['html_url'];
                                              following = json['following'];
                                              name = json['name'];
                                              location = json['location']??placeholder;
                                          }
```

为了方便使用，现在创建一个 GithubApi，其中定义了 getUser 的静态异步方法，传入用户名，通过网络访问返回一个 GithubUser 泛型的 Future 对象：

```
---->[day09/06/api.dart]----
import 'package:http/http.dart' as client;
import 'dart:convert';
class GithubApi{
    //获取用户对象
    static Future<GithubUser> getUser({String login='toly1994328'}) async{
        var api ='https://api.github.com/users/$login';//url
        var rep = await client.get(api);//发送 get 请求，获取响应
        return GithubUser.fromJson(json.decode(rep.body));
    }
}
```

下面来看一个难一点的案例。当一个 json 串里的数组和 json 子串杂糅时，该如何解析呢?如果不希望实体中的属性被修改，可定义成 final 类型，但这时又如何进行解析呢?

比如下面的 json。需要先对 json 串进行分析，提炼出其中的对象并转换为实体。由于属性的 final 特性，无法在命名函数中对属性进行赋值，这时可以通过 factory 关键字表明一个实体构建工厂方法，该方法会返回自身类型，可以通过构造函数创建对象并返回。在 Result 类中也类似，可以在创建对象时先进行需要的转化，核心就是对属性成员的赋值：

```
var jsonStr="""
{
  "count": 3,
  "code": 200,
  "mag": "请求正常",
  "users": [
    {"name": "toly","skill":"Java"},
    {"name": "ls","skill":"Dart"},
    {"name": "wy","skill":"Kotlin"},
  ]
}
""";
```

```
---->[day09/06/json.dart]----
class User{

    final String name;
    final String skill;
    const User(this.name, this.skill);

    factory User.formMap(Map<String, Object> map)=>
        User(map["name"],map["skill"] );
}
```

```
class Result{
  final int count;//数量
  final int code;//响应码
```

```
    final String msg;//信息
    final List<User> users;//用户
    Result(this.count, this.code, this.msg, this.users);
    factory Result.formMap(Map<String, dynamic> map){
        var users = (map["users"] as List).map((item)=>User.formMap(item)).toList();
        return Result(map["count"],map["code"],map["msg"],users);
    }
}
```

通过 https://api.github.com/search/repositories?q=查询参数，可以搜索出包含查询参数的项目信息。下面是使用 DS 作为查询参数的返回结果，我们来解析一下：

{total_count: 161774, incomplete_results: false, items: [{id: 58894582, node_id: MDEwOlJlcG9zaXRvcnk1ODg5NDU4Mg==, name: melonDS, full_name: Arisotura/melonDS, private: false, owner: {login: Arisotura, id: 1311867, node_id: MDQ6VXNlcjEzMTE4Njc=, avatar_url: https://avatars3.githubusercontent.com/u/1311867?v=4, gravatar_id: , url: https://api.github.com/users/Arisotura, html_url: https://github.com/Arisotura, followers_url: https://api.github.com/users/Arisotura/followers, following_url: https://api.github.com/users/Arisotura/following{/other_user}, gists_url: https://api.github.com/users/Arisotura/gists{/gist_id}, starred_url: https://api.github.com/users/Arisotura/starred{/owner}{/repo}, subscriptions_url: https://api.github.com/users/Arisotura/subscriptions, organizations_url: https://api.github.com/users/Arisotura/orgs, repos_url: https://api.github.com/users/Arisotura/repos, events_url:

```
class SearchResultItem {
    final String fullName;//项目名
    final String url;//项目地址
    final String avatarUrl;//用户头像
    final String login;//用户名
    SearchResultItem(this.fullName,
        this.url, this.avatarUrl,this.login);
    factory SearchResultItem.fromJson
        (Map<String, dynamic> json) {
    return SearchResultItem(
        json['full_name'],
        json["html_url"],
        json["owner"]["avatar_url"],
        json["owner"]["login"]);
    }
}
```

```
---->[day09/06/search.dart]----
class SearchResult {
    final int totalCount;//总数
    final List<SearchResultItem> items;//条目
    SearchResult(this.totalCount, this.items);

    factory SearchResult.fromJson
        (Map<String, dynamic> json) {
        final items = (json["items"] as List)
.map((item) =>
        SearchResultItem.fromJson(item))
                                    .toList();
        return SearchResult(
            json["total_count"] , items);
    }
}
```

如果字段过多，也可以使用 json_serializable 插件来辅助生成解析类，或通过 Json2Dart 的工具进行转化。

9.3.3　异步方法的基本使用

首先来看下面的 item 布局，虽然可以自己拼合，不过这里介绍一个内置组件：ListTile。ListTile 将布局划分为如下几块，如果 item 布局结构与之类似，可以直接使用。另外，网络图可以使用 FadeInImage 加载，允许图片占位，加载完成后图片会渐变进入：

```
---->[day09/06/github_panel.dart]----
class GithubUserPanel extends StatelessWidget {
    final GithubUser user;//用户
    final Color color;//主色调
```

```
GithubUserPanel({this.user,this.color=Colors.blue});

@override
Widget build(BuildContext context) {

  var titleTextStyle = TextStyle(//标题文字样式
      color: this.color, fontSize: 17,
      shadows: [Shadow(color: Colors.black, offset: Offset(.3, .3))]);
  var infoStyle = TextStyle(//信息文字样式
      color: Colors.black.withAlpha(150), fontSize: 12,
      shadows: [Shadow(color: Colors.white, offset: Offset(.3, .3))]);

  var image= FadeInImage.assetNetwork(//渐变进入图片
      placeholder: "assets/images/default_image.png",
      image: user.avatarUrl);

  var tile=ListTile(//布局主体
      leading: Container(child:ClipOval(child: image),//左边
        padding: EdgeInsets.all(2),
          decoration: BoxDecoration(
            shape: BoxShape.circle, //圆形装饰线
            color: Colors.white,
            boxShadow: [BoxShadow(color: this.color.withAlpha(55),
              offset: Offset(0.0, 0.0), blurRadius: 3.0, spreadRadius: 0.0,)],
        ),
      ),
    title: Text(user.name,style: titleTextStyle),//中间上部
    subtitle: Wrap(//中间下部
      direction: Axis.vertical,
      spacing: 2,
      children: <Widget>[
        Text("${user.location} | ${user.company}",style: infoStyle),
        Text(user.bio,style: infoStyle,),],
    ),
    trailing: Icon(Icons.close),//尾部
  );

  return Container(
      height: 80,
      alignment: Alignment.center,
      color: color.withAlpha(11),
      child: tile,
  );
  }
}
```

　　整个显示过程中有四种情况：加载中显示 loading，图片未加载完成前使用默认占位图，图片加载完成后透明度发生渐变，最后展示完成。异步处理的思路很简单，调用异步方法请求数据，在获取到数据时重新渲染视图：

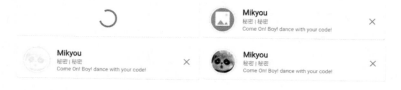

```
void main() {
  runApp(MyApp());
}

class MyApp extends StatelessWidget {
  @override
  Widget build(BuildContext context) {
    return MaterialApp(
      title: 'Flutter Demo',
      theme: ThemeData(
        primarySwatch: Colors.blue,
      ),
      home:Scaffold(
        body: Center(child: GithubShower(),),
      ),
    );
  }
}

class GithubShower extends StatefulWidget {
  @override
  _GithubShowerState createState() => _GithubShowerState();
}

class _GithubShowerState extends State<GithubShower> {
  GithubUser _user;

  @override
  void initState() {
    super.initState();
    _fetchData();//初始时获取数据
  }
  @override
  Widget build(BuildContext context) {
    //加载中视图
    var loadingView= Container(height: 80,child: Center(child: CircularProgressIndicator(),));
    //完成后视图
    var panel= GithubUserPanel(user: _user,color: Colors.black,);
    return Card(child:   _user != null ? panel:loadingView );//根据状态控制显示
  }
  _fetchData() async {//获取数据
    _user = await GithubApi.getUser(login: "mikyou");//调用 api
    setState(() {});//渲染布局
  }
}
```

　　现在你接触了最基本的异步使用方法，在后面还会介绍 FutureBuilder、StreamBuilder 异步组件，以及跨组件间的数据传递，另外还有百花齐放的状态管理，你将会进入一个更加精彩的 Flutter 世界。

Day 10
数据共享与状态管理

其实，Flutter 的难点不是繁杂的 Widget，而是共享数据与状态管理。今天笔者会由浅入深一步步地演示，讲述数据共享的方式以及使用状态管理的必要性。

10.1 数据共享和参数传递

现在不妨停下来思考一下，什么时候会出现数据共享的问题？音乐播放器主页播放的歌曲信息及进度会和详情页共享，返回主页也需要共同的数据；切换设置页的主题色时，这个颜色值会共享在应用的每个角落。

10.1.1 数据共享的传统实现方式

现在来看这个需求（如下图）：以初始项目为蓝本，在左滑页中设置自加步数（step），也就是每次点击加号时数字的增量。现在增量数据 step 需要在两个组件中进行共享。其中左滑页为自定义的 Settings 组件。由于组件实现比较基础，这里重在了解思路，下面只写出核心代码，详情可见源码。

```
---->[day10/01/settings.dart]----
class _SettingsState extends State<Settings> {
    double _step = 1.0;    //略
    Widget _buildStepSlider() => ListTile(
            title: Text('自加步数：${_step.round()}'),
            isThreeLine: true,
```

```
        subtitle: Slider( value: _step,
          onChanged: (v) { setState(() => _step = v); },
          min: 1,   max: 10,   divisions: 10 ),
        trailing: SizedBox(width: 0),
      );
  }
```

　　Settings 组件需要在 MyHomePage 构建时使用，目前数据 step 在 Settings 组件中，而
MyHomePage 在点击时需要用到这个数据。这就涉及数据传递的一种非常重要的方式——
回调传参。在 Settings 组件的构造中传入步数变化的回调，在 Slider 的 onChange 中触发回
调方法：

```
class Settings extends StatefulWidget {      Slider(
  final Function(int) onSelect;                onChanged: (v) {
  Settings({this.onSelect});                     if(widget.onSelect!=null) //处理回调
  @override                                        widget.onSelect(v.round());
  _SettingsState createState() => _SettingsState();  setState(() => _step = v);
}                                              },
```

　　在 _MyHomePageState 中可以使用回调来接受 step 的值。这样虽然可以实现指定增量功
能，但是略显复杂。如果设置页中有很多设置项，那就必须设置很多回调，这显然是非常
麻烦的：

```
class _MyHomePageState extends State<MyHomePage> {      ---->[day10/01/main.dart]----
  int _counter = 0;                                     Scaffold(
  int _step = 1;                                          drawer: Drawer(
                                                            child: Settings(
  void _incrementCounter() {                                  onSelect: (v) {
    setState(() {                                                _step = v;
      _counter += _step;                                      },
    });                                                     ),
  }                                                       ),
```

　　尽管如此，还没有完全符合要求，上面只实现了数据的共享，并未实现数据的同步。
当从主页再次打开设置页时，设置页的 step 会重置为 1，而主页的 step 依然有效。就像你
告诉我一件事，我知道了，你却忘了。这时需要用到数据传递的第二种方式——构造传参：

```
---->[day10/02/settings.dart]----                ---->[day10/02/main.dart]----
class Settings extends StatefulWidget {          Scaffold(
  final Function(int) onSelect;                    drawer: Drawer(
  final int step;                                    child: Settings(
  Settings({this.onSelect,this.step});                 step: _step,
  @override                                            onSelect: (v) {
  _SettingsState createState() => _SettingsState();      _step = v;
}                                                      },
                                                     ),
class _SettingsState extends State<Settings> {     ),
  double _step = 1.0;

  @override
  void initState() {
    _step = widget.step.toDouble();
    super.initState();
  }
```

这样实现起来确实非常复杂，仅是共享一个数据，在两个组件间就要做很多事，又是回调，又是构造传参。多几个设置项，或在更多的组件共享 step，那就被陷入"悲剧"了。

也许你会说，把 Settings 组件抽离出来，直接放在_MyHomePageState 里不就行了吗？确实，同一个类中这些成员数据可以随意使用，在 Flutter 中决定界面显示的都是 Widget，这表示一个 Widget 类可以包罗万象，可以非常冗长，但是这会导致代码杂乱、难以维护、难以复用，这样没有结构性的代码是不可忍受的。

那有办法解决这个问题吗？既想把 Settings 组件单独抽离，又想使用起来简单一些。如果两个人都需要一个东西，那最好是找第三个人进行保管，谁想用谁去拿。这时你也许会想到单例或静态变量，可以用它们来统一存储这些数据。由于都是一份数据，不用担心数据不同步，而且访问起来也比较简单。

如下图所示，定义一个 DataStore 类存放静态变量 step，在 Settings 组件 Slider 滑动时更改 DataStore.step 的值：

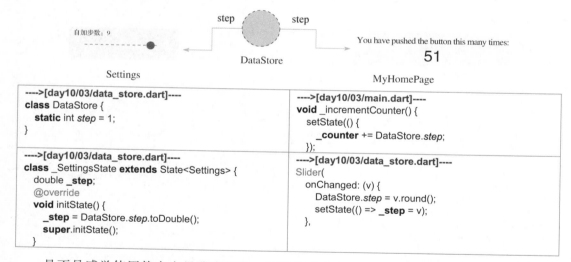

是不是感觉使用静态变量非常简单？不过别高兴得太早，静态变量只能保存一些静态信息，虽然可以解决共享数据传递问题，但是不能解决状态管理问题。而且静态变量贯穿于应用的整个生命周期，对于较大对象，也不建议使用静态变量来全局共享。

10.1.2　用 InheritedWidget 实现数据共享

不知你有没有发现，为什么只要使用 MediaQuery.of(context).size 就能获取屏幕的尺寸？这表明数据信息可以在所有的子组件中共享。如果你仔细观察，可以发现 MediaQuery 和 Theme 都是一个 Widget，而且继承成自 InheritedWidget。下面就来揭开 InheritedWidget 的神秘面纱。

　　MediaQuery.of 方法返回 MediaQueryData 的对象，该对象包含 size、devicePixelRatio 等媒体相关的信息。核心方法是 context 的 dependOnInheritedWidgetOfExactType 获取对象，如果返回结果为空，则会抛出异常。这是个常见的错误，如果顶层组件不是 MaterialApp 或 WidgetsApp，就不能调用 MediaQuery.of：

```
static MediaQueryData of(BuildContext context, { bool nullOk = false }) {
  assert(context != null);
  assert(nullOk != null);
  final MediaQuery query = context.dependOnInheritedWidgetOfExactType<MediaQuery>();
  if (query != null) return query.data;
  if (nullOk) return null;
  throw FlutterError.fromParts(<DiagnosticsNode>[
    ErrorSummary('MediaQuery.of() called with a context that does not contain a MediaQuery.'),
    ErrorDescription(
      'No MediaQuery ancestor could be found starting from the context that was passed '
      'to MediaQuery.of(). This can happen because you do not have a WidgetsApp or '
      'MaterialApp widget (those widgets introduce a MediaQuery), or it can happen '
      'if the context you use comes from a widget above those widgets.'
    ),
    context.describeElement('The context used was')
  ]);
}
```

　　在 Day 8 介绍元素装配时说过，BuildContext 美丽的外衣下是 Element，Element 会持有其父结点。所以这里的 context 的本质是 Element。下面看一下 Element 源码是如何实现数据共享的：

```
---->[Element#widgets/framework.dart:3563]----
@override
T dependOnInheritedWidgetOfExactType<T extends InheritedWidget>({Object aspect}) {
  assert(_debugCheckStateIsActiveForAncestorLookup());
  final InheritedElement ancestor = _inheritedWidgets == null ? null : _inheritedWidgets[T];
  if (ancestor != null) {
    assert(ancestor is InheritedElement);
    return dependOnInheritedElement(ancestor, aspect: aspect);
  }
  _hadUnsatisfiedDependencies = true;
  return null;
}

InheritedWidget dependOnInheritedElement(InheritedElement ancestor, { Object aspect }) {
  assert(ancestor != null);
  _dependencies ??= HashSet<InheritedElement>();
  _dependencies.add(ancestor);
  ancestor.updateDependencies(this, aspect);
  return ancestor.widget;
}
```

　　使用 dependOnInheritedWidgetOfExactType 的方法，能够向上追溯去找祖先是

InheritedElement 类型的元素结点，即上面源码中的 ancestor 结点。随后会触发该元素的 updateDependencies 方法，并返回该 Element 持有的 Widget，也就获取了其中的数据。注意一点，在此时会回调 ancestor 的 updateDependences 方法。也就是说能使用 MediaQuery.of 的 context，对应的 Widget 树上层中必须存在 MediaQuery 组件。MaterialApp 依赖 WidgetsApp 实现，而 WidgetsApp 的 build 中使用了 MediaQuery：

```
---->[WidgetsApp#widgets/app.dart:1252]----
@override
Widget build(BuildContext context) {
  return MediaQuery(
    data: MediaQueryData.fromWindow(WidgetsBinding.instance.window),
    child: widget.child,
  );
}
```

如果想在没有 MaterialApp 的地方获取尺寸，可以效仿 MediaQueryData.fromWindow 来得到，或在顶层嵌套一个 MediaQuery 组件。这样我们就可以效仿源码中的这种方式将共享数据传入自定义的 InheritedWidget 中，让下面的子组件能够使用。其实，这本质上也是把数据存起来，当子树结点需要时再获取。

返回刚才共享 step 的例子，来看一下如何自定义 InheritedWidget。首先定义一个数据模型 StepData 用于记录 step 的值，然后提供设置值的方法。这样在子结点中，StepData 对象数据便可以共享，可以获取和修改 step 的值：

```
---->[day10/04/data_store.dart]----
class StepData{
  int _step = 1;
  int get step => _step;

  void updateStep(int step) => _step = step;
}
```

自定义 DataStore 类继承自 InheritedWidget，持有 StepData 对象。同样定义 of 方法来获取 DataStore 对象，然后子树中组件通过 data 属性就能获取 StepData 对象来使用。在使用时需要将 DataStore 组件包裹在需要共享数据的组件的顶部，这里将其放在 MyHomePage 之上：

```
---->[day10/04/data_store.dart]----

class DataStore extends InheritedWidget {
  final StepData data;

  DataStore({ Key key, @required this.data, @required Widget child,
  }) : super(key: key, child: child);

  @override
  bool updateShouldNotify(DataStore oldWidget) {
    return model.data != oldWidget.data.step;
  }

  static DataStore of(BuildContext context) =>
      context.dependOnInheritedWidgetOfExactType<DataStore>();
}
```

```
---->[day10/04/main.dart]----

class MyApp extends StatelessWidget {
  @override
  Widget build(BuildContext context) {
    return MaterialApp(
      title: 'Flutter Demo', primarySwatch: Colors.blue   ),
      home: DataStore(
        data: StepData(),
        child: MyHomePage(title: 'Flutter Demo Home Page3')),
    );
  }
}
```

在_MyHomePageState 的自增方法中直接获取结点数据中的 step，在 Settings 组件中用 Slider 拖动时调用更新数据的方法，这样就能实现数据共享的效果：

```
---->[day10/04/main.dart]----

void _incrementCounter() {
  setState(() {
    _counter += DataStore.of(context).data.step;
  });
}
```

```
---->[day10/04/settings.dart]----

Slider(
  onChanged: (v) {
    DataStore.of(context).data.updateStep(v.round());
    setState(() => _step = v);
  },
```

上面介绍了如何处理多组件间数据共享的问题，那么状态管理是什么呢？状态也就是界面的表现形式，组件状态量的变化最终会引起界面的变化。而当数据与状态量挂钩，再加上刷新，就意味着能以数据驱动界面，即数据的变动会自发引起界面的变化。比如 App 的主题色是一个状态量，在设置页点击一个换色的按钮，所有界面立刻响应，并改变颜色。这不仅仅是数据的共享，还有状态的自动刷新。

接下来将逐步介绍如何实现状态管理。

10.2　状态管理的原始处理过程

之前我们已经解析过 GitHub 的用户并展现在界面上，现在将一个用户的 follower 通过 ListView 展现出来，并根据不同状态来展现不同视图。这是一个非常常见的场景，通过这个场景来展示状态管理的原始过程。

10.2.1　数据准备与界面说明

下面先看状态的类型，状态枚举类为 StateType，有四种状态：加载中（loading）、加载错误（error）、加载成功但是无数据（empty）、加载成功有状态（fill）。四种状态分别对应下图的四个界面：

```
enum StateType { loading, empty, error, fill }
```

```
---->[day10/05/follower.dart]----
class Follower {
  final String login; //用户名
  final String avatarUrl; //头像地址
  final String htmlUrl; //主页
  final String url; //用户信息 API
  const Follower(this.login, this.avatarUrl, this.htmlUrl, this.url); //GitHub 首页
  factory Follower.fromJson(Map<String, dynamic> json) =>
      Follower(json['login'], json['avatar_url'], json['html_url'], json['url']);
}
```

```
---->[day10/05/follower.dart]----
class GithubApi{
  static Future<List<Follower>> getUserFollowers({String login='toly1994328'}) async{
    var api ='https://api.github.com/users/$login/followers';//url
    var rep = await client.get(api);//发送 get 请求，获取响应
    var list =json.decode(rep.body) as List;
    return list.map((e)=>Follower.fromJson(e)).toList();
  }
}
```

　　网络数据的获取想必大家已经能够驾轻就熟了。为了方便使用，我们直接用 API 静态方法访问。这里状态量和判断分支有点多，不过将它们管理好，根据状态类型生成相应的界面也并非那么难。

　　下面看一下常规的处理方式：创建 FollowerPage 进行展现，重点是在 build 方式里，使用自定义的 _checkState 方法查看当前状态，在构建 Widget 时，使用 _buildByState 根据不同状态返回不同界面：

```
enum StateType { loading, empty, error, fill }

class FollowerPage extends StatefulWidget {
  @override
  _FollowerPageState createState() => _FollowerPageState();
}
class _FollowerPageState extends State<FollowerPage> {
  List<Follower> _followers;//数据
  StateType _state=StateType.loading;//当前状态量
  @override
  void initState() {
```

```
    super.initState();
    _fetchData(); //初始时获取数据
  }
  @override
  Widget build(BuildContext context) {
   _state = _checkState();//检查状态
    return Scaffold(    appBar: AppBar(title: Text("关注者"),),
      body: Center(
        child: _buildByState(_state)) //根据状态控制显示
      );
  }
```

```
_fetchData() async {//获取数据
  try {
    _followers = await GithubApi.getUserFollowers(
    login: "toly1994328"); //调用 API
  } catch (e) { print(e);
    _state=StateType.error;
  }
  setState(() {}); //渲染布局
}
StateType _checkState() {//检查状态
  //如果当前已有错误，返回
  if(_state==StateType.error) return _state;
  if(_followers==null){//当前数据对象为空
    return StateType.loading;
  }else if(_followers.isEmpty){//当前列表无数据
    return StateType.empty;
  }else {
    return StateType.fill;
  }
}
```

```
//根据状态显示界面
Widget _buildByState(StateType state) {
  switch (state){
    case StateType.loading:
      return LoadingPage();
      break;
    case StateType.empty:
      return EmptyPage();
      break;
    case StateType.error:
      return ErrorPage();
      break;
    case StateType.fill:
      return FillPage(_followers);
      break;
  }
}
```

四个界面在源码 day10.05.pages.follow 包中，布局简单，这里只看一下 FillPage。在构造方法中传入数据，再使用 ListView 进行构建。其中 FollowPanel 是条目的界面（如下图），根据 Day 9 中的用户条目简单修改一下。这样就得到了最基础的蓝本，接下来就是进行一步步的演变，我们来看一下 FutureBuiler、Stream Builder 如何使用。

 TheStar4Fate ✕

```
class FillPage extends StatelessWidget {
  final List<Follower> followers;
  FillPage(this.followers);
  @override
  Widget build(BuildContext context) {
    return ListView.builder(
        itemCount: followers?.length,
        itemBuilder: (_, index) => Card( child:
            FollowPanel(user: followers[index], color: Colors.blue)));
  }
}
```

10.2.2 FutureBuilder 与 StreamBuilder 的使用

使用 setState 比较烦琐，Flutter 提供了一个专门处理异步方法的组件 FutureBuilder，现在介绍它的使用方法。FutureBuilder 通过 future 属性传入一个异步方法，可以在 builder 属性中根据回调的快照来生成界面。快照对象定义了连接的状态，可以根据不同的状态构建不同的展示界面，比如为 waiting 时可以构建加载中的界面，为 done 时构建加载完成的界面。可以通过 hasError 查看是否有异常，通过 data 获取异步返回的数据，使用方式如下（注意，下面的用法并不规范）：

```
---->[day10/06/pages/follow_page.dart]----
class FollowerPage extends StatefulWidget {
  @override
  _FollowerPageState createState() => _FollowerPageState();
}

class _FollowerPageState extends State<FollowerPage> {

  @override
  Widget build(BuildContext context) {
    return Scaffold(
        appBar: AppBar(title: Text("关注者"),),
        body: Center(
            child: FutureBuilder<List<Follower>>(
                future: GithubApi.getUserFollowers(login: "toly1994328"),
                builder: (BuildContext context,AsyncSnapshot snapshot)=>
                    _buildByState(snapshot)))//根据 snapshot 生成界面
    );
  }

  //根据状态显示界面
  Widget _buildByState(AsyncSnapshot<List<Follower>> snapshot) {
    switch (snapshot.connectionState) {
      case ConnectionState.none://开始异步之前
      case ConnectionState.active://Stream 元素激活时
      case ConnectionState.waiting://等待异步结果
      return LoadingPage();

      case ConnectionState.done://完成
        if (snapshot.hasError) return ErrorPage();
        if (snapshot.data.isEmpty) return EmptyPage();
        return FillPage(snapshot.data);
    }
  }
}
```

上面在构造 FutureBuilder 时创建异步对象，会存在过度刷新的问题。产生该问题的原因很容易理解，这样在刷新时会触发 build 方法，那么 FutureBuilder 就会再执行异步方法获取数据，这就造成过度刷新。源码注释中也有明确说明：future 对象的创建需要在实例化 Future Builder 之前进行。我们可以在 StateWidget 的 initState、didChangeDependencies 执行时先创建 future 对象。

```
--→[day10/07/pages/follow_page.dart]----
class _FollowerPageState extends State<FollowerPage> {
  var _count = 0;
  Future<List<Follower>> _future;
```

```
@override
void initState() {
  super.initState();
  _future = GithubApi.getUserFollowers(login: "toly1994328");
}
```

如果想要下拉刷新或搜索查询，只要在更新 future 对象后刷新 setState，FutureBuilder
就会重新执行异步方法。你觉得多次的异步请求像什么？没错，是流。下面看看
StreamBuilder 的使用。通过 StreamBuilder 可以订阅一个流，从而对流中的元素进行监听。

这里将四种状态类型作为元素，在页面处于不同状态时添加元素，每次添加都会触发
更新，在激活态（active）下便可以拿到元素。既然要添加元素，管理员当然必不可少。下
面使用 StreamBuilder 实现每次下拉都会刷新数据的效果：

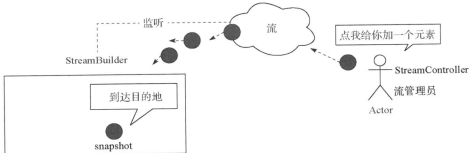

```
---->[day10/08/pages/follow_page.dart]----
enum StateType { loading, empty, error, fill }

class FollowerPage extends StatefulWidget {

  @override
  _FollowerPageState createState() => _FollowerPageState();
}

class _FollowerPageState extends State<FollowerPage> {
  List<Follower> _data;// 数据
  final StreamController<StateType> _controller = StreamController();

  @override
  void dispose() {
    _controller.close();// 关闭控制器
    super.dispose();
  }

@override
Widget build(BuildContext context) {
  return Scaffold(
      appBar: AppBar(title: Text("StreamBuilder 测试")),
      body: Center(child:
      StreamBuilder<StateType>(
        stream: _controller.stream,
        builder: (BuildContext context,AsyncSnapshot snapshot)=>
            _buildByState(snapshot),// 根据 snapshot 生成界面
      )),
```

```
  );
}
  case StateType.fill:
    return RefreshIndicator(
        onRefresh: _getListData,
        child: FillPage(_data));
```

对于用 RefreshIndicator 包裹加载成功后的组件，刷新方法是调用_getListData。在加载数据前后或出现错误时通过控制器向流中添加状态元素，每次添加时都会触发 StreamBuilder 重建内部组件，这样便可以实现页面根据不同的状态进行不同的显示。

```
//获取数据，并使用控制器为流添加元素
Future<void> _getListData() async {
  _controller.add(StateType.loading);
  _data = await GithubApi.getUserFollowers(login: "toly1994328")
      .catchError((e)=> _controller.add(StateType.error));
  _controller.add(_data.isEmpty?StateType.empty:StateType.fill);
}
```

```
//根据状态显示界面
Widget _buildByState(AsyncSnapshot<StateType> snapshot) {
  if(snapshot.connectionState==ConnectionState.waiting){
    return LoadingPage();
  }
    switch (snapshot.data) {
      case StateType.loading: return LoadingPage();
      case StateType.empty: return EmptyPage();
      case StateType.error: return ErrorPage();
      case StateType.fill:
        return RefreshIndicator( onRefresh: _getListData, child: FillPage(_data));
    }
}
```

现在业务逻辑杂糅在了 Widget 中，状态和数据放在一起，耦合比较严重，最好将其进行划分。单独抽出 FollowModel 数据模型，不让 Widget 承担过多的职能。让关联数据模型 FollowModel 获取数据，实现数据与视图的分离。

```
---->[day10/09/follow_model.dart]----
enum StateType { loading, empty, error, fill }

class FollowModel {
  List<Follower> _data;//页面数据
  final StreamController<StateType> _controller = StreamController();//控制器

  Stream<StateType> get state => _controller.stream; //获取状态流
  List<Follower> get data => _data; //获取数据

  //获取数据，并使用控制器为流添加元素
  Future<void> getListData() async {
    _controller.add(StateType.loading);
    _data = await GithubApi.getUserFollowers(login: "toly1994328")
        .catchError((e) => _controller.add(StateType.error));
    _controller.add(_data.isEmpty ? StateType.empty : StateType.fill);
  }

  void dispose() {//关闭控制器
    _controller.close();
```

```
    }
}
---->[day10/09/pages/follow_page.dart]----
class _FollowerPageState extends State<FollowerPage> {
  FollowModel _model= FollowModel();//关联数据模型
  @override
  void initState() {
    super.initState();
    _model.getListData();
  }

  @override
  void dispose() {
    _model.dispose();//关闭控制器
    super.dispose();
  }

stream: _model.state//使用数据模型获取状态流
onRefresh: _model.getListData,//使用数据模型执行获取数据方法
```

10.3　使用插件进行状态管理

　　上面处理数据的过程已经体现出 BLoC（Business Logic Component，业务逻辑组件）的思想了，但是数据、事件、状态还是有些杂糅。BLoC 是一种业务逻辑分离的思想，其核心就是使用 Sink 添加状态元素，促使 StreamBuilder 来驱动界面变化。现在使用 flutter_bloc 插件实现一个搜索页，认识一下 BLoC 的使用方式（当前版本是 flutter_bloc: ^2.0.0，最新版请自行查看）。

10.3.1　BLoC 对数据状态的管理

　　9.3.2 节介绍 json 解析中提到 GitHub 搜索项目的 API，好不容易解析出的内容，当然不能浪费。这里搜索页下面的五种状态，依次是未输入、搜索结果为空、加载中、有结果和异常：

BLoC 中的事件和界面分得非常明确，通常使用类型来拓展状态和事件，并让状态本身持有数据，这样做的好处在于方便拓展。搜索状态和事件如下：

```
---->[day10/10/app/bloc/search/search_state.dart]----
abstract class SearchState {//基态
  const SearchState();
}
class SearchStateNoSearch extends SearchState {}//无搜索状态
class SearchStateEmpty extends SearchState {}//结果为空
class SearchStateLoading extends SearchState {}//加载中
class SearchStateError extends SearchState {}//异常
class SearchStateSuccess extends SearchState {//有结果
  final SearchResult result;//搜索结果
  const SearchStateSuccess(this.result);
}
```
```
---->[day10/10/app/bloc/search/search_event.dart]----
abstract class SearchEvent{//事件基
  const SearchEvent();
}
class EventTextChanged extends SearchEvent {
  final String arg;
  const EventTextChanged(this.arg);
}
```

类要比枚举灵活很多。你可以把类当成贴着标签的小瓶子，如果有属性，就是要盛东西；没有属性，就把它当成一个标识符。

现在状态和事件都有了，然后定义一个 BLoC 进行管理，一个 BLoC 代表一个业务逻辑单元，它兼具获取状态数据及分发事件驱动更新的能力。简单来说，BLoC 是根据事件去生成状态对象，再用状态对象去更新视图。

BLoC 的第一个拦路虎是异步生成器，有人看到 async*和 yield 会感觉有些懵，其实它们只是看上去比较吓人。我们都知道 async 关键字，它返回的是一个 Future 对象。async*是异步生成器的标志，可以看到返回值是 Stream<T>，也就是源源不断的目标 T 对象，通过 yield 关键字将某个目标对象产出，仅此而已。前面说事件类和状态类就像贴了标签的小瓶子，这里通过标签（对象类型）来处理事件，根据情况生成不同的状态对象（瓶子），将其生成到（yield）流里去，成为漂流瓶，然后当你捡到瓶子时可以打开它拿到数据，也可以根据瓶子上的标签进行处理：

```
---->[day10/10/app/bloc/search/search_bloc.dart]----
class SearchBloc extends Bloc<SearchEvent, SearchState> {
  @override
  SearchState get initialState => SearchStateNoSearch();//初始状态
  @override
  Stream<SearchState> mapEventToState(SearchEvent event,) async* {
    if (event is EventTextChanged) {
      if (event.arg.isEmpty) {
        yield SearchStateNoSearch();
      } else {
        yield SearchStateLoading();
        try {
          final results = await GithubApi.search(event.arg);
          if(results.items.isEmpty) yield SearchStateEmpty();
          yield SearchStateSuccess(results);
        } catch (error) {
          yield   SearchStateError();
        }
      }
    }
  }
}
```

使用时需要将状态管理的部分进行包裹。如下所示为使用 MultiBlocProvider 来支持多个 BLoC，将原先的 MyApp() 置于其下，这样相关 BLoC 就能在后继结点中使用：

```
---->[day10/10/main.dart]----
void main() => runApp(Wrapper());

class Wrapper extends StatelessWidget {
  final Widget child;
  Wrapper({this.child});
  @override
  Widget build(BuildContext context) {
    return MultiBlocProvider(//使用 MultiBlocProvider 包裹
      providers: [//BLoC 提供器
        BlocProvider<SearchBloc>(builder: (context) => SearchBloc()),
      ],
      child: MyApp()
    );
  }
}

class MyApp extends StatelessWidget {
  @override
  Widget build(BuildContext context) {
    return MaterialApp(
      title: 'Flutter Demo',
      theme: ThemeData(
        textTheme: TextTheme(subhead: TextStyle(textBaseline: TextBaseline.alphabetic)),
```

```
       primarySwatch: Colors.blue,
     ),
     home:SearchPage(),// 使用搜索页
   );
  }
}
```

现在来看如何在搜索页中使用 BlocBuilder 拿到漂流瓶：使用 BlocBuilder 去创建组件，在回调中就可以拿到漂流瓶，在_buildBodyByState 方法中，通过瓶子标签来控制返回的视图，如果是 SearchStateSuccess 这种能装东西的瓶子，就可以打开拿数据。通过状态创建视图实现不同状态下的界面分离。

```
---->[day10/10/pages/serach_page.dart]----
class SearchPage extends StatefulWidget {
  @override
  _SearchPageState createState() => _SearchPageState();
}

class _SearchPageState extends State<SearchPage> {
  @override
  Widget build(BuildContext context) {
    return Scaffold(
      appBar: AppBar(
        actions: <Widget>[Padding(
          padding: const EdgeInsets.only(right:15.0),
          child: Icon(TolyIcon.icon_sound),
        )],
        title: AppSearchBar(),
      ),
      body: BlocBuilder<SearchBloc,SearchState>(builder: (_,state)=>_buildBodyByState(state)),
    );
  }

  _buildBodyByState(SearchState state) {
    if(state is SearchStateNoSearch)   return NotSearchPage();
    if(state is SearchStateLoading)    return LoadingPage();
    if(state is SearchStateError)   return ErrorPage();
    if(state is SearchStateSuccess)    return FillPage(state.result);
    if(state is SearchStateEmpty)    return EmptyPage();
  }
}
```

数据、界面、事件缺一不可，下面看看如何触发事件。事件是搜索框中的字符串。搜索框是自定义的 AppSearchBar 组件，我把它作为组件单独提取出来：

```
---->[day10/10/widgets/app_search_bar.dart]----
class AppSearchBar extends StatefulWidget {
  @override
  _AppSearchBarState createState() => _AppSearchBarState();
}
```

```
class _AppSearchBarState extends State<AppSearchBar> {
  var _controller=TextEditingController();//文本控制器

  @override
  Widget build(BuildContext context) => Container(
        height: 35,
        child: //见下方代码
  );
  @override
  void dispose() {
    _controller.dispose();
    super.dispose();
  }
}
```

　　TextField 作为输入组件的"一把手"，属性多到令人惊叹。下面便是用 TextField 实现输入框效果，具体属性见注释。输入时会回调 onChanged 方法，其中可以得到字符内容，刚好拿个 EventTextChanged 的漂流瓶，将数据塞进去，抛（add）向大海。到现在为止，一个 BLoC 的最佳实现已经完成，源码位于 day10.10，可运行其中的 main.dart 查看。

```
TextField(
  autofocus: true, //自动聚焦，游标闪烁
  controller: _controller,
  maxLines: 1,
  decoration: InputDecoration(//装饰输入框
      filled: true,//填满
      fillColor: Colors.white,//白色
      prefixIcon:   Icon(Icons.search),//前标
      contentPadding: EdgeInsets.only(top: 7),//调整文字边距
      border: UnderlineInputBorder(
        borderSide: BorderSide.none,//去边线
        borderRadius: BorderRadius.all(Radius.circular(15)),
      ),
      hintText: "搜点啥...",//提示
      hintStyle: TextStyle(fontSize: 14)//提示样式
  ),
  onChanged: (str) => BlocProvider.of<SearchBloc>(context).add(EventTextChanged(str)),
  onSubmitted: (str) {//提交后
    FocusScope.of(context).requestFocus(FocusNode()); //收起键盘
    _controller.clear();
  },
));
```

　　对于输入，有一个非常重要的需求，有时用户并不希望每个字符都触发事件，输入过程中的字符大多不是想要的，从而造成请求的浪费（左图），所以最好在用户输入停顿 500ms 后再发请求（右图）：

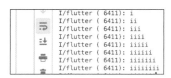

　　使用 BLoC 控制起来非常方便，可以在 SearchBloc 里重写 transformEvents 来对事件进

行转化（如下），这样一个输入需求就基本完美了：

```
---->[day10/11/app/bloc/search/search_bloc.dart]----
import 'package:rxdart/rxdart.dart';

class SearchBloc extends Bloc<SearchEvent, SearchState> {

  @override
  SearchState get initialState => SearchStateNoSearch();//初始状态


  @override
  Stream<SearchState> transformEvents(
      Stream<SearchEvent> events,
      Stream<SearchState> Function(SearchEvent event) next,) {
    return super.transformEvents((events as Observable<SearchEvent>)
        .debounceTime(Duration(milliseconds: 500),),
      next,
    );
  }


  @override
  Stream<SearchState> mapEventToState(SearchEvent event,) async* {
    //同前
  }
}
```

如果新加一个状态或界面，BLoC 该如何应对呢？现在我们将上面通过 StreamBuilder 实现的 Follows 作为主页面，看如何添加进去。

包含三大件：含有数据的状态（State）、事件（Event）、统合两者的 BLoC，如下所示。

```
abstract class HomeState {//基态
  const HomeState();
}
class HomeStateEmpty extends HomeState {}//结果为空
class HomeStateLoading extends HomeState {}//加载中
class HomeStateError extends HomeState {}//异常
class HomeStateSuccess extends HomeState {//有结果
  final List<Follower> result;//搜索结果
  const HomeStateSuccess(this.result);
}
```

```
abstract class HomeEvent{//事件基
  const HomeEvent();
}


class EventFetchData extends HomeEvent {
  final String login;
  const EventFetchData(this.login);
}
```

```
---->[day10/12/app/bloc/home/home_bloc.dart]----
class HomeBloc extends Bloc<HomeEvent, HomeState> {
  HomeBloc(){
    add(EventFetchData("toly1994328"));//初始时加入漂流瓶
  }
  @override
  HomeState get initialState => HomeStateLoading();//初始状态
  @override
  Stream<HomeState> mapEventToState(HomeEvent event,) async* {
    if (event is EventFetchData) {
      yield HomeStateLoading();
      try {
        final results = await GithubApi.getUserFollowers(login:event.login);
        if(results.isEmpty) yield HomeStateEmpty();
        yield HomeStateSuccess(results);
      } catch (error) {
```

```
        yield   HomeStateError();
      }
    }
  }
}
```

对状态管理来说，最重要的一点是不要忘记在 MultiBlocProvider 中配置 BLoC 提供器，使用方法和前面基本一致，就不再赘述。源码在 day10.12 中，运行 mian.dart 可自行查看效果：

```
class Wrapper extends StatelessWidget {
  final Widget child;
  Wrapper({this.child});
  @override
  Widget build(BuildContext context) {
    return MultiBlocProvider(// 使用 MultiBlocProvider 包裹
        providers: [//BLoC 提供器
          BlocProvider<SearchBloc>(builder: (context) => SearchBloc()),
          BlocProvider<HomeBloc>(builder: (context) => HomeBloc()),
        ],
        child: MyApp());
  }
}
```

BLoC 的好处在于非常灵活，需要时只要用 add 添加事件就行了。不用担心各个层级的组件间数据传递的问题，BlocBuilder 会为你带来"漂流瓶"。以前最麻烦的就是子事件回调，层级深一点就会让人很痛苦。现在无论在哪里，扔个 Event 漂流瓶，许个愿，剩下的交给大海吧。比如，下面在分离出的主页面数据页想要下拉刷新，直接扔瓶子：

```
return RefreshIndicator(
  onRefresh: ()async=>BlocProvider.of <HomeBloc>(context).add(EventFetchData("JakeWharton")),
```

10.3.2 Provider 对数据状态的管理

使用 BLoC 中有没有让你感到很自由？结点组件可以拥有发送事件和获取状态的权利。状态管理插件除了 BLoC，还有 Provider，下面通过 Provider 来实现初始项目的国际化和主题更换。如下四张效果图便是本小节要实现的（当前采用的是 provider: ^3.1.0+1 版本，最新版请自行查看）。

Provider 实现主题切换

在切换主题中，状态量为 ThemeData 对象，将其封装在 ThemeState 中，再将 ThemeState 混入 ChangeNotifier，事件刷新界面由 notifyListeners()完成。为了方便使用，内置了几个 get 操作来获取对象，并提供初始状态。使用时也需要包裹住需要共享数据的结点，这里将其放在最外层。另外，MultiProvider 可以支持多个提供器：

```
---->[day10/13/app/provider/theme_state.dart]----
class ThemeState with ChangeNotifier {
  ThemeData _themeData; //主题
  ThemeState(this._themeData);//构造
  void changeThemeData( ThemeData themeData) {//设置主题
    _themeData = themeData;
    notifyListeners();//更新
  }
  ThemeData get themeData => _themeData;//获取主题
  Color get primaryColor => _themeData.primaryColor;//获取 primaryColor

  ThemeState.init([ThemeData theme]) {//初始主题
    _themeData = theme ??
        ThemeData(primarySwatch: Colors.blue,);
  }
}
```

```
---->[day10/13/app/provider/theme_state.dart]----
    void main() => runApp(Wrapper(child: MyApp(),));

class Wrapper extends StatelessWidget {
  final Widget child;
  Wrapper({this.child});
  @override
  Widget build(BuildContext context) {
    return MultiProvider(
      providers: [
        ChangeNotifierProvider(builder: (_) => ThemeState.init()),//提供状态
      ],
      child: child, //孩子
    );
  }
}
```

使用时通过 Consumer 来连接结点，事件触发时只会刷新连接的结点，从而控制刷新粒度。在 builder 属性中，回调的第二个参数是状态对象，通过它可以获取数据，也可以调用方法触发事件：

```
class MyApp extends StatelessWidget {

  @override
  Widget build(BuildContext context) {
    return Consumer<ThemeState>(
        builder: (_,ThemeState state, __) => MaterialApp(//对点消费
            title: 'Flutter Demo',
            theme: state.themeData, //获取数据
            home: MyHomePage(title: 'Flutter Demo Home Page')));
  }
}
```

之前在自定义组件中实现了颜色选择器，刚好拿来用。使用 Consumer 进行对点刷新是很有必要的，它可以让刷新粒度变小，避免无意义的重建，达成的效果如下：点击侧滑栏按钮时触发改变主题的方法，然后 Consumer 立刻响应变色。这属于两个界面间的数据通信。如果使用常规手段就比较麻烦了，控制着几百张界面的颜色会非常头疼。这时共享数据，使用数据管理工具就非常有必要。

状态数据的使用：将需要改变颜色的组件用 Consumer 连接，使用回调的状态类获取颜色。

事件的触发：将触发事件的组件用 Consumer 连接，使用回调的状态类响应事件分发方法。

这样就实现了主题色状态的全局切换，可以说是非常简单的：

```
---->[day10/13/home_page.dart]----
children: <Widget>[
  Consumer<ThemeState>(builder: (_,state,__)=>Text(
    'You have pushed the button this many times:',
    style: TextStyle(color: state.primaryColor,fontSize: 18),
  )),
```

```
---->[day10/13/side_page.dart]----
class SlidePage extends StatelessWidget {

  @override
  Widget build(BuildContext context) {

    return Drawer(
      child: Center(
        child: Consumer<ThemeState>(builder: (_,state,__)=>
          ColorChooser(
              initialIndex:Cons.them_colors.indexOf(state.primaryColor)??4,
            colors:Cons.them_colors ,
            onChecked: (color)=>
                state.changeThemeData(ThemeData(primaryColor: color)),
        )),
      ),
    );
  }
}
```

Provider 实现国际化

这里 Provider 支持三种语言的切换，我们会讲到一个组件同时需要两种状态量时该如何处理，还会学到两个组件：折叠组件和选钮条目，如下所示。

⊕ 切换语言	^	⊕ Switch Language	^	⊕ Ça va mon chéri	^
◉ 中文		○ Chinese		○ chinois	
○ 英文		◉ English		○ anglais	
○ 法文		○ French		◉ française	

先定义一个语言的状态类 LocaleState，并在提供器中进行设置。实现国际化，需要配置 flutter_localizations，处理如下：

```
---->[day10/14/app/provider/local_state.dart]----
class LocaleState with ChangeNotifier{
  Locale _locale;
  LocaleState(this._locale);

  factory LocaleState.zh()=> LocaleState(Locale('zh', 'CH'));//中文
  factory LocaleState.en()=> LocaleState(Locale('en', 'US'));//英文
  factory LocaleState.fr()=> LocaleState(Locale('fr', 'FR'));//法文

  void changeLocaleState(Locale state){
    _locale= state;
    notifyListeners();
  }

  Locale get locale => _locale; //获取语言
}
---->[day10/14/main.dart]----
return MultiProvider(
  providers: [
    ChangeNotifierProvider(builder: (_) => ThemeState.init()),
    ChangeNotifierProvider(builder: (_) => LocaleState.zh()),//在这提供 provider
  ],
---->[pubspec.yaml]----
dependencies:
  #...
  flutter_localizations: #国际化
    sdk: flutter
```

接下来是一个常规操作，定义一个本地代理，继承自 LocalizationsDelegate。泛型 I18N 也是自定义的类，用来接收加载出来的 locale 对象：

```
---->[day10/14/app/provider/i18n/i18n.dart]----
///多语言代理类
class I18nDelegate extends LocalizationsDelegate<I18N> {
  @override//是否支持
  bool isSupported(Locale locale) => ['en', 'zh','fr'].contains(locale.languageCode);
  @override//加载当前语言下的字符串
  Future<I18N> load(Locale locale) => SynchronousFuture<I18N>(I18N(locale));
  @override
  bool shouldReload(LocalizationsDelegate<I18N> old) => false;
  static I18nDelegate delegate =  I18nDelegate();//全局静态的代理
}
```

　　将数据放在 Data 类中进行统一管理，也许你觉得比较麻烦，不过方法基本不变。后面会写个小工具通过 Data 类来生成关于国际化的代码，也就是用代码生成代码：

```
class I18N {
  final Locale _locale;
  I18N(this._locale);
  static Map<String, Map<String,String>> _localizedValues = {
    'en': Data.en,//英文
    'zh': Data.zh,//中文
    'fr': Data.fr,//法文
  };
  static I18N of(BuildContext context) => Localizations.of(context, I18N);
  get title => _localizedValues[_locale.languageCode]['title'];
  get countInfo => _localizedValues[_locale.languageCode]['countInfo'];
  get switchLocal => _localizedValues[_locale.languageCode]['switchLocal'];
  get english => _localizedValues[_locale.languageCode]['english'];
  get french => _localizedValues[_locale.languageCode]['french'];
  get chinese => _localizedValues[_locale.languageCode]['chinese'];
}
```

```
---->[day10/14/app/provider/i18n/data.dart]----
class Data{
  static final en={
    "title":"Flutter Demo Home Page",
    "countInfo":"You have pushed the button this many times:",
    "switchLocal":"Switch Language",
    "chinese":"Chinese",
    "french":"French",
    "english":"English",
  };
  static final zh={
    "title":"Flutter 案例主页面",
    "countInfo":"你已经点击了按钮这么多次:",
    "switchLocal":"切换语言",
    "chinese":"中文",
    "french":"法文",
    "english":"英文",
  };
  static final fr={
    "title":"Bonjour,Madame",
    "countInfo":"Un jour, j'irai là bas, te dire bonjour:",
    "switchLocal":"Ça va mon chéri",
    "chinese":"chinois",
    "french":" française",
    "english":"anglais",
  };
}
```

　　当一个结点需要两个状态时，可以使用 Consumer2 进行消费，最多有 Consumer6，再多的话，就再包一层 Consumer。国际化的三个属性配置如下，这样在项目中就可以使用 I18N.of(context).XXX 的字段了：

```
---->[day10/14/main.dart]----
class MyApp extends StatelessWidget {
  @override
  Widget build(BuildContext context) {
    return Consumer2<LocaleState,ThemeState>(
```

```
builder: (ctx,LocaleState localeState,ThemeState themeState, __) =>
    MaterialApp(
        localizationsDelegates: [
            GlobalMaterialLocalizations.delegate,
            GlobalWidgetsLocalizations.delegate,
            I18nDelegate.delegate ],
        locale: localeState.locale,
        supportedLocales: [   localeState.locale   ],
        title: 'Flutter Demo',
        theme: themeState.themeData, //获取数据
        home: MyHomePage()));
}}
```

正则的使用和国际化生成工具

不管什么编程语言，正则都是必须掌握的"硬功夫"。笔者是非常喜欢玩字符串的，对正则自然也爱不释手。现在介绍一下正则在 Dart 中的基本用法，正则的基础知识，还需你自己学习。我们需要的字段如下，正则表达式也已经给出，看如何从 Data.dart 文件中提取出来：

使用 RegExp 对象匹配字符串，会获取一个 Match 数组，通过 Match 对象的 group 方法获取匹配到的数组，由于加了一个括号，括号里的就是第一组内容，我们只要用一个数组装一下就可以了。由于键有重复的，这里直接用 Set（集合）来装，排除重复：

---->[day02/02/regx.dart]----	---->[打印内容]----

RegExp regSupport = RegExp(r"final(.*?)=");
for (Match m **in** regSupport.allMatches(str)) {
    print(m.group(1).trim());
}
	en
	zh
	Fr

var keys=<String>{};
 	
RegExp regKey = RegExp(r'"(.*?)"\s?:');
for (Match m **in** regKey.allMatches(str)) {
    keys.add(m.group(1).trim());
}
 	
print(keys);
	---->[打印内容]----
	{
	    title,
	    countInfo,
	    switchLocal,
	    chinese,
	    french,
	    english
	}

一旦图中的字段获取完成，我们的 I18N 类也就是确定的，通过字符串连接一下，再生成一个 I18N 文件。以后要加入字段，直接运行代码，让代码来写代码，就不需要我们来修改其中的内容，只需关心 Data 类中的数据即可。或者写一个 json 文件，根据 json 中的字段把 Data 类也创建出来。

虽然有相关插件，但感觉用着也挺麻烦，在无趣的代码中自己造点小情趣，也是很有意思的事。现在你可以根据上面获取的信息自己用字符串来拼接一下，练习一下文件的简单操作，写不好可以参考源码：day10/14/app/provider/i18n/i18n_creater.dart。

10.3.3　Redux 对数据状态的管理

经过前面两个创建过程，大家应该有点感觉了吧，状态管理中重要的就是共享数据如何跨结点、跨界面访问，以及事件如何触发来定点刷新需要改变的消费者。很多人都在议论哪种状态管理工具好，它们大同小异，其实你只需要精通一个，知道它们到底用来做什么才更重要。

用 Redux 实现主题切换

在 Day 1 中介绍 Widget 时，曾用 UI = f(State)来描述组件状态和 UI 的关系。在 Flutter 中，一种状态对应一个界面，修改状态后的刷新等价于修改界面，这也就是为何使用数据去驱动界面。只不过当若干结点的状态量相关联时，采用常规方式就不得不使用构造函数传参，层级过深就会非常麻烦，所以才有管理状态的必要。

Redux 是单一数据源，也就是将整个 App 的状态视为一个 State，提供一个全局的状态仓库 Store。当需要触发事件时使用 Store 去分发（dispatch）事件（Action），仓库中的状态根据 Reducer 生成新的状态，重建后导致页面的刷新，整个的数据流向是单向的。还记得 10.3.2 节中介绍 Provider 时一个结点共享 N 种状态，需要 ConsumerN 吗？由于 Redux 是单一数据源，因此不会出现这样的问题，数据存取比较灵活方便。

由于是对全局的状态统一进行管理，现在定义一个顶级的 AppState，全局唯一，拥有所有资源。现在实现主题切换，在 AppState 中加入子状态 themeState，在总处理器 appReducer 中返回新的 AppState，其 themeState 的对象由 themeDataReducer 处理器实现：

```
---->[day10/15/app/redux/app_redux.dart]----
class AppState {
  final ThemeState themeState;//主题状态
  AppState({this.themeState});
}
//总处理器——分封职责
AppState appReducer(AppState prev, dynamic action){
  return AppState(
    themeState: themeDataReducer(prev.themeState, action));
}

---->[day10/15/app/redux/theme_redux.dart]----
class ThemeState  {
  final ThemeData themeData; //主题
```

```
ThemeState(this.themeData);
Color get primaryColor => themeData.primaryColor;//获取 primaryColor

factory ThemeState.init([ThemeData theme])=>
    ThemeState(theme ?? ThemeData(primarySwatch: Colors.blue,));
}
//切换主题行为
class ActionSwitchTheme {
final ThemeData themeData;
ActionSwitchTheme(this.themeData);
}
//切换主题管理器
var themeDataReducer = TypedReducer<ThemeState, ActionSwitchTheme>(
    (state, action) => ThemeState(action.themeData,));
```

　　使用方式也是大同小异。通过 StoreProvider 包裹住需要共享数据的结点，不太一样的是需要传入仓库 Store。构造 Store 对象时需要传入处理方法和初始状态，这里分别是 appReducer 和 AppState：

```
---->[day10/15/app/redux/theme_redux.dart]----
void main() => runApp(Wrapper(child: MyApp(),));

class Wrapper extends StatelessWidget {
  final Widget child;
  Wrapper({this.child});
  final store=Store<AppState>(//初始状态
    appReducer,//总处理器
    initialState: AppState(//初始状态
     themeState: ThemeState.init(),
    ),
  );
  @override
  Widget build(BuildContext context) {
    return StoreProvider(store: store, child:child);
  }
}
```

　　当需要数据时，只要连接仓库即可，Redux 中的连接器有 StoreBuilder 和 StoreConnector。在其回调中都可以连接到仓库进行状态数据的获取以及事件的分发。如下代码中，使用 StoreBuilder 连接结点，在 builder 属性下，构造器的回调 store 通过 store.state 获取 AppState，在全局的状态下你可以获取任何数据：

```
---->[day10/15/side_page.dart]----
class MyApp extends StatelessWidget {
  @override
  Widget build(BuildContext context) {
    return StoreBuilder<AppState>(
        builder: (context, store) => MaterialApp(//对点消费
            title: 'Flutter Demo',
            theme: store.state.themeState.themeData, //获取数据
            home: MyHomePage(title: 'Flutter Demo Home Page'),
          ));
  }
}
```

```
}
```

　　事件的触发同样使用连接器，获取 store 之后通过 dispatch 方法事件，就可以通过
Reducer 来处理并返回新的状态，对应结点更新，实现了界面的变化。可能你对于 Reducer
有些疑惑，它其实就是一个状态转换器，处理行为并返回新的状态。比如这里切换主题色，
进行 dispatch 操作之后，程序会通过 appReducer 构建新的 AppState，其中 themeState 属性
通过 themeDataReducer 创建。这样通过层层分封，每层负责自己的工作，各自管理好，就
可以顺利运行程序：

```
---->[day10/15/side_page.dart]----
class SlidePage extends StatelessWidget {
  @override
  Widget build(BuildContext context) {
    return Drawer(
      child: Center(
        child: StoreBuilder<AppState>(builder: (context, store) =>
          ColorChooser(
              initialIndex:Cons.them_colors.indexOf(store.state.themeState.primaryColor)??4,
          colors:Cons.them_colors ,
          onChecked: (color)=>
                  store.dispatch(ActionSwitchTheme(ThemeData(primaryColor: color))),
        )),
      ),
    );
  }
}
```

用 Redux 实现计数器

　　通过用 Redux 来实现计数器，来看添加一种状态需要做些什么。首先分析状态量和行
为，状态量为数字，行为是增加，然后通过 Reducer 进行管理：

```
---->[day10/16/app/redux/count_redux.dart]----
class CountState {
  final int counter; //计时器数字
  CountState(this.counter);
  factory CountState.init([int counter]) => CountState(counter ?? 0);
}
//数字增加
class ActionCountAdd {}
//计数器状态处理器
var countReducer =
    TypedReducer<CountState, ActionCountAdd>((state, action) {
  final counter = state.counter + 1;
  return CountState(counter);
});
---->[day10/16/app/redux/app_redux.dart]----
class AppState {
  final ThemeState themeState;//主题状态
  final CountState countState;//计数器状态
  AppState({this.themeState,this.countState});
}
//总处理器——分封职责
```

```
AppState appReducer(AppState prev, dynamic action){
  return AppState(
    themeState: themeDataReducer(prev.themeState, action),
    countState: countReducer(prev.countState, action),
  );
}
```

　　视图本身相当于一个小模块，并不需要去连接状态中的所有量，于是有了 ViewModel 的概念。也就是定义一个 ViewModel，把你需要的先说清楚，让 ViewModel 装着送给你，不要随随便便就去拿总状态。使用 StoreConnector 就缩小了视图层对状态的可视域，不让视图层直接与仓库进行交互，而是通过 ViewModel 进行交互。

　　如下定义了一个 CountViewModel，持有当前页所需的数据和回调事件。现在如果需要颜色，就不用到 Store 去找全局状态，到全局状态去找主题状态，再到主题状态取值。ViewModel 会直接把 color 成员拿出来。如果界面多次用到一个状态量，这样是很优雅的：

```
---->[day10/16/app/redux/app_redux.dart]----
class CountViewModel {
  final int count;//数字
  final Color color;//颜色
  final VoidCallback onAdd;//点击回调

  CountViewModel(
      {@required this.count, @required this.onAdd, @required this.color});

  static CountViewModel fromStore(Store<AppState> store) {
    return CountViewModel(
      color: store.state.themeState.primaryColor,
      count: store.state.countState.counter,
      onAdd: () => store.dispatch(ActionCountAdd()),
    );
  }
}
```

　　一般 ViewModel 会盛放组件需要的所有状态量来提供数据。StoreConnector 的第二泛型是 ViewModel，提供 converter 将状态转化为 ViewModel，这类似于派一个人去仓库拿货，你要做的是告诉他需要拿什么。比如这里有好几处需要颜色，以前是每次都往仓库跑，现在有个专门的人递给我们：

```
---->[day10/16/home_page.dart]----
class _MyHomePageState extends State<MyHomePage> {
  @override
  Widget build(BuildContext context) {
    return StoreConnector<AppState, CountViewModel>(
        distinct: true,
        converter: CountViewModel.fromStore,
        builder: (context, vm) => Scaffold(
            drawer: SlidePage(),
            appBar: AppBar(title: Text(widget.title)),
            body: Center(
              child: Column(
                mainAxisAlignment: MainAxisAlignment.center,
                children: <Widget>[
```

```
                    Text('You have pushed the button this many times:',
                        style: TextStyle(color: vm.color, fontSize: 18)),//从模型中获取颜色
                    Text('${vm.count}', style: Theme.of(context).textTheme.display1,) ],
                ),
            ),
            floatingActionButton: FloatingActionButton(
                onPressed: vm.onAdd,//从模型中获取事件
                backgroundColor: vm.color,//从模型中获取颜色
                tooltip: 'Increment',
                child: Icon(Icons.add) ) ));
    }
}
```

　　StoreConnector 最大的价值还不止于此,如果变化后 ViewModel 的状态量不变,就代表不需要刷新该组件。而 StoreBuilder 无法做到这一点,StoreConnector 中有一个 distinct 的布尔属性,当为 true 时,数据模型不变,则不刷新该组件。此时需要重写 ViewModel 相等的逻辑,如果让自加逻辑返回原值,点击时 Debug 查看源码 buildScope 中脏表的信息就会发现,该元素不在脏表内,就不会重建渲染元,进而减少开支:

```
class CountViewModel {
    final int count;//数字
    final Color color;//颜色
    final VoidCallback onAdd;//点击回调
    CountViewModel( {@required this.count, @required this.onAdd, @required this.color});
    static CountViewModel fromStore(Store<AppState> store) {
        return CountViewModel(
            color: store.state.themeState.primaryColor,
            count: store.state.countState.counter,
            onAdd: () => store.dispatch(ActionCountAdd()) );
    }
    @override
    bool operator ==(Object other) =>
            identical(this, other) || other is CountViewModel && runtimeType == other.runtimeType &&
                count == other.count&&
                color == other.color;
    @override
    int get hashCode => count.hashCode ^ color.hashCode;
}
```

　　到这里,状态管理的三种插件基本用法就介绍完了,你是否有所收获呢?关于状态管理还有很多知识点,本书只是带大家了解一下。现在你可以试着使用 Redux 添加切换全局语言的状态,也可以用 BLoC 写一下主题和语言的切换,或用 Provider 和 Redux 写一下之前的 GitHub 搜索页和展示页。接下来我们将看一下 Flutter 中如何实现数据的存储,让我们的 App 不再因断电而"失忆"。

11

Day 11

数据持久化和读取

在程序完全退出之后，运行在程序内存中的对象就被关闭了，理论上你的 App 会"完全失忆"，但是你会看到相同的界面，你的游戏账号等级还是 180 级，极品红装、SSR 都还在，这些都归功于数据的持久化。

关于数据，有两项基本操作：写入和读取。最常见的是将数据保存在数据库中，因为数据库可以提供复杂的读写操作。除此之外，也不乏保存在文件中的数据，只要读写的接口对应，也能正常工作。为了方便解析，键值对可以存储成 xml 格式的配置文件，稍复杂的对象可以存储为 json 文件。

上面说的是本地持久化，但如果手机丢了或坏了，数据还是有丢失的风险。在网络时代，服务器是数据最美好的乐园，不仅不会丢，还能在各个设备间进行同步，但是访问网络有效率和流量问题。想要在没有网络时也能访问数据，将网络数据缓存到本地也是很有必要的，所以数据的持久化形式多种多样，要因地制宜。不管是在网络上还是在本地，数据库都是一个硬核，毕竟服务器也是通过数据库进行存储的。

11.1　Flutter 中的数据库存储

在移动设备中最常用的是轻量级的 SQLite 数据库，想必你多少有些了解。在介绍数据库之前，先讲讲我们想做什么。这里做一个展示页，显示一个待办项（Todo）。不过本节重点讲的是关于数据库的操作，对于界面效果的代码，并没有过多讲解。

11.1.1　数据库的初始化

也许大家都认为待办项应用非常简单，只有两种状态——完成和未完成，其实不然。时间是在流动的，所以 DateTime.now 会形成一个时间流，在这条流上的所有事件便是我们的状态。一件事有四种状态：prepare、doing、done 和 death。

想起一件事到真正开始做之前，称之为准备态（prepare），开始做到完成前为进行态（doing），结果有两种：完成（done），未完成（death）。进度有两种：准备进度和进行进度。而这些只需要三个时间点，便可以映射出来：

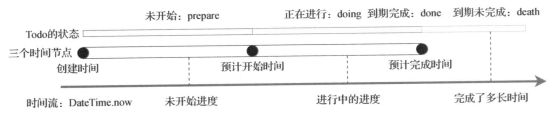

在介绍数据库之前，先看一下我们需要的字段：待办事项的标题（title）、内容（content）、时间（create_time）、颜色（color），还有是否完成（done）、开始做的时间和预计完成时间。数据库原始数据的对应类如下。

状态角标

当前进度

```
---->[day11/model/todo_bean.dart]----
class TodoBean {
  //Todo 数据库数据模型
 final int todoId; //id
  String todoTitle; //标题
  String todoContent; //内容
 final int todoCreateTime; //创建时间，存储为时间戳
  int todoStartTime; //开始做时间，存储为时间戳
  int todoEndTime; //预计完成时间，存储为时间戳
  String todoColor; //颜色，存储为 0xFFFF0000 格式
  int todoDone; //是否完成，存储为 1 表示 true，0 表示 false
  int todoIcon; //图标索引，存储为数字
  TodoBean({
    this.todoId, this.todoTitle, this.todoContent,
    this.todoCreateTime, this.todoEndTime, this.todoStartTime,
    this.todoColor = "0xFFFF0000",
    this.todoDone = 0, this.todoIcon = 0
  });
}
```

插件 sqflite 提供一种在 Flutter 中访问 SQLite 数据库的手段。先看一点简单的，初始化一个数据库，并获取版本号，将版本号显示在界面上：

数据库版本:1

为了方便使用，这里创建一个 TodoDao 的类用于访问数据库，之后将会在这个类中进行数据库的初始化以及增删改查等操作。在 Dart 里实现单例非常简单，私有化构造可以使用"类名._()"格式实现，这样外界就无法创建此类对象，并通过 db 静态变量创建当前对象暴露给外界，这样就能保证实现该对象的单例：

```
---->[day11/01/dao/todo_dao.dart]----
class TodoDao {
  TodoDao._();//私有化构造
  static final TodoDao db = TodoDao._();//提供实例
}
```

下面进行建库和建表，对 id 进行自增长；时间用时间戳来记录；是否完成使用 1 和 0记录；提供一个图标的映射表，在数据库中存储图标索引即可。通过 initDB 来初始化数据库并获取 Database 对象，其中，在 onCreate 回调方法中通过 db 来执行建表语句：

```
---->[day11/01/dao/todo_dao.dart]----
  static const db_name = "todo.db";//数据库名
  static const String sql_create_table = """
  CREATE TABLE IF NOT EXISTS todo(
```

```
    id INTEGER PRIMARY KEY,
    title VARCHAR(60),
    content TEXT,
    create_time TIMESTAMP,
    start_time TIMESTAMP,
    end_time TIMESTAMP,
    color CHAR(10),
    done SMALLINT,
    icon INT
    );""";//建表语句
Database _database; //数据库
Future<Database> get database async => _database ?? await initDB();
Future<Database> initDB() async {//初始化数据库
  WidgetsFlutterBinding.ensureInitialized();//初始化绑定
  String path = join(await getDatabasesPath(), db_name); //获取数据库路径
  _database = await openDatabase(//打开数据库
    path,//路径
    version: 1,//版本
    onOpen: (db) => print("数据库-------onOpen"),
    onUpgrade: (db,old,now)=> print("数据库-------onUpgrade"),
    onCreate: (Database db, int version) async {
      print("数据库-------onCreate");
      await db.execute(sql_create_table);
    },
  );
  return _database;
}
```

　　由于数据库操作都是异步操作，这里可以用 FutureBuilder 将初始化数据库作为被监听的异步对象，当完成时返回 MyApp，否则返回居中的 FlutterLogo 闪一下屏。要注意，由于一开始使用异步访问数据库，所以在 initDB 方法处先触发，并未完成 runApp 中的初始化工作（可通过断点调试分析）。在 Flutter 1.10 之后，需要调用 WidgetsFlutterBinding.ensureInitialized()来确保Flutter 初始化：

```
---->[day11/01/main.dart]----
void main() => runApp(FutureBuilder(
  future: TodoDao.db.initDB(),
  builder: (_,snap){
    if(snap.connectionState==ConnectionState.done){    return MyApp();
    }else{
      return Material(
          child: Center(child:FlutterLogo(size: 80,)));
    }
}));
```

　　想要显示数据库版本信息，可以在_MyHomePageState 中获取数据库对象，调用其 getVersion 方法。在调用 ToDao.db.ininDB()之后，会看到如下文件中的数据库和数据表创建成功：

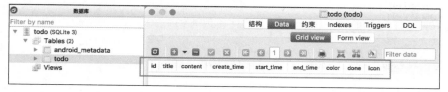

11.1.2　使用 sqflite 进行增删改查

　　sqflite 支持事务，要添加一条数据，可以使用 Database 的 Transaction 方法，会回调 Transaction 对象，其实现了 DatabaseExecutor，所以可以进行数据库操作。如果不需要事务，也可以直接用 Database 操作。这里的问号是变量的占位符，用问号占位，执行插入方法时按顺序对应占位部分，这样既方便，又能防止 SQL 注入的风险：

```
---->[day11/02/dao/todo_dao.dart]----
Future<int> insert(TodoBean todo) async {//插入方法
    final db = await database;
  String add_sql = //插入数据
      "INSERT INTO "
      "todo(title,content,create_time,start_time,end_time,color,done,icon) "
      "VALUES (?,?,?,?,?,?,?,?);";
  return   await db.transaction((tran) async {
    await tran.rawInsert(add_sql, [
      todo.todoTitle, todo.todoContent, todo.todoCreateTime, todo.todoStartTime,
      todo.todoEndTime, todo.todoColor, todo.todoDone, todo.todoIcon]);
  });
}
```

```
---->[day11/02/home_page.dart：插入测试方法]----
Future<void> _insertTestData() async{
  var now=DateTime.now().millisecondsSinceEpoch;
  var aDay=24*60*60*1000;
  TodoBean bean= TodoBean(
    todoTitle: "修复音乐播放器 bug",todoContent: "播放顺序错乱，周五之前搞定。",
    todoColor: "0xffd14d52",todoCreateTime: now,todoStartTime: now+aDay,
    todoEndTime: now+3*aDay,todoIcon: 1);
  await TodoDao.db.insert(bean);
}
```

　　现在，在程序中按创建时间降序查询，然后通过 SnackBar 弹一下：

查询操作 ←

```
---->[day11/02/dao/todo_dao.dart]----
//查询数据方法
Future<List<Map>> queryAll() async {
  final db = await database;
  return    = await db.rawQuery("SELECT * FROM todo ORDER BY id DESC");
}
```

```
---->[day11/02/home_page.dart]: 查询测试方法----
_queryAllData() async{
  _queryMap= await TodoDao.db.queryAll();
  var snackBar = SnackBar(
      backgroundColor: Color(0xffFB6431), //颜色
      content: Text( _queryMap.toString()), //内容
      duration: Duration(seconds: 10), //持续时间
      action: SnackBarAction(onPressed:(){},label:""));
  Scaffold.of(context).showSnackBar(snackBar); //弹出 snackBar
}
```

　　Map 数据已经拿到，那先来填充一个界面试一试。这里的查询结果是 Map 列表，其中每个元素代表一个对象。这样就可以通过数据来映射出 TodoBean 对象。为了方便数据处理，可以定义一个 TodoApi 来专门负责数据的后续处理：

```
---->[day11/02/model/todo_bean.dart]----
factory TodoBean.formMap(Map<String, dynamic> map)=>
    TodoBean(
        todoId: map["id"],
        todoTitle: map["title"],
        todoContent: map["content"],
        todoCreateTime: map["create_time"],
        todoEndTime: map["end_time"],
        todoStartTime: map["start_time"],
        todoColor: map["color"],
        todoDone: map["done"],
        todoIcon: map["icon"]
    ); //原始数据，映射成对象
```

```
---->[day11/02/api/todo_api.dart]----
class TodoApi {// 操作 Todo 的 API，利用 TodoDao 对操作进行再加工
    static Future<List<TodoBean>> query() async {//查询获取 Todo 列表
      var list = await TodoDao.db.queryAll();
      return list.map((e) => TodoBean.formMap(e)).toList();
    }
}
```

　　这样可以异步获取数据，得到 TodoBean 对象列表，处理方式和 11.1.1 节非常类似，这不是本节的重点，具体可见源码 day11/02。测试的视图条目如下，传入 TodoBean 对象：

　　进行修改也很类似，了解 SQL 语句的话应该不难理解。比如下面将第一条数据的 done 字段从 0 修改成 1。同样也提供更新的 API 操作，这里的处理非常简单，至于为什么需要 API，是因为这里想让 TodoDao 专注于和数据库的交互，操作源数据，API 可以进行逻辑上

的控制，比如判空、校验、转换等。不让 TodoDao 管得太多，让它做好联络员就够了：

```
---->[day11/02/model/todo_dao.dart]----
//修改数据方法
Future<int> update(TodoBean newTodo) async {
  final db = await database;
  var result;
  String sql = "UPDATE todo "
      "SET title = ?,content = ?,create_time = ? ,start_time = ?,end_time = ?,color = ? ,done = ? ,icon = ?"
      "WHERE id = ?";
  await db.transaction((tran) async {
    result =await tran.rawUpdate(sql, [
      newTodo.todoTitle,
      newTodo.todoContent,
      newTodo.todoCreateTime,
      newTodo.todoStartTime,
      newTodo.todoEndTime,
      newTodo.todoColor,
      newTodo.todoDone,
      newTodo.todoIcon,
      newTodo.todoId
    ]);
  });
  return result;
}
---->[day11/02/api/todo_api.dart]----
//更新操作
static Future<int> update(TodoBean todo) async {
  return await TodoDao.db.update(todo);
}
```

为了体现修改的作用，这里在点击时修改数据库对应记录中的 todoDone 字段，在条目
视图中根据该字段控制背景色，修改后再查询数据，重新刷新界面。这样就可以根据有没
有完成进行状态反向，也就是点击时两种状态相互切换：

```
---->[day11/02/view/items/todo_chip_item.dart]----
var color= todo.todoDone==0?this.color:Colors.green;

---->[day11/02/home_page.dart]----
_updateData(TodoBean todo) async {
  todo.todoDone = todo.todoDone==1?0:1;
  await TodoDao.db.update(todo);
  todos = await TodoApi.query();
  setState(() {});
}
```

最后是删除操作，下面通过 id 进行删除操作。可运行 day11/02/main.dart 的代码，查看这几个效果：

```
---->[day11/02/model/todo_dao.dart]----
//删除数据方法
Future<int> delete(int id) async {
  var result;
  final db = await database;
  String sql = "DELETE FROM todo WHERE id = ?";
  await db.transaction((tran) async {
    result= await tran.rawDelete(sql, [id]);
  });
  return result;
}
```

```
---->[day11/02/api/todo_api.dart]----
//删除操作
static Future<int> delete(int id) async {
  return await TodoDao.db.delete(id);
}
```

除此之外，还有搜索操作，也是根据原生的 SQL 进行组合的。另外，要提供关闭数据库的操作，可以在程序关闭时把数据库关闭：

```
Future<List<Map>> search(String query) async {
  final db = await database;
  final sql = "SELECT * FROM todo WHERE ("
      "title LIKE ? "
      "OR content LIKE ? "
      ")";
  return await db.rawQuery(sql, [
    "%$query%",
    "%$query%",
  ]);
}
Future<void> close() async{
  final db = await database;
  await db.close();
}
```

11.1.3 数据库数据与 UI 界面的对接

前面我们只是进行了简单的测试，页面比较简单。本节就来看看数据可以穿上多么绚丽的 UI 外衣。在此之前，先说说数据和界面千丝万缕的联系。

我们都知道，一个应用主要由数据和界面组成，数据是单一而灵活的，界面是美丽而善变的。我们所做的一切都是为了让数据填充到界面上，再通过界面来操作数据再次呈现，这样两者良性循环，共同维持着一个 App 的"生命"系统。

一份数据可以对应无数种页面，可以说数据是应用的灵魂，而界面只是应用的外表。同一份数据可以用不同的展现效果，这也是数据和界面结合的魅力。另外，原生的数据就像一块璞玉，需要雕琢和打磨，来适应界面的需要，毕竟不是所有的后端数据都是完美与界面对接的。还有一些字段可以通过运算转换，也没有必要存储在数据库中，一方面占据位置，另一方面增加流量。这时需要增加一些字段（属性）的解析和转化，比如进度值、图标、颜色的解析、当前完成状态、日期的转化等。继续来看 Todo 项目：

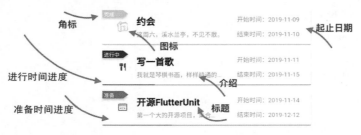

在 TodoBean 中通过 get 关键字来为 UI 提供数据模型，如果转换比较复杂，可以通过 Convert 类专门处理转换逻辑：

```
---->[day11/03/model/todo_bean.dart]----
///数据库数据模型转化为界面 UI 数据模型
int get id=> todoId;
String get title=>todoTitle ;
String get content=>todoContent ;
bool get done=>todoDone==1;
Color get color=>Convert.string2Color(todoColor);
String get startDate=> Convert.millis2Date(todoStartTime);
String get startTime=>Convert.millis2Time(todoStartTime);
String get endDate=> Convert.millis2Date(todoEndTime);
String get endTime=>Convert.millis2Time(todoEndTime);
String get goneTime=>Convert.millis2PastTime(todoCreateTime);
double get progress=>Convert.progressBetweenTime(todoStartTime,todoEndTime,todoCreateTime);
TodoType get type => Convert.date2Type(todoStartTime,todoEndTime,todoCreateTime,done);
IconData get icon => Convert.int2Icon(todoIcon);
```

颜色的转换通过获取字符串截取到数据部分，再通过 int 转换为十六进制的数字；日期通过 DateFormat 来转换，需要导入 Flutter 内置 intl 包下的 intl.dart；图标通过映射完成。如下所示：

```
---->[day11/04/model/convert.dart]----
import 'package:intl/intl.dart';
class Convert{
  //颜色转换
  static Color string2Color(String color) =>
      Color(int.parse(color.substring(2), radix: 16));

  //毫秒转换日期
  static String millis2Date(int millis) {
    var date=DateTime.fromMillisecondsSinceEpoch(millis);
    return DateFormat("yyyy-MM-dd").format(date);
  }

  //毫秒转换时间
  static String millis2Time(int millis) {
    var date=DateTime.fromMillisecondsSinceEpoch(millis);
    return DateFormat("HH:mm:ss").format(date);
  }

  //毫秒转换已经过去的时间
```

```
static String millis2PastTime(int millis) {
  var a=DateTime.now().millisecondsSinceEpoch-millis;
  var hour=a/1000/60/60;
  var second=(hour-hour.floor())*60;
  var minus=((second-second.floor())*60).round();
  return "${hour.floor()}:${second.floor()}:$minus";
}

//图标映射表
static int2Icon(int icon) => Cons.icon_map[icon];
```

比较复杂一点的是根据三个时间计算百分比和完成的状态。通过转换层减轻 TodoBean 中的逻辑处理，让 TodoBean 只关注数据的存放，如果需要更改相关的转换逻辑，只要在 Convert 类中修改即可，这便是分离的好处：

```
//两个时间差与现在的百分比
static double progressBetweenTime(
    int todoStartTime, int todoEndTime, int
todoCreateTime) {
  var now = DateTime.now().millisecondsSinceEpoch;
  if (now > todoStartTime && now < todoEndTime) {//说明
正在进行中
    return (now - todoStartTime) / (todoEndTime -
todoStartTime);
  }
  if (now < todoStartTime) {//说明还未开始
    var len = todoStartTime - todoCreateTime; //创建到开
始的时间
    var past = todoStartTime - now; //已经过去的时间
    return 1 - past / len;
  }
  if (now > todoEndTime) {//说明已完成
    return 1;
  }
}
```

```
//转换为完成状态
static TodoType date2Type(
    int todoStartTime, int todoEndTime, int
todoCreateTime, bool done) {
  if (done) return TodoType.done;
  var now = DateTime.now().millisecondsSinceEpoch;
  if (now > todoStartTime && now < todoEndTime) {//说明
正在进行中
    return TodoType.doing;
  }
  if (now < todoStartTime) {//说明还未开始
    return TodoType.prepare;
  }
  if (now > todoEndTime) {//说明已到期且未完成
    return TodoType.death;
  }
}
```

可以自定义另一个组件进行数据展示，运用时仅需要简单地替换一下条目组件即可。这样看来，数据更像是一种 UI 的接口，只要满足了接口便可以替换和显示，完成不同的展现效果，如下所示：

由于本节的要点在于数据库的操作，没有涉及页面的布局，你可以自己动手写一下。

源码在 day11/04 中，可运行查看，添加的界面和逻辑自己可以尝试一下。

11.2   表单与数据持久化

本节来看一下表单的实现和简单数据的持久化，实现案例为如下的注册页。

很多朋友问过我一个问题：在使用表单时，键盘会覆盖住输入框，如何解决？是输入框太长会出现越界现象，怎么办？本节将会解开你的疑惑。

同时，通过实现注册和登录页面，练习数据的持久化和读取，其中，将用户信息通过json 串存入，是否已登录的标识通过 XML 配置文件存入。

11.2.1   表单注册页

由于本节的核心是数据的持久化，对界面组件不做详细说明。你可以查看相关源码，并不是非常复杂。

对于表单的覆盖和越界问题，可以使用 SingleChildScrollView 包裹住表单内容，这样越界时可以进行滑动。这里使用 Stack 作为最外层，背景图和表单叠放，这样背景就不会滚动。

输入框通过 TextFormField 实现，它继承自 TextField，属性很多都是一样的。比较特殊的是它作为 Form 组件的 Child 时，会根据 FormState#save 和 FormState#validate 分别触发回调 onSaved 和 validator，用于数据的保存和验证。如下是用户名的输入框：

```
---->[day11/05/views/register_page.dart]----
TextFormField( //略...
    onSaved: (value) => _name = value,
    validator:Validator.check.name,
),
```

验证回调通过自定义 Validator 类实现用户名校验逻辑，此处简单处理一下。抽取为一个类方便以后增加或修改验证逻辑，不用到长长的组件类中去找是在哪里触发的，而且简洁明了，发生错误时也比较容易排查（密码和确认密码的操作也是类似的，详见源码）。

```
---->[day11/05/logic/validator.dart]----
class Validator{
 static   String name(String name){
    if(name.isEmpty) return "用户名不为空";
    if(name.length<15) return "密码不小于 6 位";
    return null;
  }
```

将交互的输入框使用可变状态的 Form 组件包裹，就可以感受到 Form 带来的便利，比如保存状态和校验方法回调，而且校验不成功时它可以自己给出提示。在此之前，我们需要一个表单的 key 用于找到该表单的 FormState 对象，校验和保存的方法来自该状态对象：

```
---->[day11/05/views/register_page.dart]----
GlobalKey<FormState> _formKey = GlobalKey<FormState>(); //1.全局 FormState 泛型 key

@override
Widget build(BuildContext context) {
...
    child: Form(
        key: _formKey,//2.使用 key
        child: Column(
...
_onFieldSubmitted() {
  FormState formState = _formKey.currentState;//3.从 _formKey 中获取 FormState
  formState.save(); //调用 save 方法触发输入框的 onSaved
  if (formState.validate()) {//调用 validate 方法触发输入框的校验回调
    print("验证成功" + _name);
    //验证成功，执行逻辑------------
    //固化数据 --> 跳转到登录页 --> 访问数据 --> 跳转主页面
  }
}
```

这里简单看一下源码中 GlobalKey 获取状态的方法；处理也比较简单，将 key 标记的组件元素拿到。之前说过 StatefulElement 同时持有 Widget 和 State 的引用，这里将 State 拿出来并看一下是否符合当前泛型，这是 key 的一种作用：

```
---->[源码 GlobalKey]----
T get currentState {
  final Element element = _currentElement;
  if (element is StatefulElement) {
    final StatefulElement statefulElement = element;
    final State state = statefulElement.state;
    if (state is T)
      return state;
  }
  return null;
}
```

11.2.2　持久化 json 数据和读取

数据库可以说是存储中的火车，但存储一些极为简单的小对象时，骑一辆自行车就够了，有没有轻便一点的本地存储方式呢？LocalStorage 插件实现了本地 json 串的存储与读取。

9.3.2 节中介绍 json 转对象时，我们是用 decode 将 json 解码为 Map，现在用 encode 将对象编码成 json。此时对象必须有 toJson 方法，这是 encode 方法里明确规定的：

```dart
---->[day11/06/bean/user_bean.dart]----
import 'dart:convert';

class UserBean{
  @required String name;//名称
  @required String password;//密码
  UserBean({this.name="toly",
    this.password="root",
});

  String get jsonStr {
    return json.encode(this);
  }

  Map toJson() {
    Map map = new Map();
    map["name"] = this.name;
    map["password"] = this.password;
    map["imagePath"] = this.imagePath;
    return map;
  }
}
```

这个方法比较小巧，但也要认真对待，随意存放会很凌乱。这里定义 LocalDao 用于处理本地 json 数据与程序的对接，如增删改查等。如有必要，还可以加一个转换层来处理转化数据：

```dart
---->[day11/06/dao/local_dao.dart]----
class LocalDao{
  LocalDao._();
  static LocalDao dao = LocalDao._();//单例
  static String user_key="user_key";//定义对象键
  LocalStorage _storage;//本地json存储对象
  Future<void> initLocalStorage() async{
    _storage = LocalStorage('todo_user');//创建存储文件
    await _storage.ready;
  }
  Future<void> insert(String key,UserBean userBean) async{
    if(key==user_key){
      await _storage.setItem(key, userBean.jsonStr);//插入数据
    }
  }
}
```

这样一来就有存储对象的方式了，剩下的就非常简单了：在注册页的提交方法中插入数据即可，记得先初始化 LocalStorage，一般初始化工作会在程序运行前统一处理。一切就绪之后可以看到应用包中出现了相关文件和内容。这里只是简单演示，在实际使用时，可在此执行异步来请求注册接口，完成注册业务逻辑：

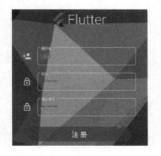

```
---->[day11/06/views/register_page.dart]----
_onFieldSubmitted() async{
  FormState formState = _formKey.currentState;//3.从_formKey 中获取 FormState
  formState.save(); //回调 onSave
  if (formState.validate()) {
    await   LocalDao.dao.initLocalStorage();
    await   LocalDao.dao.insert(
            LocalDao.user_key, UserBean(name: _name,password: _pwd));

  }
}
```

然后就是登录界面（如下图），界面基本一致，详见源码：

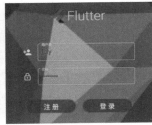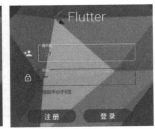

登录的校验可以用到 json 的读取。在此之前先定义 UserBean 的 json 解析方法，然后提供查询方法。在 Validator 中提供校验 login 的方法，当点击"登录"按钮时进行异步请求，查询数据，然后将数据传给 Validator#login 进行校验。实际使用时可在此异步请求登录接口，完成登录逻辑：

```
---->[day11/06/bean/user_bean.dart]----
factory UserBean.formMap(Map<String, dynamic> map)=>
   UserBean(  name: map["name"],   password: map["title"],   imagePath: map["imagePath"] );
---->[day11/06/dao/local_dao.dart]----
Future<void> queryUser(String key) async{
   var data= await _storage.getItem(LocalDao.user_key);
   return UserBean.formMap(json.decode(data));
}
---->[day11/06/logic/validator.dart]----
 bool login(UserBean user,String name,String password) {
   if(password.isEmpty) return false;
   return user.name==name&&user.password==password;
}
```

11.2.3　持久化 XML 数据和读取

现在想要用一个字段记录用户是否登录，相当于从客厅走到厨房，没有必要骑自行车去。对于简单的键值对，可以采用 XML 形式的配置文件，使用官方发布的 shared_preference 非常方便。刚才讲到了登录页面的验证，在验证完成后要做的就是现在的工作：

```
---->[day11/06/views/login_page.dart]----
_onFieldSubmitted() async {
  FormState formState = _formKey.currentState;
  formState.save();
```

```
if (formState.validate()) {
    await LocalDao.dao.initLocalStorage();
    var user = await LocalDao.dao.queryUser();
    var success = Validator.login(user, _name, _pwd);
    if(success) _saveSuccess(); //Todo 登录成功，写入 XML 配置 --> 跳转主页
  }
}
```

shared_preference 封装得很好用，通过 set 相应的数据类型，可以将键值对存入 XML。通过 get 来获取存储的数据。实际使用中可以在此固化 token 信息，注销时再清除：

```
---->[day11/07/views/login_page.dart]----
void _saveSuccess() async{
    var sp=await SharedPreferences.getInstance();
    sp.setBool('is_login', true);
}
```

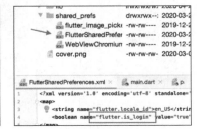

当然这里只是为了演示数据处理的小示例，实际工作中需要根据业务需求进行整合，也可以使用状态管理工具进行管理，在 day11/todo 源码中有一个基于 BLoC 的登录案例。本章的主要目的是实现数据的持久化处理，到这里已经完成了。下面将迎来插件的开发和使用，以及如何进行混合开发，让 Flutter 加入原生程序。

12

Day 12
插件及混合开发

Flutter 世界可以提供极致的 UI 开发体验，而插件又可以实现与平台的交互，一个应用无非就是**界面+数据+平台**。由于数据基本来源于网络和数据库，和平台并没有很大的关系。我们只要维护好插件的生态，那么在使用 Flutter 时就可以无后顾之忧，这样就可以实现界面解耦，甚至跨越不同系统的桌面、浏览器都不是问题。在目前存在各类纷繁的设备系统的情况下，Flutter 描绘了一个跨平台蓝图。

对于开发者而言，使用插件居多，但也有必要了解 Flutter 插件如何开发，这样才能对 Flutter 有更深的理解。前面说过，Flutter 的初始计数器项目可谓恰到好处，现在来看一下 Flutter 的插件初始项目：版本查看器。新建项目就不多说了，选择下图中第二个 Plugin 创建插件。

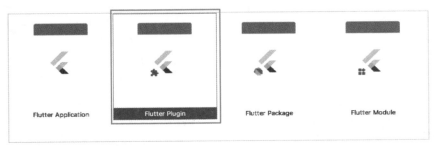

如下所示分别是 Android（左图）和 iOS（右图）的运行效果，可见 Flutter 层可以用访问平台的方法获取数据并显示在 Flutter 的视图中。这说明 Flutter 有联通平台的手段，所以 Flutter 不仅是 UI 框架，不只有一套自己的数据文件系统，还有一套与平台沟通的系统：

12.1   Flutter 和平台间的通信方式

案例项目为 ao_version，项目结构主要包括 android、ios、lib、example，并查看到页面上的文字来源于 example，结构上就是平常的 Flutter 项目。于是开始追踪，进入 Flutter/Dart 端：

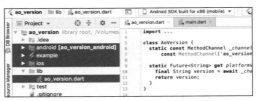

12.1.1   Flutter/Dart 端

在 example 的入口中包含一个 MyApp 的 StatefulWidget，在 initPlatformState 方法中通过 AoVersion.platformVersion 异步获取 platformVersion，然后用文字组件显示：

```
void main() => runApp(MyApp());
class MyApp extends StatefulWidget {
  @override
  _MyAppState createState() => _MyAppState();
}
class _MyAppState extends State<MyApp> {
  String _platformVersion = 'Unknown';
  @override
  void initState() {
    super.initState();initPlatformState();
  }
  @override
```

```
---->[example/lib/main.dart]----
Future<void> initPlatformState() async {

  //异步初始化平台状态
  String platformVersion;
  try {//捕捉 PlatformException.
    platformVersion = await AoVersion
        .platformVersion;//通过插件获取平台版本
  } on PlatformException {
    platformVersion =
        'Failed to get platform version.';
  }
```

```
Widget build(BuildContext context) {
    return MaterialApp(
        home: Scaffold( appBar: AppBar( title:
            const Text('Plugin example app'), ),
            body: Center(
                child: Text('Running on:
                    $_platformVersion\n'),), ),);
    }
}
```

```
//如果在异步消息运行期间该 Widget 从树中删除,
//希望丢弃响应,而不是调用 setState 来更新不存在的外观
    if (!mounted) return;
    setState(() {
        _platformVersion = platformVersion;
    });
}
```

看界面没发现什么特别之处,不过仔细想想,界面上不是写死的字符串,而是一个变量值。Flutter 的 Dart 代码调用了 Android 的 API,这在界面显示的只是一小步,却是实现世界联通的一大步。一切秘密就在 AoVersion 类里。其中只是简单地通过一个字符串获取 MethodChannel 对象,platformVersion 返回的值是通过该对象的 invokeMethod 得到的:

```
---->[ao_version.dart]----
class AoVersion {
    static const MethodChannel _channel = const MethodChannel('ao_version');

    static Future<String> get platformVersion async {
        final String version = await _channel.invokeMethod('getPlatformVersion');
        return version;
    }
}
```

12.1.2　Android/Kotlin 端

Flutter 1.12 之后,Android 端的插件实现方式变化还是比较大的,笔者也及时更新了这一部分。现在来看外层的 android 包,其中有一个 AoVersionPlugin 的插件类实现 FlutterPlugin 和 MethodCallHandler 接口,分别实现接口方法 onAttachedToEngine(连接到引擎时)、onDetachedFromEngine(脱离引擎时)和 onMethodCall(方法调用时)。

创建 MethodChannel 对象时需要一个二进制"信使"BinaryMessenger 和渠道标识字符串,默认生成的代码中 flutterPluginBinding.getFlutterEngine()竟然是过时的。注释中提及可以使用 getBinaryMessenger 获取信使。MethodChannel 对象通过设置方法处理器回调来实现通信:

```
public class AoVersionPlugin: FlutterPlugin, MethodCallHandler {
    override fun onAttachedToEngine(@NonNull flutterPluginBinding: FlutterPlugin.FlutterPluginBinding) {
        val channel = MethodChannel(
//                flutterPluginBinding.getFlutterEngine().getDartExecutor(), //已过时
                flutterPluginBinding.binaryMessenger, "ao_version")
        channel.setMethodCallHandler(AoVersionPlugin());
    }
    companion object {
        @JvmStatic
        fun registerWith(registrar: Registrar) {
            val channel = MethodChannel(registrar.messenger(), "ao_version")
            channel.setMethodCallHandler(AoVersionPlugin())
        }
    }
    override fun onMethodCall(@NonNull call: MethodCall, @NonNull result: Result) {
        if (call.method == "getPlatformVersion") {
```

```
        result.success("Android ${android.os.Build.VERSION.RELEASE}")
    } else {
        result.notImplemented()
    }
}
    override fun onDetachedFromEngine(@NonNull binding: FlutterPlugin.FlutterPluginBinding) {}
}
```

　　onMethodCall 方法回调两个对象：MethodCall 和 Result。MethodCall 可以匹配 Flutter/Dart 端的方法名，Result 可以通过 success 方法将结果，也就是刚才界面上的版本信息传给 Flutter 端。如果将标识改成"ao_version1"，然后重新运行，不出所料，由于标识不一致，无法获取正常获取版本：

Running on: Unknown

　　有了现在的已知条件，就可以来试验一下调用 Android 中的 toast 弹框。现在需要在 AoVersionPlugin 中得到 Android 的上下文。可以发现 Registrar 接口中存在获取上下文的方法，而且插件中 registerWith 方法刚好有这个对象的入参：

Hello Flutter,I am in Android.

```
---->[io.flutter.plugin.common.PluginRegistry.Registrar]----
public interface Registrar {
    Activity activity();
    Context context();
    //...
    }
```

12.1.3　用 toast 连接两个世界

　　我们开始连接世界吧！在 Flutter 插件类中，添加 toast 方法让 MethodChannel 执行。在 Android 插件类中，由于 toast 需要上下文，可以定义 Context 成员，在执行 onAttachedToEngine 和 registerWith 时为其赋值。这里用 toast 字符串为标识，判断 Flutter 内传入的方法名来触发 Android 平台方法：

```
---->[Android 端：com.toly1994.ao_version.AoVersionPlugin]----
/** AoVersionPlugin */
public class AoVersionPlugin: FlutterPlugin, MethodCallHandler {
    private lateinit var context: Context
    private lateinit var channel: MethodChannel
    override fun onAttachedToEngine(@NonNull flutterPluginBinding: FlutterPlugin.FlutterPluginBinding) {
        channel = MethodChannel(flutterPluginBinding.binaryMessenger, "ao_version")
        context = flutterPluginBinding.applicationContext
        channel.setMethodCallHandler(this)
    }
    companion object {
        @JvmStatic
        fun registerWith(registrar: Registrar) {
```

```
        val plugin = AoVersionPlugin()
        plugin.channel = MethodChannel(registrar.messenger(), "ao_version")
        plugin.context=registrar.context()
        plugin.channel.setMethodCallHandler(plugin)
      }
    }
    override fun onMethodCall(call: MethodCall, result: Result) {
      if (call.method == "getPlatformVersion") {
        result.success("Android ${android.os.Build.VERSION.RELEASE}")
      } else if (call.method.equals("toast")) {//当名称是 toast 时，执行
        Toast.makeText(context, "Hello Flutter,I am in Android。", Toast.LENGTH_LONG).show()
      }else { result.notImplemented() }
    }
    override fun onDetachedFromEngine(@NonNull binding: FlutterPlugin.FlutterPluginBinding) {
      channel.setMethodCallHandler(null)
    }
}
---->[Flutter 端：ao_version.dart]----
class AoVersion {
  static const MethodChannel _channel = const MethodChannel('ao_version');
  static Future<String> get platformVersion async {
    final String version = await _channel.invokeMethod('getPlatformVersion');
    return version;
  }
  static Future<void> toast() async => _channel.invokeMethod('toast');//弹出 toast
}
```

最后在 example 中点击版本号，执行插件的 toast 方法。这样一来，Flutter 就成功调用了 Android 中的 toast 方法：插件方法。一条信息跨越两个世界传递了出去：

Hello Flutter,I am in Android.

```
---->[example/lib/main.dart]----
@override
Widget build(BuildContext context) {
  return MaterialApp(//略
      body: Center(
        child: InkWell(
          onTap: () => AoVersion.toast(),
          child: Text('Running on: $_platformVersion\n'))
```

现在来看 ios 文件夹下的文件，发现和 android 文件夹下的插件处理方式非常类似，都是通过静态方法进行注册，然后在处理逻辑中使用 result 对象将结果返回：

```
---->[ios/Classes/SwiftAoVersionPlugin.swift]----
import Flutter
import UIKit
public class SwiftAoVersionPlugin: NSObject, FlutterPlugin {
    public static func register(with registrar: FlutterPluginRegistrar) {
        let channel = FlutterMethodChannel(
                name: "ao_version",
                binaryMessenger: registrar.messenger()
        )
        let instance = SwiftAoVersionPlugin()
```

```
        registrar.addMethodCallDelegate(instance, channel: channel)
    }
    public func handle(_ call: FlutterMethodCall, result: @escaping FlutterResult) {
        result("iOS " + UIDevice.current.systemVersion)
    }
}
```

　　iOS 系统并没有内置像 Android 中的 toast，不过也是可以定制的。这里只是想说明 Flutter 和 iOS 平台的可以相互调用，代码详见 ios/Classes/SwiftAoVersionPlugin.swift，调用 Toast.toast 即可。根据 Android 中的思路，判断函数名称来执行相应的函数，成功地在 iOS 上弹出了 toast，这也说明 Flutter 拥有和 iOS 沟通的能力：

```
import Flutter
import UIKit

public class SwiftAoVersionPlugin: NSObject, FlutterPlugin {
  public static func register(with registrar: FlutterPluginRegistrar) {
    let channel = FlutterMethodChannel(
            name: "ao_version",
    binaryMessenger: registrar.messenger()
    )
    let instance = SwiftAoVersionPlugin()
    registrar.addMethodCallDelegate(instance, channel: channel)
  }

  public func handle(_ call: FlutterMethodCall, result: @escaping FlutterResult) {
    switch call.method {//根据方法名来执行方法

    case "getPlatformVersion"://获取版本
    result("iOS " + UIDevice.current.systemVersion)

    case "toast"://弹 toast
    Toast.toast(text:"我在用 Flutter 调用 iOS 的方法",type:1)

    default:
    result(FlutterMethodNotImplemented)
    }
  }
}
```

　　到此为止，最基本的平台调用方式就完成了，下面我们将继续完善这个 toast 插件，并基于此介绍一下 Flutter 和 Android 以及 iOS 之间的传参问题。

12.1.4　Flutter 向平台传参

插件代码（Flutter/Dart 端）

　　现在创建一个项目 ao_toast。使用时传递两个参数，分别传入 toast 信息，以及时间长或短，Flutter 端渠道内参数类型为 Map，如下：

```
---->[ao_toast.dart]----
///toast 类型[LENGTH_SHORT] 短时间,[LENGTH_LONG] 长时间
enum Toast { LENGTH_SHORT, LENGTH_LONG }
class AoToast {//toast 类
  static const MethodChannel _channel =//方法渠道名
  const MethodChannel('www.toly1994.com.ao.toast');
  static show({String msg, Toast type = Toast.LENGTH_SHORT}) {//静态方法显示 toast
    _channel.invokeMethod('showToast', {//渠道对象调用方法
      "msg": msg,
      "type": type == Toast.LENGTH_SHORT?0:1,
    });
  }
}
```

插件代码（Android/Kotlin 端）

　　Android 端和刚才基本一致，重点在于在 onMethodCall 中进行回调处理时，通过参数名获取 Flutter 中传来的参数，根据参数名获取参数后调用原生方法。通过这种方法，Flutter可以将自己的数据传给 Android 平台，上面也说过，Android 可以通过 Result 对象传递数据给 Flutter 端，从而实现双端的沟通：

Hello, I am in Flutter

```
---->[com.toly1994.ao_toast.AoToastPlugin]----
public class AoToastPlugin: FlutterPlugin, MethodCallHandler {
  private lateinit var context: Context
  private lateinit var channel: MethodChannel
  override fun onAttachedToEngine(@NonNull flutterPluginBinding: FlutterPlugin.FlutterPluginBinding) {
    channel = MethodChannel(flutterPluginBinding.binaryMessenger, "www.toly1994.com.ao.toast")
    context = flutterPluginBinding.applicationContext
    channel.setMethodCallHandler(this)
  }

  companion object {
    @JvmStatic
    fun registerWith(registrar: Registrar) {
      val plugin = AoToastPlugin()
      plugin.channel = MethodChannel(registrar.messenger(), "www.toly1994.com.ao.toast")
      plugin.context=registrar.context()
      plugin.channel.setMethodCallHandler(plugin)
    }
  }
  override fun onMethodCall(call: MethodCall, result: Result) {
    if (call.method == "showToast") {
      val msg= call.argument<String>("msg")//获取参数
      val type:Int= call.argument<Int>("type")!!//获取参数
      Toast.makeText(context, msg, type).show();//弹出 toast
    } else { result.notImplemented()
    }}
  override fun onDetachedFromEngine(@NonNull binding: FlutterPlugin.FlutterPluginBinding) {
    channel.setMethodCallHandler(null)
  }
}
```

插件代码（iOS/Swift 端）

iOS/Swift 端在 handle 中进行回调处理，根据参数名获取参数后调用 iOS 原生方法。

```swift
---->[com.toly1994.ao_toast.AoToastPlugin]----
public class SwiftAoToastPlugin: NSObject, FlutterPlugin {
  public static let channelId="www.toly1994.com.ao.toast"
  public static func register(with registrar: FlutterPluginRegistrar) {
    let channel = FlutterMethodChannel(
        name: SwiftAoToastPlugin.channelId,
        binaryMessenger: registrar.messenger())
    let instance = SwiftAoToastPlugin()
    registrar.addMethodCallDelegate(instance, channel: channel)
  }
  public func handle(_ call: FlutterMethodCall, result: @escaping FlutterResult) {
    let args: NSDictionary = call.arguments as! NSDictionary
    switch call.method {
      case "showToast"://根据方法名调用方法
      let msg:String = args["msg"] as! String
              let type:Int = args["type"] as! Int
              handleToast(msg:msg,type:type)
      default:
      result(FlutterMethodNotImplemented)
      }
  }
  public func handleToast(msg: String, type: Int) {
    Toast.toast(text: msg,type:type)
  }
}
```

```dart
---->[example/lib/main.dart]----
void main() => runApp(MyApp());

class MyApp extends StatefulWidget {
  @override
  _MyAppState createState() => _MyAppState();
}


class _MyAppState extends State<MyApp> {
  @override
  Widget build(BuildContext context) {
    return MaterialApp(
      home: Scaffold(
        appBar: AppBar(title: const Text('Plugin example app'),
        ),
        body: Center(
          child: RaisedButton(
            child: Text("Toast"),
            onPressed: () => AoToast.show(
                msg: "Hello, I am in Flutter", type: Toast.LENGTH_LONG),
          ),
        ),
      ),
    );
  }
}
```

实现插件虽然比较麻烦，但是一旦写好，就能一劳永逸。作为一名使用者，无论核心实现有多复杂，使用简单才是王道，一行搞定两个平台弹 toast，还是挺好的，还能分享给亲朋好友使用，辛苦一点也值了。iOS 中运行效果如下图所示。

12.1.5　插件的使用和上传

方式 1：磁盘路径引用插件

在 pubspec.yaml 中使用该插件的磁盘路径，配置如下。这时在项目的插件依赖中就会看到该插件，这时在项目的包依赖中会看到该插件对应的 dart 文件，之后就可以像案例里那样在 Flutter/Dart 端调用相关方法：

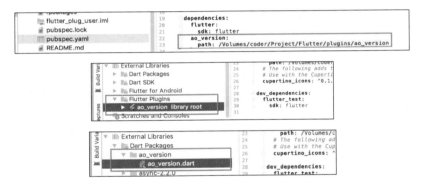

方式 2：GitHub 引用插件

使用 GitHub 引用插件，首先将插件发布到 GitHub，然后在 pubspec.yaml 中根据 git 配置，这样也能让项目引用到该插件：

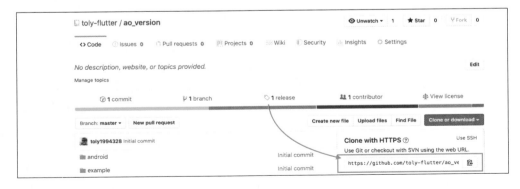

方式 3：发布到公网，让大家使用

发布自己的插件，需要在 pubspec.yaml 中配置基本信息：

```
name: ao_toast #名称
description: a plug toast in Flutter. #描述
version: 0.0.1    #版本
author: 张风捷特烈<1981462002@qq.com> #作者
homepage: https://juejin.im/user/5b42c0656fb9a04fe727eb37/posts #主页
```

在控制台使用下面的命令查看是否有错误：

flutter packages pub publish --dry-run

没有错误后通过下面的命令发布到公网：

flutter packages pub publish --server=https://*pub.dartlang.org*

然后需要进行权限验证，要全部复制，在浏览器中打开，不要在控制台点击链接，由于控制台的换行而导致 URL 不全：

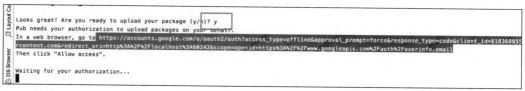

登录之后就可以发布了（由于网络问题，可能发布失败，自行处理）。使用时和其他插件一样，在 pubspec.yaml 中进行引用：

```
dependencies:
    ao_toast: ^0.0.1
```

到这里，Flutter 和 Android 及 iOS 的平台交互逻辑基本就行通了，我们曾经用过很多插件，如 sqflite、sharedpreferences 等，大家可以尝试着看看它们的源码，或者自己制作一些实用插件进行分享。下面来看一下常用的几个插件的用法。

12.2   Flutter 常见插件的使用

官方提供了大量的平台插件来满足 Flutter 和原生应用的交互，本节选取几个常用插件简单介绍一下用法。如果你需要什么插件，可以在插件包的官网 https://pub.dev/进行搜索，获取最新的版本，一般都会有用法介绍和小案例。

12.2.1   路径插件和权限插件

文件的读写是非常常见的场景，通过 path_provider 插件可以获取平台的相关目录。

下面是几个常见路径，前三者 Android 和 iOS 都有对应路径，但 getExternalStorage-Directory 不支持 iOS。经过测试，Android 下 getExternalStorageDirectory 虽然在 SD 卡内，但不需要文件读写访问权限：

```
---->[day12/views/plugs/read_file_page.dart]----
_getPath() async{
  var td=await getTemporaryDirectory();//应用包路径cache 文件
  var asd=await getApplicationSupportDirectory();//应用包路径file 文件
  var add=await getApplicationDocumentsDirectory();//应用包路径app_flutter 文件
  var esd=await getExternalStorageDirectory();//外部存储的应用包路径file 文件，仅适用于 Android
}
_write2File() async{
  var dir=await getExternalStorageDirectory();
  var file=File(path.join(dir.path,"hello_flutter.txt"));
  if(!await file.exists()){
    await file.create(recursive: true);
  }

  await file.writeAsString("Hello,Flutter");//写入文件
  var content= await file.readAsString();//读取文件
  print(content);
}
```

当读取或写入通常的 SD 卡路径时，是会被拒绝的，需要申请权限。permission_handler 插件提供了检查权限和申请权限的方法，通过下面的方法可以检查 Android 的当前权限状态：

```
_checkPermission() async{
  PermissionStatus status = await PermissionHandler()
                    .checkPermissionStatus(PermissionGroup.storage);
```

```
switch(status){
    case PermissionStatus.granted: result+="权限已获取"; break;
    case PermissionStatus.unknown:result+="权限未知";break;
    case PermissionStatus.denied:result+="权限被拒绝";break;
    case PermissionStatus.restricted:result += "权限-restricted";break;
    case PermissionStatus.disabled:result+="权限-disabled";break;
}}
```

Android 有动态权限申请：想要访问 SD 卡文件，需要手动配置权限。你会看到两个 AndroidManifest.xml，在 Debug 模式下两者都可以，但经测试发现，release 模式运行 profile 中的配置时不起作用，所以直接在上面的配置文件中配置即可：

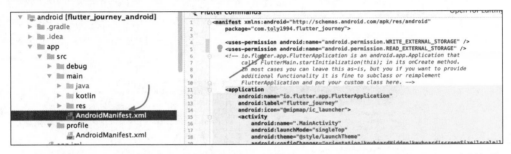

可以先检查一下是否有权限，没有权限时再通过下面的方法申请权限。返回值是一个 Map 对象，记录用户的授权情况，可以用它来进行后续的处理，比如申请权限被拒绝了该怎么办。下面的代码实现了当用户拒绝后再次申请权限，直到被拒绝三次为止：

```
var _apply=0;
_applyPermission() async {
  Map<PermissionGroup, PermissionStatus> permissions =
  await PermissionHandler().requestPermissions([PermissionGroup.storage]);
  //写入文件，遍历结果，根据状态进行处理
  permissions.forEach((key,value) async{
      switch(value){
        case PermissionStatus.granted:
          result += "权限已获取";
          break;
        case PermissionStatus.denied:
          _apply++;
          if(_apply<=3){
            await _applyPermission();
          }
          result += "权限被拒绝";
          break;}
  });
```

```
  setState(() {});
}
```

12.2.2 音频播放插件 audioplayer

我一直对音视频非常感兴趣，所以在此整理一下音频播放插件，并做了一个简易音乐播放条，包括显示进度、歌曲切换、暂停播放的功能。

首先定义出一个音乐播放组件，并做相关变量的定义和初始化：

```dart
---->[day12/views/plugs/music_play_page.dart]----
import 'dart:async';
import 'package:audioplayers/audioplayers.dart';
import 'package:flutter/material.dart';
import 'package:flutter_journey/day3/toly_widget/circle_image.dart';
import 'package:path/path.dart' as path;

class MusicPlayer extends StatefulWidget {
  MusicPlayer({
    Key key,
  }) : super(key: key);

  @override
  _MusicPlayerState createState() => _MusicPlayerState();
}

class _MusicPlayerState extends State<MusicPlayer> {
  AudioPlayer audioPlayer;
  var playUrls = <String>[];//URL 路径集合
  var _position = 0;//第几首
  var _progress = 0.0;//当前进度
  bool _playing = false;//是否播放

  @override
  void initState() {
    audioPlayer = AudioPlayer();//初始化播放器
    audioPlayer.onDurationChanged//进度改变监听
        .listen((Duration d)=> setState((){
      refreshProgress();
    }));//刷新进度
    audioPlayer.onPlayerCompletion.listen((event)=> next());//自动播放下一曲
    audioPlayer.onAudioPositionChanged.listen((Duration   p) => //回调当前播放位置
      print('Current position: $p')
    );
    playUrls.add( "/data/data/com.toly1994.flutter_journey/cache/许巍 - 蓝莲花 (DJ 版).mp3");
    playUrls.add("/data/data/com.toly1994.flutter_journey/cache/留在我身边-青山黛玛.mp3");
    playUrls.add("/data/data/com.toly1994.flutter_journey/cache/荒山亮 - 江湖戏子 [mqms2].mp3");
    super.initState();
  }
  @override
  void dispose() {
```

```
      audioPlayer.dispose();//销毁播放器
      super.dispose();
  }
  @override
  Widget build(BuildContext context) { //见下面的代码
}
```

然后进行组件界面的构建。此处的相对而言比较简单，用列包住进度条和一个行，点击三个按钮时触发相关方法，点击中间按钮时通过_playing变量控制图标及执行方法：

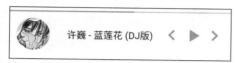

```
@override
Widget build(BuildContext context) {
  var curName = path.basenameWithoutExtension(playUrls[_position]);

  return Container(
    color: Colors.white,
    child: Column(
      mainAxisSize: MainAxisSize.min,
      children: <Widget>[
        Container(height: 2,
            child: LinearProgressIndicator(value: _progress,
              valueColor: AlwaysStoppedAnimation<Color>(Colors.deepOrangeAccent),)),
        Row(children: <Widget>[
            Padding(padding: const EdgeInsets.all(8.0),
              child: CircleImage(image: AssetImage("assets/images/icon_head.png"))),
            SizedBox(width: 20),
            Expanded(child: Text(curName, style: TextStyle(fontSize: 18),)),
            InkWell( onTap: prev,//前一曲
                child: Icon(Icons.keyboard_arrow_left, size: 40,
                        color: Colors.deepOrangeAccent)),
            InkWell(
                onTap: () {_playing ? pause() : play();},//播放和暂停切换
                child: Icon(_playing ? Icons.play_arrow : Icons.stop,
                  size: 40, color: Colors.deepOrangeAccent)),
            InkWell( onTap: next,//下一曲
                child: Icon(Icons.keyboard_arrow_right,
                  size: 40, color: Colors.deepOrangeAccent)),
            SizedBox(width: 10,)
        ])]) );
}
```

最后调用插件中的相关方法让 Flutter/Dart 端与平台进行交互，iOS 需要在 ios/Runner /Info.plist 中添加权限：

```
play() async {//播放逻辑
  if(_playing){
    await audioPlayer.pause();//如果正在播放，则暂停
  }
  await audioPlayer.play(playUrls[_position]);
  setState(() => _playing = true);
```

```
prev() {//上一曲
  if (_position == 0) {//边界校验
    _position = playUrls.length-1;
  }else{ _position--; }
  play();
}
pause() async {//停止
```

```
}                                              await audioPlayer.pause();
next() {//下一曲                                 setState(() => _playing = false);
  _position++;                               }
  if (_position == playUrls.length) {//边界校验
    _position = 0;                           void refreshProgress() async{//更新进度条
  }                                            _progress = await
  play();                                    audioPlayer.getCurrentPosition() /
}                                                await audioPlayer.getDuration();
                                             }
```

```
<key>NSAppTransportSecurity</key>
<dict>
<key>NSAllowsArbitraryLoads</key>
<true/>
</dict>
```

12.2.3　视频播放插件 video_player

　　首先设想视频播放插件的功能，包括播放、暂停、上一个、下一个、循环播放、拖动控制进度。视频播放与音频播放基本上异曲同工，通过 VideoPlayerController 可以从 file、asset、network 加载文件、资源、网络视频。所有的方法和属性集中在 VideoPlayerController 对象身上。定义出一个视频播放组件，下面是相关变量的定义和 VideoPlayerController 的初始化：

```
---->[day12/views/plugs/video_play_page.dart]----
class VideoPlayerView extends StatefulWidget {
  @override
  _VideoPlayerViewState createState() => _VideoPlayerViewState();
}
class _VideoPlayerViewState extends State<VideoPlayerView> {
  VideoPlayerController _controller;
  var playUrls = <String>[]; //URL 路径集合
  var _position = 0; //第几个视频
  var _progress = 0.0; //当前进度
  bool _playing = false;//是否播放
  var _duration = 0; //总时长
  @override
  void initState() {
    super.initState();
    playUrls.add("/data/data/com.toly1994.flutter_journey/cache/sh.mp4"); //初始化数据
    playUrls.add("/data/data/com.toly1994.flutter_journey/cache/cy3d.mp4");
    initPlayer().then((_)=> setState(() {})); //初始化播放器
  }
```

```
@override
void dispose() {   _controller.dispose(); super.dispose(); }
Future<void> initPlayer() async {
  if (_controller != null && _controller.value.isPlaying) {
    await _controller.pause(); //如果播放器是播放状态，先暂停
  }
  //从文件中加载视频，也可以使用.asset 加载资源视频，network 加载网络视频
  _controller = VideoPlayerController.file(File(playUrls[_position]));
  await _controller.initialize(); //初始化后，更新
  var size = _controller.value.size; //视频尺寸
  var position = _controller.value.position; //当前位置
  var duration = _controller.value.duration; //总时长
  _duration = duration.inSeconds;
  print("-----初始化完成-----size:$size----position:$position---duration:$duration--");
  _controller.addListener(() async {//对播放进行监听
    if (_controller.value.isPlaying) {//当播放时更新进度
      var position = _controller.value.position;
      if (position.inSeconds == _duration) {//说明播放结束
        next();
      }
      setState(() => _progress = position.inSeconds / _duration); //更新进度
    }
  });
}
```

然后进行组件界面的构建，整体是一个 Column，下面的播放进度和音乐播放的布局类似，核心视图如下：

```
var video = _controller.value.initialized ? //视频区域
    AspectRatio(aspectRatio: _controller.value.aspectRatio,
        child: VideoPlayer(_controller))
    : AspectRatio(aspectRatio: 4 / 3);
var btns = Row(children: <Widget>[//三个按钮
  InkWell(onTap: prev, //前一个视频
      child: Icon(Icons.keyboard_arrow_left,
          size: 40, color: Colors.deepOrangeAccent)),
  InkWell(onTap: () {_playing ? pause() : play();}, //播放和暂停切换
      child: Icon(_playing ? Icons.pause : Icons.play_arrow,
          size: 40, color: Colors.deepOrangeAccent)),
  InkWell(onTap: next,
      child: Icon(Icons.keyboard_arrow_right,
          size: 40, color: Colors.deepOrangeAccent,)),
  SizedBox(width: 10,),]);
```

```
var seekBar = Slider(//拖动进度
    activeColor: Colors.deepOrangeAccent,
    value: _progress,
    onChanged: (v) => setState(() {
        _progress = v;
        _controller.seekTo(Duration(seconds: (_duration * v).toInt()));
    }));
var progress = Container(height: 2,//进度条
    child: LinearProgressIndicator(value: _progress,
        valueColor: AlwaysStoppedAnimation<Color>(Colors.deepOrangeAccent)));
var panel = Column(
    mainAxisSize: MainAxisSize.min,
    children: <Widget>[video, progress,
        Row(children: <Widget>[btns, Expanded(child: seekBar,)],)],
);
```

<table>
<tr><td>

```
play() async {
    await _controller.play();
    setState(() => _playing = true);
}
next() async {// 下一个视频
    _position++;
    if (_position == playUrls.length) {//边界校验
        _position = 0;
    }
    await initPlayer();
    play();
}
```

</td><td>

```
pause() async {
    await _controller.pause();
    setState(() => _playing = false);
}
prev() async {//上一个视频
    if (_position == 0) {//边界校验
        _position = playUrls.length - 1;
    } else {
        _position--;
    }
    await initPlayer();
    play();
}
```

</td></tr>
</table>

iOS 需要在 ios/Runner/Info.plist 中添加权限：

```
<key>NSAppTransportSecurity</key>
<dict>
<key>NSAllowsArbitraryLoads</key>
<true/>
</dict>
```

12.2.4 图片拾取器 image_picker

可以使用图片拾取器很轻松地拍照和浏览图库，从而获取图片，也可用其进行用户头像的图片采集。现在实现如下操作，其中圆形头像使用以前封装的 CircleImage。

```
---->[day12/views/plugs/image_picker_page.dart]----
class ImagePickerPage extends StatefulWidget {
  @override
  _ImagePickerPageState createState() => _ImagePickerPageState();
}
class _ImagePickerPageState extends State<ImagePickerPage> {
  File _image;
  @override
  Widget build(BuildContext context) {
    return Scaffold(
      appBar: AppBar( title: Text('Image Picker Example')),
      body: Center(
        child: InkWell(
          onTap: _getGalleryImage,
          child: CircleImage(size: 100,
              image:_image == null?
              AssetImage("assets/images/default_image.png"): FileImage(_image)) ),
      ),
      floatingActionButton: FloatingActionButton(
        onPressed: _getCameraImage,
        child: Icon(Icons.add_a_photo) ), );
  }
  _getCameraImage() async {//从相机获取图片
    var image = await ImagePicker.pickImage(source: ImageSource.camera);
    setState(() => _image = image);
  }
  _getGalleryImage() async {//从相册获取图片
    var image = await ImagePicker.pickImage(source: ImageSource.gallery);
    setState(() => _image = image);
  }
}
```

iOS 需要在 ios/Runner/Info.plist 中添加权限：

```
<key>NSCameraUsageDescription</key>
<string>Can I use the camera please?</string>
<key>NSMicrophoneUsageDescription</key>
<string>Can I use the mic please?</string>
<key>NSPhotoLibraryUsageDescription</key>
<string>Can I use the photo library please?</string>
<key>NSAppTransportSecurity</key>
<dict>
<key>NSAllowsArbitraryLoads</key>
<true/>
</dict>
```

12.2.5 通过 webview_flutter 使用已有 Web 页面

如果需要使用已有的 Web 页面，用 webview_flutter 可以轻松实现，在页面加载开始和结束时都会有相应的回调。通过 WebViewController 可以实现 Web 内的前进、后退等操作，这里会用到 WillPopScope 来拦截底部返回键，不会让当前页退栈，以此来控制浏览界面的返回。

```
---->[day11/web_view.dart]----
class WebViewPage extends StatefulWidget {
  final String url;//网址
  WebViewPage({this.url});
  @override
  _WebViewState createState() => _WebViewState();
}
class _WebViewState extends State<WebViewPage> {
  WebViewController webCtrl;//控制器
  @override
  Widget build(BuildContext context) {
    return WillPopScope(
        onWillPop: () async{//点击返回键时回调
          if(await webCtrl?.canGoBack()){//如果 WebView 可返回
            webCtrl?.goBack();//WebView 返回
            return false;//界面不返回
          }else{ return true; }//否则界面返回
        },
        child: Scaffold(
          appBar: AppBar(title: InkWell(onTap: () => webCtrl?.goBack(), //Web 页面返回
              child: Text("WebView"))),
          body: Stack(
            children: <Widget>[
              WebView(
                javascriptMode: JavascriptMode.unrestricted, //默认禁止 JavaScript
                initialUrl: widget.url, //初始 URL
                onWebViewCreated: _onWebViewCreated,//WibView 创建时回调
                onPageFinished: _onPageFinished,//页面加载结束回调
              )])),
    );
  }
  _onWebViewCreated(WebViewController controller) async{//WebView 被创建时回调
    webCtrl = controller; //加载一个 URL
    controller.loadUrl("https://juejin.im/user/5b42c0656fb9a04fe727eb37/collections");
    controller.canGoBack().then((res) => print("是否能后退: $res"));
    controller.currentUrl().then((url) => print("当前 url: $url"));
    controller.canGoForward().then((res) => print("是否能前进: $res"));
  }

  _onPageFinished(String value)=> print("页面加载结束：$value");
}
---->[iOS 的 Info.plist 配置]----
<key>io.flutter.embedded_views_preview</key>
<string>YES</string>*
```

12.3 Flutter 的混合开发

前面 Android 和 iOS 就在 Flutter 里客串一下，现在反客为主，看一下 Android/iOS 如何集成 Flutter 的项目或局部界面，也看一下 Flutter 里怎么集成原生的界面。

12.3.1 Flutter 和 Android 混合开发

有时，原生应用想要引入 Flutter 项目，之前的配置还是比较麻烦的。Flutter 1.12 对 add-to-app 的支持更好了，这让 Flutter 加入原生项目更加容易。现在新建一个 "chaos 文件夹"，里面存放着 AndroidNative 的项目，是原生的 Android 初始项目 Hello World。

Flutter 加入 Android 最简形式

点击 "File→new→New module"，往下翻会看到 Flutter Module 的选项，指定文件夹创建模块 fl_module。这里将 fl_module 也放在 chaos 文件夹里，如下所示：

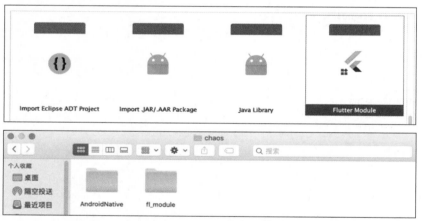

可以看到，gradle 中有 fl_module 的信息，说明集成是没错的。另外，依赖中也引入了 flutter 包，setting.gradle 中定义了模块信息。

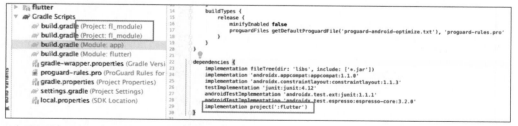

如果要打开一个 Flutter 的界面，只需要调用 FlutterActivity.createDefaultIntent(this) 即可。稍微看一下源码你会发现，这个方法会创建一个新的 FlutterEngine。虽然这是最精简的方法，但你会看到一小段白屏，这是不能忍受的。还有，别忘了在 AndroidMainfest.xml 里注册 FlutterActivity。

```kotlin
class MainActivity : AppCompatActivity() {
    override fun onCreate(savedInstanceState: Bundle?) {
        super.onCreate(savedInstanceState)
        id_tv_hello.setOnClickListener {
            val intent = FlutterActivity.createDefaultIntent(this)
            startActivity(intent)
        }
    }
}
```

```xml
<activity
    android:name="io.flutter.embedding.android.FlutterActivity"
    android:configChanges="orientation|keyboardHidden|keyboard|
                           screenSize|locale|layoutDirection|fontScale|screenLayout|density"
    android:hardwareAccelerated="true"
    android:windowSoftInputMode="adjustResize"
    android:exported="true"
```

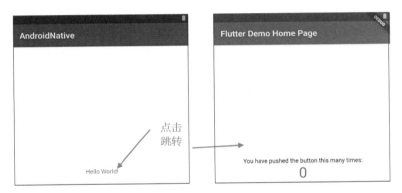

这样来看，一个 Flutter 模块加入 Android 还是非常简单的。接下来看一下如何解决一小段白屏的问题，可以使用引擎的缓存。使用起来分三步：创建引擎，放入缓存池中，拿出来用。这样在跳转时就可以立刻跳到 Flutter 界面：

```kotlin
---->[com.toly1994.androidnative.MainActivity]----
const val ENGINE_ID = "1"
class MainActivity : AppCompatActivity() {
    override fun onCreate(savedInstanceState: Bundle?) {
        super.onCreate(savedInstanceState)
        setContentView(R.layout.activity_main)
        //实例化 Flutter 引擎
        val flutterEngine = FlutterEngine(this)
        flutterEngine.dartExecutor //Dart 执行入口
            .executeDartEntrypoint(DartExecutor.DartEntrypoint.createDefault())
        //缓存引擎
        FlutterEngineCache.getInstance().put(ENGINE_ID, flutterEngine)
        id_tv_hello.setOnClickListener {
            val intent =
                FlutterActivity.withCachedEngine(ENGINE_ID).build(this)
            startActivity(intent)
        }
    }
}
```

引擎初始化工作可以新建一个 MyApplication，在 onCreate 方法里完成。这样在 Activity
中就能直接使用了。不过要记得在 AndroidManifest.xml 里配置 MyApplication：

```kotlin
---->[com/toly1994/androidnative/MyApplication.kt]----
const val ENGINE_ID = "1"
class MyApplication : Application() {
    override fun onCreate() {
        super.onCreate()
        val flutterEngine = FlutterEngine(this)
        flutterEngine
            .dartExecutor
            .executeDartEntrypoint(
                DartExecutor.DartEntrypoint.createDefault()
            )
        FlutterEngineCache.getInstance().put(ENGINE_ID, flutterEngine)
    }
}
```

Flutter 加入 Android 局部界面

如果只是想要局部实现 Flutter 风格的界面，那该如何？Flutter 界面的本质就是一个
View，我们可以通过 Fragment 来将 FlutteView 替换到原生界面。代码如下，在 XML 布局
中添加一个 FrameLayout 用于占位。写一个 Flutter 工具类用来创建 Fragment，下面在点击
时将占位的 FrameLayout 替换成 Flutter 界面。

```xml
<androidx.constraintlayout.widget.ConstraintLayout
xmlns:android="http://schemas.android.com/apk/res/android"
    xmlns:app="http://schemas.android.com/apk/res-auto"
    xmlns:tools="http://schemas.android.com/tools"
    android:layout_width="match_parent"
    android:layout_height="match_parent"
    tools:context=".MainActivity">
    <FrameLayout
        android:id="@+id/id_fv_counter"
        app:layout_constraintTop_toTopOf="parent"
        app:layout_constraintLeft_toLeftOf="parent"
        android:layout_width="match_parent"
        android:layout_height="300dp" />
    <TextView
        android:id="@+id/id_tv_hello"
        android:layout_width="wrap_content"
        android:layout_height="wrap_content"
        android:text="Hello World!"
        app:layout_constraintBottom_toBottomOf="parent"
        app:layout_constraintLeft_toLeftOf="parent"
        app:layout_constraintRight_toRightOf="parent"
        app:layout_constraintTop_toTopOf="parent" />

</androidx.constraintlayout.widget.ConstraintLayout>
```

```java
public class MainActivity extends AppCompatActivity {
    @Override
    protected void onCreate(Bundle savedInstanceState) {
        super.onCreate(savedInstanceState);
        setContentView(R.layout.activity_main);
```

```
        findViewById(R.id.id_tv).setOnClickListener(v->{//点击替换
            FragmentTransaction ft = getSupportFragmentManager().beginTransaction();
            ft.replace(R.id.id_fv_counter,
                    Flutter.createFragment("hello-flutter"));
            ft.commit();
        });
    }
}
```

另外，Flutter 端可以通过 windows.defaultRouteName 拿到平台传递的字符串，可以通过这个字符串进行界面展示或者打开指定路由：

```
/**
 * Creates a {@link FlutterFragment} managing a {@link FlutterView}. The optional
 * initial route string will be made available to the Dart code
 * (via {@code window.defaultRouteName}) and may be used to determine which widget
 * should be displayed in the view. The default initialRoute is "/".
 *
 * @param initialRoute an initial route {@link String}, or null
 * @return a {@link FlutterFragment}
 */
@NonNull
public static FlutterFragment createFragment(String initialRoute) {

import 'dart:ui';
import 'package:flutter/material.dart';
void main() => runApp(MyApp());
class MyApp extends StatelessWidget {
    // This widget is the root of your application.
    @override
    Widget build(BuildContext context) {
        return MaterialApp(
            title: 'Flutter Demo',
            theme: ThemeData(primarySwatch: Colors.red ),
```

```
        home: MyHomePage(title: "${window.defaultRouteName}"),
    );
  }
}
```

这样，Flutter 界面就嵌入了 Android 原生应用中。不过这样一来热加载就不灵了，每次修改还要重新运行，不是很方便，不过相信官方会有办法解决的。下面来看一下如何进行热加载。

Flutter 混合的热加载和 Debug

在 Flutter 的 model 项目文件夹下运行 flutter attach，等待 Flutter 界面被连接，然后在 AndroidNative 项目中运行项目，一旦运行到 Flutter 界面，刚才的等待就会被激活。如果已经有 Flutter 界面加入 Android，那么会自己连接。这时修改页面后在控制台输入 r，就可以实现热加载，按 R 可以热启动：

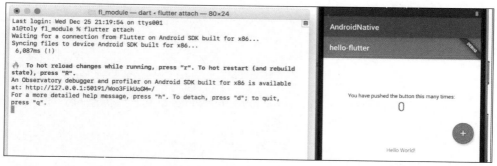

注意，如果有多个设备，需要通过 flutter attach -d 选择一个；如果一直连接不上设备，建议重启一下看看，实在不行，卸载一次就可以了。

最后剩下一个非常重要的环节：Debug 调试。在 Flutter 代码中打一个断点，通过 AndroidStudio 上栏中的 Flutter Attach 按钮，可以对 Flutter 模块项目进行调试。知道调试的方法，进行混合开发时就没有什么后顾之忧了。

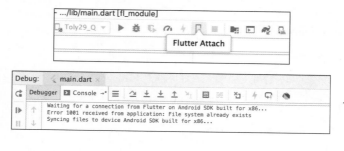

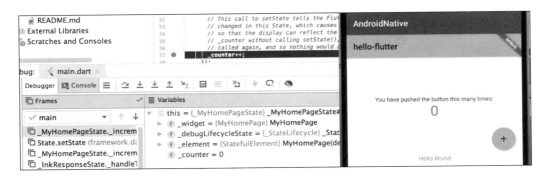

12.3.2　Flutter 和 iOS 混合开发

首先要有 iOS 项目，这里用 Xcode 在 chaos 包里创建一个白板项目，如下所示。创建完后可以把项目关闭，需要使用 Cocoapods 辅助构建，在命令行进入 IOSNative 的文件夹，运行 pod init 命令。在 IOSNative 文件夹下生成 Podfile 文件，修改 flutter_application_path 为 flutter 模块目录，注意匹配：

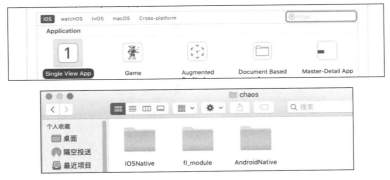

```
---->[chaos/IOSNative/Podfile]----
# Uncomment the next line to define a global platform for your project
# platform :ios, '9.0'
flutter_application_path = '../fl_module'
load File.join(flutter_application_path, '.ios', 'Flutter', 'podhelper.rb')
target 'IOSNative' do
  # Comment the next line if you don't want to use dynamic frameworks
  use_frameworks!
  # Pods for IOSNative
  install_all_flutter_pods(flutter_application_path)
  target 'IOSNativeTests' do
    inherit! :search_paths
    # Pods for testing
  end
  target 'IOSNativeUITests' do
    # Pods for testing
  end
end
```

修改后运行 pod install，Cocoapods 会为你配置 Flutter 模块依赖。值得注意的是，完成后你的项目会生成箭头所示的文件，打开此文件进入项目，否则编译器会报错：

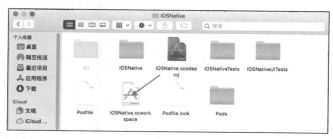

可以在程序开始对 Flutter 引擎进行初始化。在 ViewController.swift 文件中加入按钮，点击时创建 FlutterViewController 进行展示：

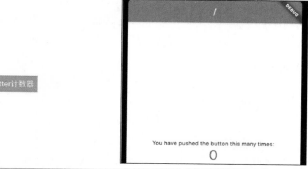

```swift
import UIKit
import Flutter
@UIApplicationMain
class AppDelegate: UIResponder, UIApplicationDelegate
    var flutterEngine : FlutterEngine?
    func application(_ application: UIApplication,
            didFinishLaunchingWithOptions launchOptions:
            [UIApplication.LaunchOptionsKey: Any]?) -> Bool {

    // Instantiate Flutter engine
    self.flutterEngine = FlutterEngine(name: "io.flutter", project: nil)
    self.flutterEngine?.run(withEntrypoint: nil)
    return true
    }
}
```

```swift
---->[chaos/IOSNative/IOSNative/AViewController.swift]----
import UIKit
import Flutter

class ViewController: UIViewController {
  override func viewDidLoad() {
    super.viewDidLoad()
    let button = UIButton(type:UIButton.ButtonType.custom)
    button.addTarget(self,
            action: #selector(handleButtonAction),
            for: .touchUpInside)
    button.setTitle("打开 Flutter 计数器", for: UIControl.State.normal)
```

```
    button.frame = CGRect(
            x: 80.0, y: 210.0,
            width: 160.0, height: 40.0)
    button.backgroundColor = UIColor.orange
    self.view.addSubview(button)
  }

  @objc func handleButtonAction() {
    if let flutterEngine = (UIApplication.shared.delegate as? AppDelegate)?
    .flutterEngine {
    let flutterViewController = FlutterViewController(
                engine: flutterEngine,nibName: nil, bundle: nil)
      self.present(
            flutterViewController!, animated: false, completion: nil)
    }
  }
}
```

其次，热加载同样使用 flutter attach，这样 Flutter 的界面就在 iOS 的原生项目中入住了。本书在这方面不做深入探讨，只是做一个简单的集成演示，让你看到集成的流程是什么样的。如果感兴趣，可以去看一下官方的 add-to-app 项目。

12.3.3　让 Android 视图加入 Flutter

上面介绍了 Flutter 作为客人加入原生应用，现在看一下如何将 Android 视图加入 Flutter。相比而言这简单很多，Flutter 中有一个 AndroidView 来牵桥搭线。这里分别看一下一个 Android 按钮和 Android 中的 OpenGL 视图如何显示在 Flutter 中。现在新创建一个 flutter_get_android 的 Flutter 项目，在这个项目中进行测试。首先通过最简单的实践了解一下集成方式，然后看一下如何传参，最后通过 OpenGL 进行多视图的处理：

最简实践　　　　　参数传递　　　　　OpenGL视图

Android 视图在 Flutter 中集成精简版

先用 Android 按钮来说明问题。要集成 Android 中的 View，很容易想到通过渠道来实现，所以先单独打开 Flutter 项目中的 Android 项目进行开发，来准备 View 资源。现在，开始把 Flutter 抛在脑后，专注于 Android 项目。

将相关的文件放在自定义的 plugs 文件夹中，连接双方的视图放在 link_view 文件夹中，看一下 LinkButtonView 的代码。实现 PlatformView 接口，重写 getView 和 dispose 方法，就可以将视图传给 Flutter：

```
---->[com.toly1994.flutter_get_android.plugs.link_view.LinkButtonView]----
public class LinkButtonView implements PlatformView {
```

```
    private final Button myNativeView;
    public LinkButtonView(Context context, BinaryMessenger messenger, int id,
                                                      Map<String, Object> params) {
        this.myNativeView = new Button(context);
        myNativeView.setText("hello I am Android Button");
        myNativeView.setAllCaps(false);
    }
    @Override
    public View getView() {return myNativeView;   }
    @Override
    public void dispose() { }
}
```

因为要处理多个视图，所以这里创建一个 Factory 继承自 PlatformViewFactory，重写 create 方法来辅助创建视图：

```
---->[com.toly1994.flutter_get_android.plugs.link_view.LinkViewFactory]----
public class LinkViewFactory extends PlatformViewFactory {
    private final BinaryMessenger messenger;
    public LinkViewFactory(BinaryMessenger messenger) {
        super(StandardMessageCodec.INSTANCE);
        this.messenger = messenger;
    }
    @Override
    public PlatformView create(Context context, int id, Object args) {
        Map<String, Object> params = (Map<String, Object>) args;
        return new LinkButtonView(context, messenger, id, params);
    }}
```

接下来通过插件的形式注册到项目中，由于 Flutter 1.12 版本的插件注册方式完全改变。这也波及原生视图的使用方式。创建一个 LinkViewPluginRegistrant 来注册插件，需要通过 flutterEngine 来获取 registerViewFactory，标识出唯一的字符串和视图工厂。注册使用的方式非常简单，在 MainActivity 中调用一下 registerWith 即可：

```
---->[com.toly1994.flutter_get_android.plugs.link_view.LinkViewPluginRegistrant]----
public class LinkViewPluginRegistrant {

    public static void registerWith(@NotNull FlutterEngine flutterEngine) {
        flutterEngine.getPlatformViewsController()
                .getRegistry()
                .registerViewFactory(
                        "com.toly1994.android.view.gl",
                        new LinkViewFactory(flutterEngine.getDartExecutor()));
    }
}
```

```
---->[com.toly1994.flutter_get_android.MainActivity]----
class MainActivity: FlutterActivity() {

    override fun configureFlutterEngine(@NonNull flutterEngine: FlutterEngine) {
        GeneratedPluginRegistrant.registerWith(flutterEngine)
        LinkViewPluginRegistrant.registerWith(flutterEngine)
    }
}
```

现在就万事俱备只欠东风，在 Flutter 中一句话搞定。这样下面的 simpleBtn 对象就能作为一个 Widget，想放到哪里就放哪里：

hello I am Android Button

```
---->[flutter_get_android/lib/main.dart]----
var simpleBtn = AndroidView(
    viewType: 'com.toly1994.android.view.gl'
);
```

Android 视图与 Flutter 通信

Android 端的 View 想要接受 Flutter 端的信息，可以通过 creationParams 传递数据，注意必须提供 creationParamsCodec 编解码器：

hello-Params from Flutter

```
---->[flutter_get_android/lib/main.dart]----
var paramsBtn = AndroidView(
  viewType: 'com.toly1994.android.view.gl',//标识
  creationParams: { //参数
    "text": " hello-Params from Flutter"
    },
  creationParamsCodec: const StandardMessageCodec(),//编解码器
);
```

这样，在 Android 中通过回调的 Map 可以拿到参数：

```
---->[com.toly1994.flutter_get_android.plugs.link_view.LinkButtonView]----
public LinkButtonView(Context context, BinaryMessenger messenger,
                                    int id, Map<String, Object> params) {
    this.myNativeView = new Button(context);
    String text="hello I am Android Button";
    if (params!=null){   text= (String) params.get("text");}
    myNativeView.setText(text);
    myNativeView.setAllCaps(false);
}
```

如何使用多个 Android 视图

现在想要通过一个标识访问多个 Android 视图，不可能一个视图建一个插件吧。思路是，通过参数传入规定的字符串，在 Android 中的视图工厂里根据字符串生成不同的 View 即可。比如规定用 which 字段来控制哪个视图，为了方便使用，这里定义 Cons 类进行管理：

```
---->[flutter_get_android/lib/main.dart]----
var androidGLView = AndroidView(
  viewType: 'com.toly1994.android.view.gl',//标识
  creationParams: { "which": Cons.GL_TRIANGLE },//参数
  creationParamsCodec: const StandardMessageCodec(),//编解码器
```

```
);
var paramsBtn = AndroidView(
  viewType: 'com.toly1994.android.view.gl',//标识
  creationParams: {"which": Cons.BUTTON,"text": " hello-Params from Flutter"},//参数
  creationParamsCodec: const StandardMessageCodec(),//编解码器
);
class Cons{
  static const GL_TRIANGLE="GL_TRIANGLE";
  static const BUTTON="BUTTON";
}
```

在 LinkViewFactory 的 create 中通过 params 来获取 which 字段，进行动态控制。如果不想写死字符串，也可提供一个 Cons 类进行管理，这样就能控制多个 Android 原生视图显示。在 Android 中通过 GLSurfaceView 使用 OpenGL，其实 GLSurfaceView 只是 Android 中的一种视图，直接塞进去也是没问题的：

```
---->[com.toly1994.flutter_get_android.plugs.link_view.LinkViewFactory]----
Public PlatformView create(Context context, int id, Object args) {
    Map<String, Object> params = (Map<String, Object>) args;
    if (params != null) {
        String which = (String) params.get("which");
        if (which != null) {
            switch (which) {
                case "GL_TRIANGLE":return new LinkTriangleView(context, messenger, id, params);
                case "BUTTON": return new LinkButtonView(context, messenger, id, params);
            }
        }
    }
    return new LinkButtonView(context, messenger, id, params);
}
```

到这里，本次旅程就画下圆满的句号了。现在，你应该对 Flutter 有了比较全面的认识，不过这些也仅是 Flutter 的基础内容。Flutter 没有小白说得那么困难，但也没有大神说得那么简单，需要自己尝试着去总结。

一段旅程的结束，只是另一段旅程的开始。人生之路漫长，抉择与相逢，认知与相识，抛弃与别离，都是不断前进的过程。未来依旧精彩，茫茫江湖路修远，丹心相伴自有期。

推荐阅读

华章前端经典

推荐阅读